Mach
Dein
Ding!

Thilo Baum

Der Weg zu Glück und Erfolg im Job

Mach Dein Ding!

1. Auflage, Mai 2010

© Eichborn AG, Frankfurt am Main, Mai 2010
Umschlaggestaltung: Christina Hucke
Lektorat: Christin Geweke
Satz: Greiner & Reichel, Köln
Druck und Bindung: Fuldaer Verlagsanstalt, Fulda
ISBN 978-3-8218-5994-1

© Mix
Produktgruppe aus vorbildlich bewirtschafteten
Wäldern, kontrollierten Herkünften und
Recyclingholz oder -fasern
FSC www.fsc.org Zert.-Nr. SCS-COC-001554
© 1996 Forest Stewardship Council

Eichborn Verlag, Kaiserstraße 66, 60 329 Frankfurt am Main
Mehr Informationen zu Büchern und Hörbüchern aus dem Eichborn Verlag
finden Sie unter www.eichborn.de

Für Stefan Frädrich, ohne den ich meine Perspektive vermutlich nie gewechselt hätte.

INHALT

Vorwort

Herzlich willkommen zu *Mach Dein Ding!* Wer zu einem Buch mit diesem Titel greift, hat wahrscheinlich etwas vor. Sie spielen mit dem Gedanken, sich beruflich zu verändern oder sogar zu verbessern. Und Sie wünschen sich mehr Glück und Erfolg im Job. Richtig? Stellen Sie sich ein Leben vor, in dem Sie mit Ihrem Beruf und Ihrer Arbeit glücklich und zufrieden sind? In dem Sie ausgewogen mit den unterschiedlichen Ansprüchen der Welt von einer Tätigkeit leben, die Sie erfüllt? Dann haben Sie genau das richtige Buch gewählt! Schon beim schnellen Durchblättern kann es Sie inspirieren, Ihr Leben selbst in die Hand zu nehmen. Es wird Ihnen helfen, auf die Beine zu kommen und zu der beruflichen Autonomie und Sicherheit zu gelangen, die Sie sich wünschen. Vielleicht kommt Ihnen das utopisch vor. Aber was, wenn es möglich wäre?

Schön wär's, mögen Sie jetzt denken. Wie soll das gehen? Sind wir nicht alle, oder jedenfalls die meisten von uns, in Zwänge eingebunden? Schleppen wir uns nicht deswegen jeden Morgen unmotiviert zur Arbeit, weil uns keine Wahl bleibt? Sicher wäre es toll, frei und selbstbestimmt zu sein, natürlich – aber irgendwo muss das Geld schließlich herkommen! Von nichts kommt nichts, und mühsam ernährt sich das Eichhörnchen. Und solange wir arbeiten, bleiben uns kaum die Kraft und Zeit, etwas auf die Beine zu stellen. So ist das eben.

Außerdem: Wo soll man denn einen Job herbekommen? Und mit welchem Geld soll man denn groß etwas anstellen? Woher nehmen bei dem geringen Gehalt? Große Sprünge beschränken sich doch gerade einmal auf den Jahresurlaub.

Sein Ding machen, das ist bloß Träumerei, denken manche. Ist das nicht nur wenigen Glückspilzen vorbehalten? Ist es nicht viel zu riskant, wenn Ihre gesamte berufliche Entwicklung von Ihnen selbst abhängt? Wo bleibt denn die Sicherheit, wenn man seinen Job hinwirft und seinen Träumen folgt? Ist das nicht eher das Urteil zum Untergang? Nein, nein – da führt man doch lieber weiter ein frustriertes Arbeitsleben in ständiger Angst vor Jobverlust. Unter Kompromissen mit Kollegen und Chefs. Unzufrieden mit Unterforderung oder Überlastung. Aber schließlich muss man ja arbeiten gehen, um sein Leben zu finanzieren. Kennen Sie diese Zweifel? Leider denken viele Menschen so. Und ich kann das sogar sehr gut verstehen. Denn vor einigen Jahren war ich auch in einer Zwickmühle. Ich habe gearbeitet, um Geld zu verdienen. Von dem Geld habe ich gelebt, und es hat mir das Gefühl von Sicherheit vermittelt. Die regelmäßigen Überweisungen aufs Konto waren verlässlich. Ich war Tageszeitungsredakteur nach Tarif und bekam sogar Urlaubs- und Weihnachtsgeld. Solch ein Luxus festigt das Sicherheitsgefühl. Und wenn jemand im Bekanntenkreis seinen Job hinwarf, weil er keine Lust mehr hatte auf die immer gleichen Gesichter und das unqualifizierte Generve seiner Chefs, saß man an seinem unternehmensfinanzierten Arbeitsplatz mit dem unternehmenseigenen Telefonhörer in der Hand und dachte: Spinnt der?

Ich habe es als Arbeitnehmer lange Zeit nicht für möglich gehalten, mich selbstständig zu machen. Zugleich habe ich mich gefragt: Muss es denn eigentlich sein, dass die Leute ihre Arbeit nur als notwendiges Übel betrachten? Gibt es keine Arbeitsformen, in denen sie erfüllt und glücklich sind und trotzdem gut bezahlt werden? Kann man sein Ding machen und angestellt sein? Mein Ding war eine Zeitlang der Job als Redakteur, in dem ich mich auch sicher gefühlt habe. Eine ziemlich trügerische Sicherheit, wie ich inzwischen weiß. Denn letztlich herrschte in der ganzen Branche ständige Job-Angst. Der Sparhammer hing über allen. Und ich war als relativ junger und allein lebender Schlussredakteur mit einem guten Gehalt ohnehin ein wenig teuer für ein Unternehmen, das nach Sparpotenzialen sucht und sich die Tarifgehälter nur vom Betriebsrat aufzwingen lässt.

Das trügerische Sicherheitsgefühl durch regelmäßige Gehaltszahlungen ist geradezu schizophren. »Feste Jobs« gelten nach wie vor als »sicher«, doch schon der Begriff »fest« ist irreführend. Schließlich weiß niemand, wann das Telefon klingelt und die Personalabteilung dran ist. Man ist bestenfalls »pseudosicher«. Man belügt sich selbst. Man macht sich etwas vor. Die angebliche Sicherheit durch regelmäßiges Einkommen wirkt wie eine Droge, die einen in eine andere Wirklichkeit beamt. Sie täuscht.

Seit ein paar Jahren bin ich nun raus aus dem Unternehmen. Und ich habe es nicht nur überlebt, sondern alles wurde besser! Ist das nicht verrückt? Da macht man sich in so einer Umbruchphase wochenlang irre, weil man nicht weiß, wie es weitergeht, obwohl auch das alte Gefühl von Sicherheit nur Schein war. Und dann beginnt man, die neue Existenz nach Plan und mit Strategie aufzubauen. Dass das Ergebnis so wundervoll sein würde, hätte ich als Angestellter nicht für möglich gehalten: Ich arbeite nicht mehr wie zuvor, um Geld zu verdienen, sondern das Geld kommt automatisch, weil ich mache, was mir liegt. Das ist eine andere, neue Haltung, die ich damals nicht hatte. Der Zwang ist weg. Sicher arbeite ich auch heute noch, und zwar viel und lange. Aber das tue ich gerne, und ich tue es für mich selbst.

Dass Arbeit per se eine Qual ist, von der man sich ständig erholen muss, habe ich auch einmal gedacht. Ich hielt Arbeit für notwendig und unvermeidbar – es war eben die Voraussetzung dafür, dass Kohle reinkommt. Dass das anders sein könnte und Henne und Ei in dieser Sache austauschbar wären, hätte ich früher nicht für möglich gehalten.

Inzwischen weiß ich, was damals in meinem Leben geschehen ist. Es fand nicht nur eine berufliche Veränderung statt, sondern auch ein massives, extremes Umdenken. Ich habe einem alten Denkmuster den Rücken gekehrt und mich einem neuen zugewandt. Und genau das ist der Punkt, wenn es darum geht, zu beruflichem Glück zu finden, zu Erfolg, Selbstbestimmung und einem Job, der Spaß macht und erfüllt. Das alte Denkmuster sagt: Geh zur Arbeit, weil du Geld verdienen musst. Tu das, was die Menschen von dir erwarten. Streng dich gefälligst an! Das neue sagt: Wenn ich mein Ding mache, läuft das Leben von allein. Ich lasse mich von den Konventionen anderer nicht mehr beirren und entschelde selbst, was mein Beitrag in dieser Welt ist. Und ich möchte Ihnen helfen, den gleichen wunderbaren Perspektivenwechsel zu erleben.

Dieses Buch befasst sich mit Ihrer beruflichen Situation, aber es ist weder ein Bewerbungsratgeber noch ein Existenzgründungsratgeber. Es vermittelt Ihnen den gedanklichen Schritt davor. Statt Ihnen zu sagen, wie die perfekte Bewerbungsmappe aussieht, frage ich Sie erst, ob Bewerbungen überhaupt das richtige Instrument für Sie sind, um zum Ziel zu kommen. Ich stelle alles in Frage: auch klassische Existenzgründerkurse, Lebenslauf-Standards, staatliche Hilfen, die Lebenskonzepte unserer Eltern und Lehrer. Ich stelle in Frage, dass wir im Leben bisher die richtigen Ratgeber hatten. Ich stelle die Selbstverständlichkeit in Frage, mit der die Menschen morgens zur Arbeit und abends zurück fahren. Sofern Sie mit Ihrer derzeitigen Situation nicht zufrieden sind, scheinen alle diese herkömmlichen Konzepte Ihnen nicht geholfen zu haben. Also dürfen auch Sie sie hinterfragen. Stellen Sie sich vor, Sie drücken gedanklich die »Reset-Taste« in Ihrem Leben und gehen zurück auf »Los!«. Bevor Sie entscheiden, in welche Richtung die Reise geht, sollten Sie erst einmal einen Moment innehalten und sich über Ihre wahren Bedürfnisse, Fähigkeiten und Vorlieben klar werden. Sie könnten alle Denkmuster hinterfragen, denen Sie bislang gefolgt sind: Haben Sie die bisherigen Strategien erfolgreich und glücklich gemacht? Oder gibt es andere Konzepte, um zu beruflichem Glück zu gelangen? Und wenn Sie dann wissen, welche Art des Geldverdienens zu Ihnen passt, können Sie auf solider Basis entscheiden, ob Sie Bewerbungen schreiben oder eine Existenz gründen wollen.

Dieses Buch ist auch kein Berufsberater. Ich stelle Ihnen hier nicht die Vor- und Nachteile einer Bäckerlehre vor. Herkömmliche Berufsberatung zeigt jungen Leuten einen Strauß an klassischen Ausbildungsberufen und Studiengängen und lässt sie in dem Irrglauben, das sei alles. Dass andere sich mit guten Geschäftsideen selbstständig machen und wie dieser Schritt funktionieren kann, wird in der klassischen Berufsberatung kaum vermittelt. Die Auswahl ist also von vornherein begrenzt, und in der Folge entscheiden sich viele Jugendliche für Berufe, auf die sie eigentlich gar keine Lust haben. Auch hier hakt dieses Buch ein. Es zeigt Ihnen alle Möglichkeiten, die es wirklich gibt – ob Sie Ihren Job wechseln wollen, gerade Schule oder Uni hinter sich haben oder ob Sie wie Millionen andere Menschen der Arbeitslosigkeit entkommen möchten.

In diesem Buch geht es um Selbstbestimmung. Um Autonomie und Autarkie. Es geht um die Voraussetzungen dafür, dass Sie im Beruf glücklich und erfolgreich werden und darum, einen Prozess des Umdenkens anzustoßen. Wenn Sie so wollen, will ich Sie umpolen. Mein Ziel ist es, dass Sie am Ende des letzten Kapitels selbst die Regie in Ihrem Leben führen – ganz egal, ob Sie als Arbeitnehmer in einem freien Rahmen glücklich und autonom arbeiten oder ob Sie sich mit einer eigenen Geschäftsidee selbstständig machen wollen. Und ich will Sie motivieren, indem ich Ihnen einige Konzepte zeige, nach denen erfolgreiche Menschen leben. Mein Ziel ist, dass Sie nach der Lektüre dieses Buches mehr Chancen für Ihr Arbeitsleben sehen als jetzt.

Ich wünsche Ihnen viel Spaß beim Lesen!

Retten Sie Ihr Leben!

Stellen Sie sich vor, Sie haben auf der Autobahn eine Panne. Während Ihr Wagen ausrollt, werden Sie möglichst schnell auf den Seitenstreifen zusteuern in der Hoffnung, es bis dorthin zu schaffen. Oder stellen Sie sich vor, beim Kochen am Gasherd fängt Ihre Schürze Feuer. Sie werden sie sich sehr schnell vom Leib reißen und das Feuer austreten. Allzu viel denken müssen wir in solchen Situationen nicht: Sobald wir in Gefahr geraten, tun wir meistens sehr schnell das Richtige. Dann überlassen wir nichts dem Zufall. Wir nehmen die Ereignisse selbst in die Hand. Denn wir wollen unser Leben retten. Genau darum geht es.

Und jetzt stellen Sie sich vor, Sie merken schon seit Wochen und Monaten, dass die Firma nicht mehr richtig läuft, für die Sie arbeiten. Oder eine innere Stimme sagt Ihnen, dass Ihre soeben begonnene Ausbildung oder Ihr Studium vielleicht doch nicht zu Ihnen passt. Handeln Sie dann genauso entschlossen?

Merkwürdigerweise reagieren wir oftmals nicht auf solche subtilen Warnsignale. Obwohl es auch hier um unser Leben geht und Gefahr droht: Die Firma könnte bald pleitegehen, und mit dem falschen Studium können Sie sich Jahre Ihres Lebens versauen. Doch offenbar brauchen wir es hart und deutlich. Erst wenn ein Felsbrocken klar sichtbar auf uns zustürzt und der Leidensdruck so hoch ist, dass wir den Abgrund sehen, erkennen wir den Handlungsbedarf. Und deswegen haben nur wenige Arbeitnehmer einen fertigen Plan B in der Tasche für den Fall, dass sie zur Entgegennahme ihrer Kündigung in der Personalabteilung antanzen dürfen. Was tun Sie denn, wenn man Sie in der nächsten Woche feuert? Wovon leben Sie dann?

Klug ist das Reagieren auf den letzten Drücker nicht. Denn mit diesem Konzept handeln wir im Zweifelsfall zu spät. Dabei gibt es gar keinen Grund, leise Signale zu ignorieren, denn auch leise Signale sind Signale. Und wenn wir schon beim ersten Kratzen im Hals einer Erkältung vorbeugen und nicht erst bei 39,5 Grad Fieber, dann scheint uns dieser Zusammenhang auch klar zu sein. Es geht also darum, das Richtige zu tun und der Lethargie zu entkommen.

Agieren Sie oder reagieren Sie nur auf Ereignisse?

Die Frage ist, ob wir das Geschehen den Ereignissen oder anderen Menschen überlassen oder ob wir selbst aktiv handeln. Es geht um Initiative. Dramaturgen unterscheiden bei Drehbüchern ganz einfach zwischen »action« und »event«: »Action« bedeutet, dass eine Figur handelt, »event« bedeutet, dass etwas geschieht.

Entweder Sie tun etwas (»action«) – Sie besuchen die richtige Messe, knüpfen einen wichtigen Kontakt und finden so jemanden, der Sie braucht. Oder es geschieht etwas (»event«) – ein Notar eröffnet Ihnen eine unverhoffte Erbschaft, es beginnt zu regnen oder Sie finden einen Hunderteuroschein.

Die Antwort auf die Frage, ob Sie sich treiben lassen oder Ihr Leben selbst in die Hand nehmen, ist die erste Entscheidung zur Autonomie. Was das Prinzip der »action« angeht, sind Sie Ihres Glückes Schmied. Sie können bestimmte Dinge tun, damit bestimmte andere Dinge geschehen: Sie können den netten Talkshowgast aus dem Fernsehen kontaktieren, wenn Sie seine Arbeit gerne mit einer Idee bereichern würden – vielleicht treffen Sie sich bald zum Kaffee und werden sogar Partner. Sie können mitspielen bei der Massenkommunikation, indem Sie die Welt per Internetblog und Twitter auf Ihre Fähigkeiten aufmerksam machen – bald finden sich Gelegenheiten für konkrete Kooperationen. Sie können sich insgesamt vornehmen, die richtigen Dinge zu tun, um die erwünschten Ergebnisse zu erreichen. Die Entscheidung, tätig oder untätig zu sein, liegt allein bei Ihnen. »Action« bringt Sie zu Ergebnissen, den Folgen Ihres Handelns.

»Events« dagegen lassen sich nur bedingt steuern. Sie können Ereignisse nicht ausschließen, aber Sie können sich ihrem Einfluss entziehen. Wenn Sie im Urlaub Erdbebenopfer werden, dann sind Sie zwar nicht die Ursache für das Erdbeben. Sie haben sich aber dazu entschieden, in einem Erdbebengebiet Urlaub zu machen, und das war »action«. Das bedeutet: Wir entscheiden auch zu einem Großteil selbst, was uns widerfährt. Wenn Sie nicht Lotto spielen, können Sie nicht gewinnen – das geht nur, wenn Sie tippen.

Einige Leute meinen: Alles, was ein Mensch erlebt, hat er angezogen. Sie denken dabei sogar an Dinge wie Autounfälle und den Verlust geliebter Menschen und sagen: Mit einer positiven Einstellung widerfahren uns positive Dinge und mit einer negativen Einstellung negative Dinge. Es mag zwar sein, dass eine optimistische Haltung gesund hält, aber wenn Sie von einem Auto erfasst werden, dessen Fahrer wegen eines Herzinfarktes auf den Gehweg rast, dann haben Sie das nicht angezogen. Es ist ein Ereignis, dessen Folgen Sie so schnell nicht abwenden konnten. Ich bin überzeugt: Es gibt keinen Fatalismus und keine Strafen von Seiten höherer Mächte. Dafür aber haben wir Menschen die besten Voraussetzungen dafür, sinnvoll zu handeln. Und wenn wir das im Hinblick auf ein erfülltes Arbeitsleben tun, ist ab heute »action« angesagt.

> **Lassen Sie nicht länger andere Menschen oder die Umstände über Ihr Leben bestimmen. Entscheiden und handeln Sie selbst!** *Tipp 1*

Wer entscheidet, befreit sich aus dem Reaktionszwang

Üblich ist es, sein Schicksal den »events« zu überlassen. Schon das Wort »Schicksal« unterstellt Fremdbestimmung. Leben wir danach, hecheln wir den Ereignissen hinterher – aber weniger in Form von »action« als vielmehr in Form von »reaction«. Die Mantras sind uns geläufig: »Da kann man doch sowieso nichts machen«, »Die da oben entscheiden mal wieder über unsere Köpfe hinweg« – kennen Sie solche Sprüche? Ganze Konzernabteilungen recyceln morgens im Aufzug und mittags in der Kantine stöhnend ihre vermeintliche Fremdbestimmung. Und im Urlaub sitzt man bei gutem Essen in irgendeinem Restaurant und sinniert mit dem Partner darüber, ob man sein Leben nicht endlich selbst in die Hand nehmen sollte. Nicht immer nur reagieren, sondern selbst mal was machen. Kaum zurück am Arbeitsplatz, findet man sich nach drei Tagen im alten Trott wieder. War da was?

»Love it, change it or leave it« lautet ein bekanntes Prinzip, wenn es um die Lebensumstände geht. Entweder Sie lernen einen Zustand zu lieben und akzeptieren ihn – dann sollte aber bald Schluss sein mit dem Gejammer. Oder aber Sie verändern den Zustand, bis Sie zufrieden sind. Dritte Möglichkeit: Sie ziehen die Notbremse und ziehen sich aus der misslichen Situation zurück.

Die Jünger der Fremdbestimmung folgen dem »Love it«, allerdings ohne die Zustände zu lieben: Sie finden sich nur damit ab und fügen sich seufzend – und oft auch jammernd – in ihr Schicksal. Denn sie glauben, es gäbe keine Alternative, und meinen, sie seien den »events« ausgeliefert.

Wissen Sie, was ich daran bemerkenswert finde? Menschen, die so leben, haben sich aus freien Stücken dazu entschieden. Egal, was wir tun, wir entscheiden uns letztlich selbst dafür. Wenn ich sage, dass der Entschluss zum Handeln der Beginn Ihrer Autonomie ist, dann sind Sie natürlich auch frei zu entscheiden, dass Sie nicht handeln. Letztlich bestimmen Sie, ob Sie Ihr Leben im Sinne der »action« anpacken oder lediglich auf verschiedene »events« reagieren. Dieser Reaktionsspirale entkommen Sie nur, wenn Sie sich bewusst fürs Handeln entscheiden.

Aber nein, mögen Sie jetzt vielleicht denken, das ist zu einfach. Menschen sind stets auch Opfer der Umstände. Wenn es nur das Angebot für die ungeliebte Buchhalterstelle in dem Unternehmen mit dem bescheuerten Chef gibt, dann ist der Arbeitsmarkt eben so. Wir haben doch keine Wahl!

Denken Sie so? Auf diesen Einwand habe ich eine Antwort: Wenn wir meinen, wir hätten keine Alternative, haben wir noch nicht gründlich genug danach gesucht. Die Welt ist riesig und voll von Möglichkeiten. Es gibt nicht nur diese eine Stelle als Buchhalter. Wir haben uns eben nur bei den Stellenanzeigen für Buchhalter umgesehen. Und das womöglich nur in einer bestimmten Region. Wir haben aus den vielen Chancen, die sich einem Menschen bieten können, mit einem extrem starken Filter eine extrem enge Auswahl getroffen: Wir haben nur die Möglichkeit einer Festanstellung zugelassen, wir haben uns inhaltlich auf ein enges Profil beschränkt und das Ganze auch noch regional eingegrenzt. Das sind drei Filter, die unsere »action« zu einer »reaction« auf ein »event« degradieren. Zudem lassen wir unberücksichtigt, dass man heute über das Internet auf verschiedene Weise arbeiten und Geld verdienen kann. Das Fatale daran ist die Folge: Wir sitzen untätig zu Hause mit dem falschen Gefühl, machtlos zu sein.

Dabei ist es ganz einfach und auch logisch: Je mehr Bedingungen und Ausschlusskriterien wir definieren, desto geringer ist am Ende die Auswahl – diese Erfahrung kennt jeder, der im Internet schon einmal mit engen Suchfiltern nach einem Auto, einer Wohnung oder einem Partner gesucht hat. Falsch wäre es, zu behaupten, es gäbe insgesamt zu wenige Möglichkeiten und man sei gezwungen, fremdbestimmt zu handeln. Wir ignorieren nur einen Großteil der Welt.

Welche Einschränkungen wählen Sie, wenn es um Ihre Zukunft

geht? Wenn Sie untätig zu Hause sitzen, mit welcher Ausrede auch immer, dann ist das Ihre Entscheidung. Denn niemand sonst verurteilt Sie zum sinnlosen Fernsehen, wenn nicht Sie selbst.

Wer ist für Ihr Leben zuständig?

Wer also ist für Ihr Leben zuständig? Wer entscheidet, wann Sie schlafen gehen, wann Sie was essen, wen Sie heiraten? Sie selbst. Und wer entscheidet, was Sie arbeiten, wie viel Geld Sie verdienen und wie glücklich Sie in Ihrem Job sind? Natürlich auch Sie selbst. Warum sollte es jemand anders sein? Wer auch?

Gewiss sind wir frei in der Entscheidung, uns nach anderen zu richten. Wir können Einschränkungen vornehmen und Filter definieren. Wir können uns in unserer Suche nach der Möglichkeit eines soliden Lebensunterhaltes so sehr auf die Ansichten unserer Eltern, Lehrer oder Freunde konzentrieren, dass wir letztlich tun, was andere Menschen sagen und wir die große Menge der Chancen nicht mehr sehen. Man hat natürlich auch die Freiheit, sich zu beschränken. Doch ist das klug?

Fremdbestimmung ist nichts Objektives, nichts von vornherein Gegebenes und Selbstverständliches. Fremdbestimmung ist frei gewählt. Ob Sie sich anderen unterordnen oder nicht, ist Ihre freie Entscheidung, sofern Sie nicht mehr bei Ihren Eltern wohnen oder nicht im Gefängnis sitzen. Daher ist der scheinbare Mangel an Alternativen in der Tat eine Konsequenz der persönlichen Wahl, sich einzugrenzen. Was sich uns daraus bietet, ist lediglich das Ergebnis eines Denkmusters, dem wir strikt folgen.

Sie könnten sich theoretisch jeglichen Eingriff in Ihre Freiheit verbitten. Dass das nicht immer ganz einfach ist, sehen Sie dann, wenn Sie Ihrer Großmutter zuliebe drei Stücke Torte essen statt nur eines. Und wenn Sie einer Familie entstammen, die Gedeih und Verderb in die Obhut eines Glaubens gelegt hat, dann sind Sie möglicherweise religiösen Regeln unterworfen – und das, obwohl Ihr Nachbar vielleicht genau die gleichen Regeln ignoriert und daher viel freier handeln kann. Wer hat also letztlich Macht über uns in einem freien Land? Wir und auch die Leute, denen wir es erlauben, Macht über uns auszuüben. Und ob wir das tun, ist allein unsere Entscheidung im Sinne der »action«. Die Folgen tragen wir.

Sie sehen, worauf ich hinauswill: Wer sein Ding macht, braucht eine gewisse Affinität zu Selbstbestimmung und Selbstverwirklichung. Eine Haltung, mit der man unbeeindruckt von den Meinungen anderer und ungeachtet irgendwelcher Konventionsbrüche und Regelverletzungen seinen Weg geht, ist nicht jedem gegeben. Allerdings, und davon bin ich überzeugt, ist diese Haltung lernbar: Wer alte Denkmuster hinterfragt, die im Leben bislang hinderlich waren, kann sich auch neue aneignen, die nützlicher sind. Sofern sich die alten Denkmuster als unbrauchbar erweisen, weil sie uns unnötig einschränken und beim Leben und Arbeiten stören, können wir sie ablegen. »Leave it!«

Welche gedanklichen Konzepte halten Sie vom Erfolg ab?

Vielleicht hinterfragen Sie also einfach mal die Muster Ihrer Sozialisation, um herauszufinden, von wem Sie sich möglicherweise freiwillig Fesseln haben anlegen lassen. Die wichtigsten sozialen Prägungen, die Menschen unfrei machen können, sind recht übersichtlich:

- **Traditionen** sind Dinge, die wir schon immer getan haben, meist aus kulturellen oder gesellschaftlichen Gründen. Übliche Traditionen können der wöchentliche Chorbesuch, die Bastelstunde, der Kegelabend, aber auch das Autowaschen am Samstag oder das Schuheputzen und der Kirchgang am Sonntag sein. Allein eine Tradition zu hinterfragen bricht sie bereits. Viele Traditionen sind Rituale, deren Sinn im Ritual selbst besteht: Oftmals wäscht man das Auto nicht, weil es schmutzig wäre, sondern weil Samstag ist. Häufig verdrängt die Tradition auch Wichtigeres: Manche Menschen gehen sonntags in die Kirche, obwohl der Pfarrer Unsinn erzählt und der Sonntag der einzige Tag in der Woche wäre, an dem sie sich endlich einmal um ihre Kinder kümmern könnten.

- **Kleinbürgerliche Werte** sind Vorstellungen, die uns kleinbürgerlich machen und kleinbürgerlich bleiben lassen. Es sind Glaubenssätze, die uns vom großen Durchbruch abhalten: »Eins nach dem anderen«, »Lieber den Spatz in der Hand als die Taube auf dem Dach«, »Vorsicht ist die Mutter der Porzellankiste« lauten die Mantras.

Man hat seit Jahrzehnten »das gute Geschirr« für Festtage. »Feierabend« und »Harmonie bei Familienfesten« sind erstrebenswert. Nichts gegen Werte: Wir brauchen sie, um ethisch verantwortlich miteinander umzugehen. Kleinbürger jedoch verwenden so viel Zeit mit irrelevanten Werten, dass sie keine Gelegenheit mehr haben, große Dinge zu bewegen. Kaffee beispielsweise nur aus Tassen zu trinken statt aus Pappbechern ist ein kleinbürgerlicher Wert, der auf der Autobahn zum Problem werden kann. Deswegen Theater zu machen ist die typische Energieverschwendung, die aus kleinbürgerlichen Werten resultiert: Kleinbürger machen viel Lärm um nichts für Werte ohne Sinn.

- **Regionale Bezüge** können uns fesseln. Das umfasst die Mitgliedschaft in der freiwilligen Feuerwehr, im Trachtenverein und in der Kirchengemeinde, an die man sich noch nach dem Schulabschluss gebunden fühlt und deretwegen man nicht wegzieht. Große heimische Arbeitgeber üben eine Sogkraft auf die Bevölkerung aus und bewirken oft, dass man außerhalb der Stadt keine ernstzunehmende Realität und keine Alternativen vermutet.

- **Religionen** binden Unmengen von Energie durch Rituale und Pflichten. Je fundamentalistischer eine religiöse Vereinigung ist, desto mehr beschneidet sie die Rechte ihrer Mitglieder: Schon kontroverse Meinungen zu äußern gilt in vielen religiösen Gruppen als verpönt. Wer nach den Regeln lebt, bestätigt sie als richtig. Auch wer sich widersetzt, bestärkt die Regeln, da die Gruppe Nonkonformität ablehnt. Wer sich in dem Räderwerk einer religiösen Organisation befindet, verbrät viel Zeit damit, gemäß den jeweiligen Ordnungen zu leben, die in solchen Gruppen meist einen höheren Wert haben als der individuelle Fortschritt.

- **Ideologien** funktionieren ähnlich wie Religionen – nur dass sie nicht auf einem Glauben beruhen, sondern auf Meinungen. Ideologen vertreten ihre Meinung als die einzig richtige und sind anderen Anschauungen gegenüber intolerant. Eine zu starke Ausrichtung auf eine gesellschaftspolitische Idee kann den Horizont einengen, weil der Ideologe alles und jeden seinen ideologischen Filtern ebenso unterwirft wie die Religiosität. Radikale Ideologien engen das freie Denken ein und erschweren Kompromisse. Jemand mit starren Vorstellungen wird Schwierigkeiten haben, gemeinsam mit Menschen anderer Prägung aufgeschlossen produktive Gedanken zu entwickeln.

- **Psychische Erkrankungen** machen nicht nur denen das Leben schwer, die sie haben, sondern auch ihren Familien. Wessen Eltern zwanghafte Züge haben, paranoid oder depressiv sind, mag selbst psychisch gesund sein, übernimmt aber möglicherweise kranke Verhaltensmuster oder hält sie für normal.

All diese Dinge sind Settings der Unfreiheit. Es handelt sich nicht unbedingt um selbstverschuldete Unfreiheit, sondern kann Ergebnis der Sozialisation sein. Gewiss ist es bequem, sich einer Tradition oder einer Glaubensgemeinschaft unterzuordnen und nur zu tun, was das Umfeld verlangt. Zum Querdenker wird man so vielleicht nicht, aber das Individuum zieht seine Geborgenheit aus der Gruppe und ihren klaren Regeln. Wenn Sie sich diesen Einflüssen widersetzen, tauschen Sie Geborgenheit gegen Freiheit. Schon der Umzug aus einer traditionellen Umgebung in eine ferne Stadt erscheint manchen Schulabgängern so, als kämen sie nach Jahren aus dem Knast – einfach nur weil die veränderte Wirklichkeit die bisherigen Glaubenssätze in Frage stellt.

Wie frei sind Sie?

Der Handel mit der Freiheit ist ganz einfach: Wenn nur Sie bestimmen, was Sie tun, dann ist es auch Ihre Aufgabe, für Ihren Lebensunterhalt zu sorgen. Wer sonst sollte Sie denn durchfüttern? Es liegt also an Ihnen. Und damit Sie Ihr Ziel eines guten Einkommens auch erreichen, dürfen Sie so kreativ sein, wie Sie wollen – und Sie haben darum auch das Recht, sich von den Meinungen anderer und von Regeln und Normen bisheriger Prägungen zu lösen. Wenn es nun darum geht, dass Sie Ihr Berufsleben auf die Reihe bekommen, sollten Sie prüfen, inwieweit Sie einem oder mehreren dieser Settings ausgesetzt sind, die Sie in Ihrem Denken begrenzen und am Fortschritt hindern könnten. Woher kommen diese Bedingungen? Seit wann gelten sie? Müssen sie weiterhin gelten? Können Sie sie ablegen? Dürfen Sie sich befreien?

Mithilfe der folgenden Tabelle können Sie sich ein ungefähres Bild über Ihre individuelle Freiheit machen. Kreuzen Sie einfach an, wie Sie sich selbst einschätzen. Spannend wird es, wenn Sie die Seite vorher kopieren und einen Ihnen nahestehenden Menschen bitten, Sie ebenfalls einzuschätzen – so stellen Sie zugleich noch Unterschiede in der Selbst- und der Fremdwahrnehmung fest. Es sollte nur kein Verwandter sein, da er den gleichen Prägungen unterliegen könnte wie Sie. Je mehr Kreuze Sie weiter links haben, desto freier sind Sie. Und? Wo sind Ihre Kreuze?

Ich bin großzügig.	①	②	③	④	⑤	Ich bin kleinlich.
Ich sehe stets das Ziel und den Weg dorthin.	①	②	③	④	⑤	Ich halte mich an Kleinigkeiten am Weg auf.
Ich lerne gern jederzeit von meinen Mitmenschen.	①	②	③	④	⑤	Ich weiß schon, wie das Leben funktioniert.
Ich ruhe in mir selbst.	①	②	③	④	⑤	Ich bin mir meiner selbst nicht immer sicher.
Ich bin Freidenker.	①	②	③	④	⑤	Mein Denken ist fremden Paradigmen unterworfen.
Ich bin räumlich flexibel.	①	②	③	④	⑤	Ich bin räumlich gebunden.
Ich verlasse mich auf mein Urteilsvermögen.	①	②	③	④	⑤	Ich liege mit meinen Einschätzungen oft falsch.
Ich kann selbst entscheiden, wie ich leben will.	①	②	③	④	⑤	Ich halte mich für unfrei, mein Leben zu gestalten.
Wenn ich weiß, wie etwas geht, schaffe ich es auch.	①	②	③	④	⑤	Manche Dinge gehen einfach nicht.
Jeder ist seines Glückes Schmied.	①	②	③	④	⑤	Vorsicht ist die Mutter der Porzellankiste.

Werden Sie sich Ihrer Prägungen bewusst, die Sie möglicherweise bisher am Fortschritt gehindert haben. *Tipp 2*

Wo stehen Sie?

Ganz egal, was Sie vorhaben, was Sie sich erträumen und wünschen: Ihre heutige Situation wird die Basis dafür sein. Alles, was künftig geschieht, beginnt jetzt. Es ist dabei völlig gleichgültig, ob Sie heute gut dastehen, weil Sie viel Geld und ein stabiles soziales Umfeld haben, oder ob Sie weniger gut dastehen, weil Sie Schulden haben und sozial am Boden sind. Denn in beiden Fällen gibt es nur eines zu tun: aus dem, was Sie haben, das Beste machen, damit es Ihnen morgen gut geht. Und das gilt immer. Auch nach Schicksalsschlägen. Niemals ist alles egal. Es geht immer darum, das Richtige zu tun, damit Sie das erreichen, was Sie wollen. »Niemand wird durch Zufall Astronaut«, schreibt Keith Ferrazzi in seinem empfehlenswerten Buch *Geh nie alleine essen!* Übrigens wird auch niemand durch Zufall Sozialversicherungsfachangestellter: Wir entscheiden uns durch unseren Umgang mit »events« und »action« für das, was wir heute sind.

Wo Sie heute stehen, haben Sie gestern entschieden

Warum Sie heute da stehen, wo Sie stehen, ist im Grunde sehr einfach: Ihre heutige Situation ist das Ergebnis Ihres gestrigen Handelns. Was Sie in der Vergangenheit für die Zukunft vorbereitet haben, spüren Sie in der Gegenwart. Und Sie spüren ebenso die Folgen Ihres Unterlassens. Wenn Sie gestern eine Erfolgsstraße gebaut haben, fahren Sie heute vielleicht darauf. Wenn Sie gestern die falschen Entscheidungen getroffen oder die falschen Dinge getan haben, dann erleben Sie heute die Folgen dieses Handelns – ebenso, wie wenn Sie gestern die richtigen Dinge unterlassen haben. Wenn Sie in der Vergangenheit ein Projekt begonnen, aber nur halbherzig weitergeführt haben, stehen Sie heute vielleicht vor dem Nichts, und das sollte auch niemanden wundern.

Insofern ist die Welt sehr einfach. Das Leben ist eine Kette aus Ursache-Wirkungs-Mechanismen, die es erlauben, dass Sie die Folgen Ihres Handelns und Unterlassens kurze Zeit später spüren. Und darum befindet sich jeder Mensch in einem freien Umfeld genau dort, wo er sich hinbewegt hat – egal, ob durch Handeln oder Unterlassen.

»Erfolg« bedeutet dabei nichts anderes, als dass Sie Ihre Ziele erreichen. Dabei muss es nicht in erster Linie um Geld gehen, auch wenn das Wort »Erfolg« diese Assoziation weckt. »Erfolg« haben Sie auch, wenn Sie Ihr Ziel »persönliches Glück« erreichen. Das Wort sagt es schon: »Erfolg« ist eine Folge. Etwas »erfolgt«. Ein Erfolg ist ein Resultat, ein Ergebnis. Und wenn wir Resultate erzielen möchten, sollten wir sie bewirken. Wir sollten eine Wirkung erzeugen. Insofern besteht die Kunst darin, heute die richtigen Dinge zu tun, damit Sie morgen das erreichen, was Sie wollen. Tun Sie diese Dinge nicht oder tun Sie etwas anderes, kommen Sie woanders an, nämlich bei den Ergebnissen, die das Unterlassen oder das falsche Handeln bewirken. Wenn Sie zum Beispiel heute untätig zu Hause sitzen, werden Sie morgen die Ergebnisse dieser Untätigkeit spüren – Sie stehen vielleicht ohne Job da. Wenn Sie aber heute im Internet zehn Menschen recherchieren und anrufen, weil Sie deren Arbeit unterstützen können, gehen Sie vielleicht morgen mit einem dieser Menschen essen und lernen übermorgen denjenigen kennen, der Ihnen eine Tätigkeit verschafft. Je umtriebiger und geschäftiger Sie sind, je sinnvoller Sie kommunizieren, desto mehr Substanz folgt aus Ihrem Handeln und desto höher ist die Chance, dass etwas Gutes dabei herauskommt.

Akzeptieren Sie, dass nur Sie selbst durch Ihr Handeln und Ihr Unterlassen entscheiden und bestimmen, was in Ihrem Leben geschieht.  *Tipp 3*

Also schauen Sie auf die Ergebnisse Ihres gestrigen Handelns – Ihre derzeitige Situation. Wie viel Geld haben Sie auf dem Konto? Wie zufrieden sind Sie mit Ihrem Job? Wie selbstbestimmt können Sie handeln? Sind Sie an einen Ort gefesselt? An ein Bürogebäude? Harmoniert die Beziehung zu Ihrem Lebenspartner oder Ihrer Lebenspartnerin mit Ihrem Job? Alles, was Sie heute erleben, ist die Folge Ihres Handelns oder Unterlassens in der Vergangenheit.

Sofern Sie einen festen Job haben, gibt es sicher viele, die Sie beneiden. Denn nach herkömmlichem Verständnis haben Sie etwas Tolles geschafft: Sie haben sich gegen zehn andere Bewerber durchgesetzt und eine Stelle ergattert. Sie haben ein Einkommen und können Ihre Familie ernähren. Damit sind Sie am Ziel. So denken wir traditionell in Deutschland, jedenfalls die Mehrheit. Sobald wir einen Arbeitsplatz haben, hören wir auf, uns Gedanken über die Zukunft zu machen. Wozu auch? Schließlich haben wir nach klassischem Verständnis alles erreicht.

Das Problem dabei: Leider kann Ihr durchgeknallter Boss schon morgen seine Unterschrift auf ein Papier setzen, die bewirkt, dass das Unternehmen verkauft wird oder mit einem anderen fusioniert – und Sie ziehen erst mal im Arbeitsamt eine Wartenummer. Sie wären nicht der Erste, den so etwas träfe. Oder das Management schließt Ihr Werk und feuert 5000 Beschäftigte. Die Medien sind voll von solchen Nachrichten. Üblicherweise zucken wir da mit den Schultern und sagen: »Ich kann nichts dafür, dass es so gekommen ist. Ich habe alles richtig gemacht!« Und warum? Weil wir es gewohnt sind, fremdbestimmt zu sein, und weil wir so tun, als seien wir den »events« hilflos ausgeliefert. Es ist üblich in Deutschland, dass die Leute solche Ereignisse als unvorhergesehene »events« bezeichnen, gegen die sie machtlos sind. Doch am Ende befinden sie sich in einem freien Land stets in der Lebenslage, für die sie sich in der Vergangenheit entschieden haben – auch wenn die Entscheidung nur darin bestand, lethargisch zu sein.

Wie sicher ist ein sicherer Job?

Das klassische Denken der Arbeitnehmer pendelt also zwischen zwei Polen: Auf der einen Seite steht die Fremdbestimmung – man beschreibt sich als ohnmächtig, wenn man seinen Job verliert. Auf der anderen Seite steht die gefühlte Sicherheit, die ein fester Arbeitsplatz vermittelt. Und das angesichts des Umstands, dass wir letztlich selbst entscheiden, wie wir leben. Ist das nicht eine sehr gefährliche Alles-oder-nichts-Haltung, die auch in Anbetracht des drohenden Jobverlustes völlig unangemessen ist?

Der Glaube, feste Jobs seien sicher, dürfte einer der typischen Denkfehler unter Arbeitnehmern sein. Nur weil das unternehmerische Risiko beim Geschäftsführer oder Vorstand liegt, sollen Arbeitnehmer sicher sein? Ein wenig kurz gedacht. Gewiss: Wenn der Firmenchef eine Investition in den Sand setzt, bedeutet das für die Löhne und Gehälter des jeweiligen Monats normalerweise keinen Abzug, der in der Summe den Verlust kompensieren würde. Zugleich spüren es die Arbeitnehmer in den meisten Fällen ebenso wenig, wenn das Unternehmen durch einen Big Deal einen Riesengewinn macht. Das Unternehmen trägt Verluste und auch Gewinne unabhängig von den monatlichen Pauschalen, die es seinen Mitarbeitern zahlt. Das ist der Vertrag zwischen Arbeitgeber und Arbeitnehmer: kontinuierlich zuverlässiges Gehalt, und das ungeachtet dessen, ob der Laden gut läuft oder schlecht. Diese Eigenart der abhängigen Beschäftigung hält sozusagen den harten Wind von den Arbeitnehmern ab, der draußen durch den Dschungel pfeift. Doch diese Kontinuität mit Sicherheit gleichzusetzen ist schlicht fahrlässig. Ein paar Managementfehler, und die regelmäßigen Zahlungen bleiben aus oder der Job ist ganz weg.

Auch Arbeitnehmer brauchen unternehmerisches Denken

Der Deal zwischen Arbeitgeber und Arbeitnehmer über erfolgsunabhängige Monatspauschalen und die Abschirmung des Arbeitnehmers von der Realität funktionieren nur so lange, wie das Unternehmen keine größeren Schwierigkeiten hat. Sobald die Geschäfte so übel laufen, dass die Unternehmensleitung schaut, ob sie wirklich jeden einzelnen Mitarbeiter dringend braucht, ist Schluss mit der Unantastbarkeit. Und plötzlich klingelt das Telefon, der kürzlich gebuchte Urlaub wird storniert, und man findet sich im Arbeitsamt wieder und fragt sich, ob das denn wirklich sein musste.

Wie also lässt sich Sicherheit beurteilen? Wenn wir hierüber sprechen, sollten wir auch die Geschäftsideen und Produkte bewerten können. Arbeitnehmer sollten das Geschäftsmodell ihrer Arbeitgeber verstehen, den Markt überblicken und gedanklich jeden Schritt nachvollziehen können, den die Firmenleitung tut oder unterlässt. Denn sicher – oder wenigstens relativ sicher – sind wir nur dann, wenn der Laden läuft. Um beurteilen zu können, ob er läuft oder nicht, bedarf es eines gewissen detektivischen, unternehmerischen Blickes. Den brauchen die Arbeitnehmer genauso dringend wie Unternehmer – denn am Ende geht es um die Zukunft jedes Einzelnen.

Können Sie Geschäftsideen bewerten? Überlegen Sie mal, ob das möglicherweise nicht nur eine unternehmerische Fähigkeit ist. Denn eigentlich gehört sie zu den Schlüsselqualifikationen, die schon die Schule lehren sollte.

Unternehmerisches Denken hilft Ihnen dabei, Ihre Situation einzuschätzen. *Tipp 4*

Sicher oder zufrieden?

Dass man sich gern der Illusion von Sicherheit hingibt, ist verständlich. Der Mensch strebt nach Sicherheit. Er steht morgens auf, um zu arbeiten, damit er Geld verdient, mit dem er sich und seine Kinder füttern und sein Haus und den Ruhestand finanzieren kann, und das alles, ohne in Existenznot zu kommen.

Für Sicherheit brauchen wir Geld, und für dieses Geld arbeiten wir. Das klingt völlig logisch und auch normal, und unsere Eltern predigen es uns schon von Anfang an. Doch da wir uns in die Passivität begeben, ist die Sicherheit nicht echt. Letztlich ist so nur die Illusion von Sicherheit das Ziel unserer Arbeit.

Viele Menschen klammern sich an vermeintlich sichere Jobs, die sie nicht mögen. Ist das nicht tragisch? Nur etwa 54 Prozent der Berufstätigen sind laut einer Studie unter 2142 Befragten aus ganz Deutschland zufrieden mit ihrem Job.[1] 40 Prozent derer, die etwas anderes als ihren Lieblingsberuf ausüben, sehen »fehlende Voraussetzungen in Familie und Schule« als Ursache. 25 Prozent der Lehrer sagen, ihnen sei kein besserer Beruf eingefallen.

Die Folgen sind nicht nur volkswirtschaftlich verheerend, weil im ganzen Land unmotivierte Menschen arbeiten, sondern sie sind auch für die Menschen selbst fatal: Wir gewöhnen uns an unsere ungeliebten Tätigkeiten so sehr, dass wir sie nach wenigen Jahren für normal halten und uns an etwas klammern, was uns in Wahrheit von unserem Glück entfernt. Kein Wunder, dass so viele auf die Rente warten! Die Leute sitzen ihre Arbeit ab wie eine Knaststrafe und versauen sich damit ein gutes Drittel ihres Lebens.

Lassen Sie uns im Zusammenhang mit der Sicherheit zweierlei auseinanderhalten: Sicherheit auf der einen Seite und Zufriedenheit auf der anderen. Sind Sie sicher oder zufrieden? Beides sind grundverschiedene Dinge.

Manche Menschen neigen dazu, aus ihrer vermeintlichen Sicherheit heraus zu glauben, sie seien zufrieden. Weil sie einen relativ sicheren Job haben, etwa in einer Behörde, zwingen sie sich zur Illusion der Zufriedenheit. Diese Leute antworten auf die Frage, wie es ihnen geht:

---

1 Zentrum für empirische pädagogische Forschung, Landau: *Der Traumberuf! Chance vertan?* 20. November 2008.

Retten Sie Ihr Leben!

»Es muss.« Und so schleppen sie sich Tag für Tag zu ihrem sicheren Job, schaffen Akten von der linken Ecke ihres Schreibtisches auf die rechte und machen gute Miene zum bösen Spiel.

Andere wiederum haben einen Riesenspaß im Job und sind zufrieden damit, dass sie dem Marketingchef die Sitzungsvorlagen vorbereiten dürfen. Weil sie nicht weiter darüber nachdenken, welche Faktoren zum Unternehmenserfolg beitragen, erlauben sie ihrem Wohlgefühl, sie in einen üblichen trügerischen Irrtum zu leiten: Sie denken, sie seien sicher. Solche Leute gehen mit Scheuklappen zur Arbeit, machen ihren Job, sind damit glücklich – und fallen aus allen Wolken, wenn der Betriebsrat plötzlich zu einer außerordentlichen Betriebsversammlung ruft.

Wie steht es diesbezüglich um Sie? Am besten beantworten Sie dazu erst einmal ein paar Fragen:

Inwieweit stimmen Sie folgenden Aussagen zu?	1 = trifft in jeder Hinsicht zu; 5 = trifft überhaupt nicht zu				
Ich bin mit meinem Berufsleben voll und ganz zufrieden.	①	②	③	④	⑤
Meine Ausbildung und mein Können decken sich mit den Ansprüchen meiner Arbeit.	①	②	③	④	⑤
Ich freue mich, dass meine Arbeit sinnvoll und wertvoll ist.	①	②	③	④	⑤
Ich arbeite gerne so, wie ich arbeite.	①	②	③	④	⑤
Ich freue mich über die Arbeit, die ich habe.	①	②	③	④	⑤
Ich bin überzeugt, dass mein Arbeitsplatz sicher ist.	①	②	③	④	⑤
Die Produkte der Unternehmen, die mich bezahlen, sind sinnvoll und zukunftsfähig.	①	②	③	④	⑤

Egal, wie sich die Wirtschaft entwickelt – meine Fähigkeiten und Kenntnisse sind immer gefragt.	①	②	③	④	⑤
Sollte ich arbeitslos sein, finde ich innerhalb kürzester Zeit wieder einen langfristigen Job.	①	②	③	④	⑤
Die Unternehmen, die mich brauchen, sind von klugen Menschen geführt, die sinnvoll handeln.	①	②	③	④	⑤

Wie Sie vielleicht gesehen haben, befassen sich die ersten fünf Fragen mit Ihrer Zufriedenheit und die folgenden fünf Fragen mit Ihrer Sicherheit. Wie sehen Ihre Antworten aus? Natürlich ist klar: Je höher der Gesamtwert aller angekreuzten Kästchen ist, desto höher ist Ihr Handlungsbedarf. Sind alle Kreuze gleich verteilt, oder haben Sie die Zufriedenheitsfragen anders beantwortet als die Sicherheitsfragen? Die Auswertung können Sie selbst vornehmen: Fühlen Sie sich eher sicher oder eher zufrieden mit Ihrer Situation? Woran mangelt es Ihnen mehr?

Übertrifft Ihre Sicherheit Ihre Zufriedenheit, dann wollen Sie möglicherweise einen anderen Job. Andere Leute beneiden Sie vielleicht um Ihren Arbeitsplatz und verstehen nicht, warum Sie etwas Sicheres aufgeben wollen, um etwas zu finden, was Sie mehr zufriedenstellt.

Übertrifft Ihre Zufriedenheit dagegen Ihre Sicherheit, dann bewegen Sie sich auf dünnem Eis. Weil Ihnen Ihr Job Spaß macht, könnte es sein, dass Ihnen die nötige Motivation fehlt, sich etwas Neues zu suchen, obwohl das angesichts des Sicherheitsaspekts möglicherweise dringend erforderlich wäre. Ihr Wunschdenken sorgt vielleicht sogar dafür, dass Sie sich aufgrund Ihrer Zufriedenheit eine trügerische Sicherheit vormachen, die es nicht gibt.

Tipp 5

Seien Sie ehrlich zu sich selbst. Reden Sie sich Ihre Unsicherheit nicht schön, nur weil Sie relativ zufrieden sind. Und reden Sie sich Ihre Unzufriedenheit nicht schön, nur weil Sie relativ sicher sind.

Vielleicht sind Sie ja auch weder zufrieden noch sicher? Dann ergibt sich die Lösung von allein: Sie brauchen auf jeden Fall möglichst schnell eine Alternative. Und sind Sie sowohl zufrieden als auch sicher?

Das glaube ich zwar kaum, weil Sie in so einem Fall ein Buch wie dieses wahrscheinlich nicht so weit lesen würden. Aber meinetwegen: Gratulation!

Die Unterscheidung zwischen Sicherheit und Zufriedenheit und die Möglichkeit, beides gegeneinander abzuwägen, helfen mir, viele der Arbeitnehmer in meinem Umfeld zu verstehen. Eine Freundin arbeitet bei einer Behörde und ist dort hoch gefragt. Ihr Verdienst macht sie zwar nicht reich, aber ihr Job darf als einigermaßen sicher gelten, weil der Staat sich das nötige Geld einfach immer wieder pumpt. Allerdings fühlt sie sich kaum gefordert. Sie würde sich mehr wünschen für ihr Berufsleben, und mehr Geld dürfte es auch sein. Diese Freundin ist eindeutig sicherer als zufrieden. Und wem es andersherum geht und wer zufriedener als sicher ist, beneidet genau solche Menschen:»Hätte ich nur einen so sicheren Job!« Nur – ebenso beneidet die Freundin diese anderen:»Wäre ich doch nur so zufrieden!« Also arbeitet sie nicht an ihrem Plan B, weil sie ihn so dringend bräuchte, sondern weil sie ihn sich so sehnlich wünscht.

Nun könnte man sagen: Sei zufrieden mit dem, was du hast. Denn was wir haben und woran wir uns gewöhnt haben – ob es nun Sicherheit ist oder Zufriedenheit –, wissen wir mit der Zeit immer weniger zu schätzen. Das zeigt, warum uns manchmal Menschen um etwas beneiden, was für uns selbstverständlich ist.»Irgendwas ist immer« lautet die dazugehörige Ausrede jener, die sich mit halben Sachen zufriedengeben. Doch genau dieses Denkmuster des»Spatzen in der Hand« hält viele Menschen davon ab, etwas zu verändern und mehr zu erreichen – und sie versagen der Welt damit oft genug ihr wertvolles Potenzial. Dabei ist es doch schade, wenn hoch kreative Menschen mit tollen Ideen ihre Energie in Routinejobs verschwenden!

Nichts ist sicher – aber alles wird flexibel

Vielleicht sollten wir uns auch einfach von dem Schein des Sicheren verabschieden. Sicher ist höchstens der Selbstbetrug. Die Zeiten, in denen man im Laufe eines Berufslebens maximal drei Arbeitgeber hatte, dürften vorbei sein. Auf allen Märkten können sich die Produkte und die Umstände inzwischen so schnell und so extrem verändern, dass nichts mehr sicher ist. Plötzlich brauchen wir eben keine Schreibmaschinen und Diafilme mehr. Verschläft eine Unternehmensleitung die Entwicklung, sollten Arbeitnehmer sofort nach Alternativen suchen – da sie aber nicht an die Kraft ihrer Entscheidungen glauben, gehen plötzlich Menschen zum Arbeitsamt, die bislang stolz auf ihre angeblich festen Jobs waren. Renommierte Kaufhäuser und Unternehmen im Versandhandel kommen ins Strauchelin. Die Entwicklung war angesichts des wachsenden Internethandels für alle erkennbar, und trotzdem klammern sich die betroffenen Arbeitnehmer an ihre Jobs. Nach dem, was man ihnen beigebracht hat, haben sie schließlich alles richtig gemacht. Zugleich gibt es Computer und Software für alle – die Möglichkeiten kreativer Entfaltung wachsen durch das Internet. Unternehmen wie Google werden bedeutender als BMW und die Post. Apple mischt mit der Erfindung des iPhones mal eben den Handymarkt auf. Auf iTunes kann jeder seine selbst gesprochenen Hörbücher veröffentlichen und sofort Geld verdienen, wenn die Leute sie kaufen. Es war noch nie so einfach, erfolgreich zu sein. Wer das erkennt und die Chancen nutzt, kann sich seine eigene Sicherheit schaffen und als Regisseur die Wahrscheinlichkeit unliebsamer »events« möglichst gering halten, indem er die richtigen Dinge tut. Nur ist dieses Denken unter Arbeitnehmern offenbar traditionell unterrepräsentiert.

Die Sicherheit, die feste Jobs angeblich mit sich bringen, ist sogar ein Anachronismus. Schon der Begriff passt nicht mehr in die Zeit. Sicherheit ist heute eher gleichbedeutend mit mangelnder Flexibilität. Was sicher ist, ist starr. Viele junge Kreative wollen gar keine Sicherheit für den Preis der Routine. Sie wollen Freiheit und die Möglichkeit, sich mit ihren Ideen selbst zu verwirklichen, sowohl in der Entwicklung als auch im Verkauf ihrer Produkte. Sie wollen auf jede Neuheit passend reagieren können. Da stören festgezurrte Raster.

Der Umkehrschluss ist spannend: Mangelnde Sicherheit ist heute gleichbedeutend mit Flexibilität. Wenn nichts mehr festgezurrt ist, ist sehr viel möglich. Je turbulenter die Wirtschaft ist, desto unsicherer ist die Welt für die, die keine Unwägbarkeiten mögen – und desto flexibler ist sie für jene, die die Welt in ihrem Sinne verändern und beeinflussen wollen. Die Unsicherheit beziehungsweise Flexibilität bezieht sich auf den Arbeitsplatz, auf Geschäftsmodelle, Kooperationen und die Existenz ganzer Märkte. Im Grunde ist nichts sicher und daher alles möglich. Auch wenn vielen Menschen Unwägbarkeiten nicht lieb sind – sie werden sich wohl damit abfinden müssen. Das Leben ist voll davon. Und wir können diese Unwägbarkeiten durch kluges Handeln kalkulieren und auch steuern.

Übernehmen Sie die Regie in Ihrem Leben!

Wo auch immer Sie heute stehen: Sie werden nur dann erfolgreich, wenn Sie selbst in Ihrem Leben die Regie übernehmen. Und nur dann, wenn Sie hinter der schwindenden Sicherheit die Chancen sehen und nutzen. Wenn unsere heutige Situation das Ergebnis unseres gestrigen Handelns ist, ist klar: Ihre Situation von morgen ist das Ergebnis dessen, was Sie heute tun. Damit Sie morgen beruflich glücklich und erfolgreich sind, sollten Sie heute den richtigen Weg einschlagen.

Erkennen Sie an, dass Sie auf Dauer nur dann berufliche Erfüllung finden, wenn Sie sicher und zufrieden zugleich sind. Dafür zu sorgen liegt an Ihnen.

Tipp 6

Was wollen Sie?

Stellen Sie sich vor, Sie haben Spaß an dem, was Sie tun. Weshalb sollten Sie missmutig an die Arbeit gehen und täglich den Feierabend herbeisehnen? Oder stellen Sie sich vor, Sie setzen im Job Ihre Ideen um und partizipieren am Erfolg Ihrer Arbeit. Warum sollten Sie sich freuen, wenn Sie krankgeschrieben sind? Oder stellen Sie sich vor, Sie sind eins mit sich, handeln entsprechend Ihren Wünschen und Zielen und fühlen sich durch Ihre Tätigkeit mit Sinn erfüllt und ausgeglichen. Weshalb sollten Sie sich den baldigen Ruhestand wünschen?

Zwischen der Arbeit und dem Leben besteht eine Diskrepanz, die die Existenz der Arbeitnehmer in zwei Teile spaltet: in Arbeitszeit und Freizeit. Die »Endlich-Wochenende!«-Haltung, die sich bei vielen Arbeitnehmern beobachten lässt, weckt den Verdacht, dass Leben und Arbeiten selten eins sind. Warum aber sollten Menschen sich darauf freuen, endlich nicht mehr das zu tun, was sie erfüllt?

Sicher brauchen wir Pausen und Erholung – das ist nicht der Punkt. Es geht um die Hassliebe zum Job. Warum sollte ich mich nach

Feierabend und Wochenende sehnen, wenn ich etwas gern tue? Sobald die Leute ihr Ding machen, sind sie diese Schizophrenie los. Ob als Arbeitnehmer oder als Selbstständiger. Also überlegen Sie, was Sie wollen. Welche Ziele haben Sie? Wo wollen Sie hin?

Milliardär – und jetzt?

Eine klassische Coaching-Frage lautet: Stellen Sie sich vor, Sie hätten keine finanziellen Sorgen – was würden Sie tun, sobald der Urlaub langweilig wird? Die Antwort auf diese Frage ist Ihr Ziel. Und die verschiedenen Ziele sind sehr spannend: Der eine will eine Tierschutzstation in Südamerika aufmachen, ein anderer will eine Rockband gründen. Manche Leute wollen weiter am Strand liegen – meinetwegen, warum nicht, wenn ihnen da nicht auf Dauer langweilig wird. Ganz gleich jedenfalls, welche Antwort Sie auf diese Frage geben, lautet die nächste Frage: Wie erreichen Sie dieses Ziel? Welche »action« führt dorthin? Das herauszufinden, ist die Aufgabe. Diese Aufgabe zu lösen ist Arbeit.

Was antworten Sie also darauf, was Sie tun wollen, wenn Sie Milliarden auf dem Konto hätten? Antworten Sie: »Ich will Taxifahrer werden!«? Oder: »Ich will genau den Job machen, den ich zurzeit mache!«? Wenn es um Wünsche geht, sollten Sie sich keine Grenzen setzen: Vielleicht würden Sie ja gern ein Hotel in der Toskana eröffnen, eine Oper komponieren, Pflanzen züchten oder Computerspiele programmieren – es wird bestimmt etwas sein, was Ihnen liegt, und möglicherweise lassen sich ja auch ungewöhnliche Ideen verwirklichen, wenn Sie Denkverbote ablegen. Schreiben Sie alles auf, auch verrückte Wünsche und Träume – ganz egal, ob Ihre innere Zensur gleich Einwände erhebt und manches als unrealistisch abstempelt. Viele Ideen erscheinen Ihnen vielleicht nur deswegen abwegig, weil sie gegen die üblichen Denkmuster, Konventionen und Das-haben-wir-noch-nie-gemacht-Prinzipien verstoßen. Sie werden sehen: Erst einmal hingeschrieben und darauf herumgedacht, wird auch eine Karriere als Model, Regisseur oder Fotograf in Hollywood möglich. Grundsätzlich geht alles. Streichen können Sie immer noch: Den Check, ob Ihre Ideen der Realität standhalten, machen wir später.

Nutzen Sie Krisen und Flauten!

In Zeiten von Flauten und Krisen tun viele Menschen etwas Absurdes: Sie klammern sich noch stärker an ihr sinkendes Schiff als sonst. Es klingt zwar pathetisch, aber es stimmt: Jede Krise ist eine Chance. Wenn die gewohnten Dinge den Bach runtergehen, kann man sich doch gleich ganz locker umorientieren! Wenn sich die Wirtschaft ohnehin neu formiert, dann können die Menschen in dieser Wirtschaft doch auch ihre Position ändern! Wenn die alten Regeln nicht mehr gelten – warum sollten wir dann noch an veralteten Mustern festhalten, die uns möglicherweise sowieso unglücklich machen? Wenn Sie Ihren Job verlieren, müssen Sie ohnehin handeln – dann können Sie Ihr Leben gleich so aufbauen, wie Sie es sich erträumen. Damit haben Sie übrigens einen enormen Vorteil gegenüber der Mehrheit, die sich von Krisen demotivieren lässt: Wer sich in der Alles-ist-schlimm-Depressionsspirale gefangen halten lässt, verschwendet seine Energie aufs Selbstmitleid, statt Ihnen Konkurrenz zu machen. Dabei hat es angesichts einer Krise überhaupt keinen Sinn, den Kopf in den Sand zu stecken und untätig zu bleiben.

Nutzen Sie Krisen: Sie haben Neustart-Potenzial.   **Tipp 8**

Was haben Sie zu verlieren?

Außerdem: Was haben Sie zu verlieren? Zu einer Entscheidung gezwungen oder mit einer Krise konfrontiert, stellen sich die Leute oft diese einfache Frage. In Sachen Zufriedenheit und Sicherheit im Berufsleben sind dabei zwei Dinge wichtig:

* Was Ihren Job betrifft, haben Sie vermutlich nichts oder wenigstens nicht viel zu verlieren, wenn er Sie nicht zufrieden macht. Zwar können Sie Ihr Gehalt verlieren, wenn Sie Ihren Job hinwerfen, klar. Aber wenn Sie ein gewöhnlicher Arbeitnehmer sind, besteht ohnehin latent die Gefahr, dass Sie rausfliegen. Dass Sie

einen Plan B brauchen, liegt auf der Hand. Klug ist es, wenn Sie sich künftig nicht nur auf eine trügerische Sicherheit verlassen, sondern wenn Sie Ihre tatsächliche Sicherheit verbessern.

• Was Ihr Leben betrifft, haben Sie wahrscheinlich sehr viel zu verlieren: Sie brauchen ein Einkommen, um Ihre Familie zu ernähren, Ihr Haus und das Auto abzubezahlen und um Ihren Ruhestand abzusichern. Das bedeutet, Sie brauchen auch künftig eine ganze Menge Geld – und zwar zuverlässig. Das heißt: Gerade weil Sie viel zu verlieren haben, sollten Sie erst recht schauen, dass Sie Ihr Leben auf stabile Beine stellen.

So betrachtet, steht möglicherweise eine Menge auf dem Spiel, wenn Sie ohne Plan B bleiben. Das ist jedenfalls langfristig so. Kurzfristig, so mögen Sie denken, haben Sie einen Job zu verlieren und ein gutes Gehalt. Wenn Sie, wie unter Arbeitnehmern üblich, die Augen verschließen, verlieren Sie unterm Strich mehr, als wenn Sie jetzt kurzfristig ein paar unangenehme Dinge in Kauf nehmen – etwa eine Neuorientierung oder den Abschied von Ihren gewohnten Denkmustern.

Tipp 9

Sehen Sie ein, dass Sie langfristig mehr zu verlieren haben, wenn Sie weiterhin wie die meisten Arbeitnehmer die Augen verschließen und nur kurzfristig handeln.

Lassen Sie mich einen etwas ungewöhnlichen Gedanken skizzieren. Wenn Sie als Arbeitnehmer bei Ihrem derzeitigen Arbeitgeber bleiben, haben Sie theoretisch nur zwei Chancen, Ihre Existenz einigermaßen zu sichern:

• Sie kaufen den Laden und werden selbst Chef. Dann liegt alles in Ihrer Hand und nicht mehr in der Hand fremder Manager, von denen Sie nicht wissen, was sie entscheiden. Vermutlich werden Sie es sich aber kaum leisten können, das Unternehmen zu kaufen. Warum wären Sie sonst noch abhängig beschäftigter Controller oder Personalreferentin?

• Sie stellen sich innerhalb des Unternehmens so auf, dass Sie eine glasklare Positionierung mit einer ebenso klaren Expertise haben – Sie machen sich unersetzbar. Damit hätten Sie auch bessere Karten für einen Neuanfang, wenn es doch krachen sollte.

Version zwei erscheint mir für Ihre Zwecke als Arbeitnehmer am praktikabelsten. Und das Spannende dabei: Ob Sie sich innerhalb eines Unternehmens als Experte positionieren oder als Selbstständiger auf dem freien Markt, bedarf letzten Endes der gleichen Erkenntnisse und Schritte. In beiden Fällen stellen Sie Ihre Fähigkeiten heraus, Ihre Produktivität und den Nutzen, den Sie erbringen.

Der Verwandlungsprozess, den dieses Buch anstoßen kann, hilft Ihnen bei der Umsetzung beider Varianten. Sie erwerben das Knowhow, um unternehmerisch zu denken und zu handeln – und auch als Arbeitnehmer bieten Sie letztlich eine Leistung auf einem Markt an: Ihre Arbeitskraft für Ihr Fachgebiet. Sie sind schon Unternehmer, ob Sie wollen oder nicht.

Was haben Sie zu gewinnen?

Statt sich zu fragen, was Sie zu verlieren haben, können Sie sich auch fragen, was Sie zu gewinnen haben. Die Frage ist ähnlich, aber sie schärft Ihren Fokus für die Chancen und die Möglichkeiten, die sich Ihnen bieten, selbst in einer schwierigen oder gar existenziellen Lage. Und Sie können im Vergleich zu Ihrer heutigen Situation sicher eine ganze Menge gewinnen. Den Fokus auf die Chancen zu lenken ist nicht nur ein gutes Mittel zur Selbstmotivation – das sprichwörtliche Glas wird Ihnen halb voll und nicht halb leer erscheinen. Sondern es ist auch tatsächlich so, dass Sie nahezu jeder Lebenslage etwas Positives abgewinnen können, wenn Sie das möchten und zulassen.

In dem Tom-Hanks-Film »Der Krieg des Charlie Wilson« (USA 2007) erzählt die Figur Gust Avrakotos die Geschichte vom Jungen und seinem Pferd, die ich hier sinngemäß nacherzähle:

In einem Dorf lebte ein Junge. Eines Tages bekam er ein Pferd geschenkt. Alle im Dorf sagten: »*Wundervoll!*« *Nur der Zen-Meister sagte:* »*Wir werden sehen, wir werden sehen.*«

Kurze Zeit später fiel der Junge vom Pferd und brach sich ein Bein. Die Menschen im Dorf sagten: »*Was für ein Fluch!*« *Nur der Zen-Meister sagte:* »*Wir werden sehen, wir werden sehen.*«

Einige Zeit danach brach Krieg aus. Alle Jungen und Männer wurden zum Militär eingezogen – nur der Junge nicht wegen seines gebrochenen

Beines. Die Menschen im Dorf sagten: »Der hat es gut!« Nur der Zen-Meister sagte: »Wir werden sehen, wir werden sehen.«

Anders formuliert: Wir wissen nie, wofür etwas gut sein kann. Auch üble Dinge nicht, Katastrophen, Krisen. Letzten Endes hat es weder Sinn, sich selbst zu bemitleiden, noch, andere zu beneiden. Es ist aber immer sinnvoll, in jeder Lebenslage, egal in welcher, genau das Richtige zu tun – und nach dem Prinzip der »action« zu handeln, damit Sie kein passives Opfer der »events« werden. Was auch geschieht, es ist immer Ihre Aufgabe, heute die richtigen Voraussetzungen für morgen zu schaffen. Dass das Leben oft nicht planmäßig läuft, zeigt der Zen-Meister.

Es gilt, auch in üblen Lebenslagen am Sinn festzuhalten und die positiven Perspektiven zu sehen. Und zwar unabhängig davon, wie alt Sie sind und wie ziellos Ihnen Ihr derzeitiges Leben erscheinen mag. Was sollen Sie denn anderes tun, als die Ärmel hochzukrempeln und zu schauen, dass Sie etwas aus sich machen? Selbst wenn Sie aus einer scheinbar ausweglosen Situation kommen und sich für vollkommen perspektivlos halten, wenn es um einen Wiedereinstieg ins Berufsleben geht, halten Sie sich an diese Regel.

Tipp 10

Fragen Sie sich in jeder Lebenslage:
»Welche Chancen habe ich?«

In Seminaren mit jungen Menschen stelle ich oft die Frage: »Stellt euch vor, ihr kommt aus dem Knast, und euer Bewährungshelfer hilft euch, zwanzig Bewerbungen zu schreiben. Zwanzigmal blitzt ihr wegen eurer Vorstrafe ab. Was würdet ihr tun?«

»Wieder kriminell werden«, sagen manche. Dieser Gedanke liegt nahe, schließlich war die Kriminalität bis zu einem bestimmten Punkt ein brauchbares Konzept. Doch die erneute Bereitschaft, wieder straffällig zu werden, ist hier ein klares Zeichen dafür, dass unsere gesellschaftliche Fixierung auf abhängige Beschäftigungen es entlassenen Strafgefangenen per se schwer macht. Für solche Leute geht es darum, jenseits der für sie vorgesehenen Pfade Geld zu verdienen. Für diese Gruppe gibt es nur eine Chance: die Existenzgründung. Statt ihre Zeit mit Bewerbungstrainings zu verschwenden, sollte man ihnen helfen, Geschäftsideen und Businesspläne zu entwickeln.

Den jungen Leuten im Seminar vermittele ich das auf nahezu naive Weise: »Schaut euch so eine Verbrecherbande an. Sind das Angestellte? Nein. Keine Bande arbeitet mit Festverträgen, Kündigungsschutz und Sozialversicherungsabgaben. Das sind alles freie Mitarbeiter! In der organisierten Kriminalität sind es oft Tagelöhner oder projektweise gebuchte Mitarbeiter: Die Leute bekommen ihr Fixum ebenso wie gewöhnliche Angestellte unabhängig vom Ertrag des Bruchs. Beschäftige ich als Krimineller keine Mitarbeiter, sondern arbeite mit gleichberechtigten Partnern zusammen, wird die Beute fair geteilt. Die Verbrecherbande ist nichts weiter als eine illegale GbR! Die Welt der Kriminellen ist ein Arbeitsmarkt in Reinform – nur dass er eben illegal ist.« Die jungen Leute schauen mich an, als hätte ich meine letzten Jahre zwar nicht im Knast, aber unter ärztlicher Aufsicht verbracht.

Und jetzt frage ich sie: »Wenn ihr euch als Kriminelle selbstständig machen wollt, wieso tut ihr das denn nicht gleich legal? Wenn ihr ein Produkt anbietet, das Abnehmer findet, dann kommt das Geld doch von ganz allein!« Und in diesem Moment haben sie es verstanden: Wenn man neben den vorgesehenen und oftmals ins Nichts führenden Wegen der Bewerbung, Anstellung, Kündigung und Arbeitslosigkeit eine andere Perspektive sucht, dann macht man sich selbstständig.

Es ist der Moment, in dem die Seminarteilnehmer begreifen, was sie bisher so noch nicht gesehen haben: Wer etwas zu bieten hat, was gefragt ist, wird es verkaufen – ob er vorbestraft ist oder nicht. Wenn ich im Sommer ein Eis will, frage ich nicht danach, ob der Eisverkäufer mal im Gefängnis war, jenseits der sechzig ist, im Rollstuhl sitzt oder stottert. Sobald ich etwas bieten kann, wofür andere gerne Geld ausgeben, spielen die üblichen Kriterien der Personalentscheider in Unternehmen keine Rolle mehr. Und schon verändert sich etwas im Denken der Seminarteilnehmer: Sie sehen die Möglichkeiten statt der vermeintlichen Hindernisse. Und indem sie sich auf die Möglichkeiten konzentrieren, formulieren sie plötzlich realistische Ziele und entwickeln Strategien, sie zu erreichen.

Lassen Sie sich nicht von Statistik-Missbrauch demotivieren

Und das gilt für alle Menschen. Für Knackis, für Menschen mit Handicaps. Für jeden. Auch für Sie – egal, wo Sie stehen.

Allerdings hat die Gesellschaft diesen Perspektivenwechsel kaum auf dem Schirm. Auch Medien demotivieren die Menschen, teilweise mit falschen statistischen Aussagen: In der Talkrunde *Anne Will* vom 29. November 2009 erklärt die Moderatorin, der Anteil von Nichtakademikerkindern unter Studenten sei wieder gesunken. Sie folgert daraus, dass auch die Chancen schlechter würden. Doch dieser Schluss ist falsch: Nur weil Sie nicht aus einer sozial stärkeren Familie kommen, heißt das nicht, dass Sie persönlich zum Misserfolg verurteilt wären. Der Punkt ist, manche statistischen Aussagen als demotivierende Totschlagargumente zu entlarven, mit denen Medien von der Gesamtheit aufs Individuum schließen. Dass Wissenschaftler und Journalisten oft von einer Häufigkeitsverteilung Rückschlüsse auf individuelle Chancen und Risiken ziehen, ist einer der größten Denkfehler unserer Mediengesellschaft. Vielleicht sinken die Chancen ja auch deswegen, weil die Medien behaupten, sie würden sinken – warum soll ich mir Mühe geben, wenn es schon aus Gründen der Statistik sinnlos erscheint? Eine sich selbst erfüllende Prophezeiung! Ich unterlasse es, das Richtige zu tun, weil es sowieso keinen Sinn hat.

Auch wenn Sie als älterer Mensch arbeitslos werden, müssen Sie nicht aufgeben. Sicher, die gesellschaftliche Norm verlangt von Ihnen, den Kopf in den Sand zu stecken. Die Medien zeigen Ältere gerne als Verlierergeneration – da hat man ein Leben lang gearbeitet und Entscheidungen getroffen, und plötzlich sitzt man nur noch auf der Parkbank und ist zu betüddeln. Machen Sie mal den Fernseher an und suchen Sie Berichte über ältere Arbeitslose. Oder schauen Sie in üblichen Publikumszeitschriften nach Reportagen über den sozialen Abstieg. Was machen diese Menschen? Sie jammern. Warum? Weil Journalisten für Jammer-Storys eben Jammerlappen brauchen, suchen und finden. Der Eindruck ist eine fatale Folge einer konstruierten Wirklichkeit und selektiver Wahrnehmung: Ältere haben ja sowieso keine Chance. Da der Mensch von allgemeinen Aussagen gern auf sich selbst schließt, bezieht er diesen Gedanken schnell auf das eigene Leben. Und wer ohnehin keine Chance hat, unternimmt auch nichts. Das Ergebnis: Diese Menschen haben in der Tat keine Chance, weil sie sich keine erarbeiten. Es ist ebenfalls eine sich selbst erfüllende Prophezeiung, die einem gesellschaftlichen Vorurteil entspringt, dem die Leute wie Lemminge folgen, und weswegen sie am Ende sozial absteigen.

Aber wissen Sie, warum diese Menschen wirklich erfolglos und frustriert sind? Weil sie individuell, jeder für sich, gestern nicht die richtigen Dinge unternommen haben, um heute gut dazustehen. Ganz unabhängig von dem Bild, das die Gesellschaft für sie zeichnet. Denn was für die Gesellschaft gilt, hat für Sie keine Relevanz. Sie brauchen diese Klischees nicht für sich selbst akzeptieren, und können jederzeit die Möglichkeiten suchen und finden, mit denen Sie etwas aus ihrem Leben machen können.

Erkennen Sie sich selbst erfüllende Prophezeiungen! Bestimmt eine gesellschaftliche Norm, Sie hätten keine Chance, wird diese Norm für Sie gelten, sobald Sie ihr glauben und sich nach ihr richten. *Tipp 11*

Die Wahrheit sieht bei Älteren ohnehin anders aus – und zwar in zweierlei Hinsicht:

- Ältere haben sehr viele Erfahrungen, die Jüngere erst machen müssen. Vielleicht können Sie als alter Hase den Jungspunden dabei helfen, weniger Lehrgeld zu bezahlen für Fehler, die Sie schon für sie gemacht haben? In Ihrem Erfahrungsschatz gibt es doch sicher eine Menge spannender Informationen, für die andere zu bezahlen bereit sind. Welche sind das?

- Indem viele Ältere der sich selbst erfüllenden Prophezeiung der gesellschaftlichen Norm folgen und den Kopf in den Sand stecken, ziehen sich Unmengen Ihrer potenziellen Konkurrenten freiwillig vom Markt zurück und machen Ihnen den Weg frei. Dadurch haben Sie, sobald Sie sich der gesellschaftlichen Norm entziehen, umso bessere Chancen.

Auch wenn Ältere auf dem Arbeitsmarkt weniger Chancen haben als Jüngere – auf dem freien Markt haben sie vielleicht sogar mehr. Viele Anfängerfehler werden Ihnen vermutlich nicht passieren: Sie haben durch Ihre und durch die Erfahrungen anderer gelernt. Überlegen Sie, wie sich das zu Gold machen lässt!

Überlegen Sie, wie Sie Ihre Erfahrungen zu Gold machen können. *Tipp 12*

In welcher Lebenslage Sie auch immer stecken: Wenn Sie etwas verändern und sich verbessern wollen, sollten Sie sich auf sich selbst und Ihre individuellen Möglichkeiten konzentrieren und sich nicht von der Statistik beirren lassen. Die Statistik trifft keine Aussagen über Individuen. Sie ist also für Sie unbedeutend. Sie können immer glücklich und erfolgreich werden. Egal, ob Sie aus der Erziehungspause kommen, gerade eine Insolvenz verdauen oder krank sind. Die Statistik berücksichtigt nicht Ihre persönliche Lage, und daher brauchen Sie möglicherweise einen Weg jenseits der gesellschaftlich für Sie vorgesehenen Pfade, wonach Sie als Abkömmling einer verlotterten Familie gefälligst arm bleiben und als Arbeiterkind gefälligst nicht studieren, und wonach es sich für einen älteren Menschen nicht gehört, sein Ding zu machen. Sie müssen sich nach keinem dieser fatalen Muster richten. Sie können jederzeit aus dem, was Sie können, das Beste machen.

Tipp 13 Ignorieren Sie Statistiken! Was Ihre Zukunft betrifft, geht es nur um Sie.

Der Preis für Ihre Zukunft

Der US-Autor Jack Canfield weist darauf hin, dass alles einen Preis hat – das Beibehalten genauso wie das Verändern. Eine spannende Überlegung. Wenn Sie eine Veränderung oder Verbesserung planen, haben Sie es zunächst mit zwei Zuständen zu tun: dem aktuellen und Ihrem erwünschten Zustand. Der Unterschied zwischen beiden liegt in der Veränderung, die Sie durch Ihr Handeln bewirken. Zwei Fragen können Sie sich stellen:

• Wie hoch ist der Preis, wenn Sie den aktuellen Zustand beibehalten? Was kostet es Sie? Verlieren Sie Geld? Zeit? Sicherheit? Lebensqualität? Nennen Sie eine Zahl in einer Einheit Ihrer Wahl – in Euro, Stunden, Jahren, wie Sie wollen. Sie können auch mehrere Einheiten nehmen – Hauptsache, Sie verwenden die gleichen Einheiten auch in der Antwort auf die zweite Frage. Wenn Sie in Ihrem Leben nichts verändern: Wie hoch wird der Schaden sein? Was sind die Folgen? Bitte schreiben Sie sich diesen Preis auf.

- Wie hoch ist der Preis, wenn Sie den Zustand verändern? Was müssen Sie dafür aufbringen? Müssen Sie Zeit am Rechner verbringen, um Ihr Konzept auf die Beine zu stellen und Ihre Idee zu entwickeln? Überschlagen Sie in der gleichen Einheit oder in den gleichen Einheiten wie in der Antwort auf die erste Frage, wie hoch Ihre Investition ist. Auch diese Zahl schreiben Sie bitte auf.

Folgenden Preis bezahle ich,
wenn ich nichts unternehme: _____

Folgenden Preis bezahle ich,
wenn ich etwas unternehme: _____

Die Antworten sagen Ihnen etwas ganz Einfaches: Ist der Preis für die Neuerung höher als der für den Status quo, müssen Sie im Grunde nichts verändern – vielleicht ist auch der Leidensdruck noch nicht hoch genug. Übersteigt der Preis für den Status quo die Investition, die Sie für eine Veränderung aufbringen müssten, sollte es kein größeres Problem sein, sie in Angriff zu nehmen.

Konzentrieren Sie sich auf die Dinge, die Sie gewinnen können! *Tipp 14*

Der Frosch im Schlagloch

Sofern der Leidensdruck hoch genug ist, ist es gar nicht mehr allzu schwer, etwas zu verändern. Viele Menschen, die dringend etwas ändern sollten, lassen zu viel Zeit vergehen – bis sie ganz unten sind und es vielleicht sogar zu spät ist. Diesen Zusammenhang illustriert eine sehr schöne Coaching-Metapher:

Die Frösche wollen zum Schwimmen an den See gehen. Sie fragen den kleinsten Frosch, ob er Lust habe, mitzukommen. Klar! Gemeinsam machen sich die Frösche auf den Weg.

Als sie eine Straße überqueren, fällt der kleine Frosch in ein Schlagloch. Die anderen Frösche sagen: »Los, spring raus! Komm mit!« *Der kleine Frosch springt und hüpft, aber ohne Erfolg. Er sagt:* »Das Schlagloch ist zu tief! So *hoch kann ich nicht springen!« Nach einigem Anfeuern lassen die Frösche den kleinen Frosch in seinem Schlagloch sitzen und hüpfen weiter zum See.*

Eine Stunde später kommt der kleine Frosch plötzlich am See an. Die anderen Frösche fragen erstaunt:»Wie hast du das geschafft? War das Schlagloch nicht zu tief?« Der kleine Frosch erklärt:»Es kam ein Lastwagen angedonnert. Ich musste!«

Sobald wir wirklich müssen, werden oft unglaubliche Dinge möglich – der Frosch springt heraus. Und es gibt Leute, die sich immer dann über berufliche Veränderungen den Kopf zerbrechen, wenn sie gerade Stress im Job haben oder genervt sind. Da wollen sie am liebsten alles hinwerfen. Verbessert sich der Zustand, wollen sie das plötzlich nicht mehr, sondern finden sich durch die Entscheidung »Love it!« mit der Lage ab. Wenige Wochen später wird es wieder unerträglich, und sie beginnen ihr Gedankenspiel von vorne. Man müsste mal, man sollte mal. Sie beginnen, Pläne zu schmieden, um sie im nächsten Urlaub wieder für kurze Zeit zu vergessen. Kennen Sie solche Menschen? Vielleicht müssen sie ja erst in ein Schlagloch fallen.

Tipp 15 | **Schmieden Sie Ihren Plan B nicht erst, wenn es zu spät ist. Schmieden Sie ihn jetzt!**

Wie denken Sie?

Ob Sie im Beruf erfolgreich und glücklich werden, hängt davon ab, was Sie dafür tun. Und was Sie tun, hängt unter anderem davon ab, wie Sie denken.

Wie oft haben Sie in der Vergangenheit Sätze gehört wie: »Das kannst du nicht!« oder »Das geht nicht!«? Ich will nicht behaupten, dass alles geht – aber es geht eben viel mehr, als wir gemeinhin denken. Unsere erste Reaktion auf neue Ideen besteht oft aus Ablehnung – wir sind auf der Suche nach Gründen dafür, dass etwas nicht funktionieren kann. Dieser Suchfilter ist ein Denkmuster.

Kinder haben diesen Wahrnehmungsfilter meist noch nicht, sondern gehen mit Spaß und Freude auf alles zu, was spannend sein könnte. Dass wir als Erwachsene in Unmöglichkeiten denken statt in Möglichkeiten, ist ein Resultat unserer Sozialisation. Der Blickwinkel, dass etwas Ungewöhnliches erst einmal »nicht geht«, ist ein Versagenskonzept: Dadurch konzentrieren wir uns auf den Misserfolg, und im Umkehrschluss widmen wir unsere Aufmerksamkeit zu wenig dem Erfolg, unserem Ziel.

Diese negative Wahrnehmung fokussieren viele Menschen schon sehr früh: Eltern sagen Kindern, was sie falsch gemacht haben, Lehrer zählen Fehler – und das ist dann der Moment, wo der sogenannte »Ernst des Lebens« uns den Spaß am Lernen verdirbt. Im Erwachsenenalter setzt sich das fort: Wenn Sie von zehn Aufgaben neun sehr gut erledigt haben, sieht ein durchschnittlicher Chef nicht etwa neunzig Prozent Erfolg, sondern stößt Sie mit der Nase auf die zehn Prozent Versagen. Die negative Perspektive scheint allgegenwärtig. Wir leben in einer Arbeitskultur des Müssens und des Versagens.

»Wie kann das gelingen?«

Sie begegnen einer sehr spannenden Möglichkeit, mit diesen Gedanken umzugehen, wenn Sie sich erfolgreiche Menschen anschauen. Statt zu sagen: »Das schaffe ich nicht!«, fragen sich diese: »Wie kann ich das schaffen?«. Und dann suchen sie Mittel und Wege, um ihr Ziel zu erreichen. Damit gelingt ihnen nicht alles, und erfolgreiche Menschen erleiden gewiss auch Rückschläge und Misserfolge. Aber insgesamt bewirkt der Blick auf die Möglichkeiten, dass sie sich nicht mit negativen Mantras demotivieren. Wer dagegen immer wieder »Das kannst du nicht!« oder »Das geht nicht!« hört, glaubt irgendwann daran – so wie wir an alles mit der Zeit glauben, wenn es sich in unserem Gehirn als Denkmuster einnistet.

Da die Selfmade-Mentalität in unserem Land vorsichtig formuliert ein wenig unterentwickelt ist, könnte ein Wechsel im Denken die Menschen möglicherweise motivieren. Wäre es nicht schön, wenn junge Leute die Schule nicht hoffnungslos und mit Aussicht aufs Arbeitsamt verlassen, sondern ausgestattet mit Tatkraft und vielen konkreten Ideen? Mit Blick auf die Möglichkeiten und den Perspektivenwechsel, weg vom »Das geht nicht!« hin zum »Wie könnte das gelingen?«? Dass die Realität bisher um einiges düsterer aussieht, hat gesellschaftliche Gründe.

Entweder sagen unsere Eltern: »Aus dir soll mal was Richtiges werden!« – dann neigen wir dazu, unter diesem Druck die falsche Ausbildung oder das falsche Studium zu wählen, nur um dem sozialen Anspruch gerecht zu werden. Das ist vor allem in bildungsstarken Schichten mit ausgeprägtem Sinn für Status und Image ein Problem. Manche Studenten haben sich nur deswegen für Jura oder Medizin entschieden, weil ihre Eltern Anwälte oder Ärzte sind. So wie sich eine falsche Ernährung und Prügel in der Familie oft von Generation zu Generation vererben, übertragen sich auch Meinungen dazu, was »richtig« ist.

Oder aber unsere Eltern haben selbst keine Ahnung von Bildung und Beruf, und wir kümmern uns ebenso wenig um das Thema und lassen uns stattdessen mangels Motivation vom Leben treiben. Auch hier greifen wir mitunter zu Verlegenheitslösungen, die uns eigentlich nicht liegen – ein Problem vor allem weniger gebildeter Schichten.

Und in beiden Fällen fehlt in aller Regel, sofern wir aus einem Arbeitnehmerhaushalt kommen, das Bewusstsein, dass man auch als Arbeiter oder Angestellter Anbieter einer Leistung ist. Wir sind nach herkömmlichem Denken schon dann am Ziel, wenn wir einen Job haben, und lehnen uns zurück, statt den Markt weiter zu beobachten. Dass man in Ruhe und ohne Stress herausfindet, was das eigene Ding ist und wie man es langfristig mit den strategisch richtigen Entscheidungen durchzieht, scheint die Ausnahme zu sein. Nur wenige Eltern lassen ihren Kindern die nötige Zeit, um herauszufinden, was sie wollen. Und ist man mal im Job, verfällt man der Illusion von Sicherheit und wird erst dann aktionistisch, wenn der Arbeitsplatz plötzlich akut in Gefahr ist – wenn man also im Schlagloch sitzt.

Wie war das bei Ihnen? Wurden Sie unter Druck gesetzt? Von Lehrern oder Eltern? Von der Konvention? Oder haben Sie sich selbst mit Ihrer Karriere-Torschlusspanik in den Wahnsinn getrieben und sich dann für irgendwas entschieden, was Ihnen Jahre später in Form von Unzufriedenheit auf die Füße fällt? Oder machen Sie den Job, den Sie machen, nur weil Ihnen jemand eingeredet hat, Sie dürften sich keine Lücken im Lebenslauf erlauben? Oder ist diese ungeliebte Stelle immerhin ein Spatz in der Hand?

Tipp 16 | **Fragen Sie sich, ob Sie Ihren derzeitigen Job wirklich wollten. Wenn nicht – warum hängen Sie dann so daran?**

Weil wir meist nur das tun, was wir aufgrund unserer Denkweisen für möglich halten, verpassen wir eine Menge Chancen. Unsere Sozialisation erschwert es nicht nur, unsere Situation realistisch einzuschätzen und uns von außen zu betrachten. Da wir unsere individuelle Prägung für normal halten, beraubt sie uns auch vieler Möglichkeiten: Und so sehen wir die Chancen jenseits der ausgetretenen Pfade nicht.

Wer in Deutschland beispielsweise in einer Region der Autoindustrie aufwächst, dessen Eltern arbeiten möglicherweise in der Automobilzulieferbranche. So entwickelt sich eine Präferenz fürs Auto. Zum Schrauben ist man sich vielleicht zu fein, also denkt man an eine Karriere als Ingenieur. Leider sind die Noten in Mathe schlecht, die in Sprachen aber gut, folglich landet man vielleicht in der PR-Abteilung eines Autokonzerns. Nun schleichen die Jahre vorbei. Durch die Automobilkrise könnte man seinen Job verlieren. Was dann? Die Gedanken kreisen ums Thema »Auto«. Der Ausbruch aus den bewährten Schienen seines Denkens scheint unmöglich. Gefangen in seinem Denkmuster, bewirbt man sich wie ein Besessener bei einem Automobilkonzern nach dem anderen, bei Autoverbänden und allen möglichen Unternehmen, die mit Autos zu tun haben – mit perfekten Bewerbungen und geschliffenen Anschreiben, aber wegen der Binnensicht ohne Erfolg.

Deshalb ist es wichtig, dass man sich auf seine Fähigkeiten besinnt und nicht auf das, was schon immer war. Und dass man sich seiner sozialen Prägungen und Routinen bewusst wird, die sich lautlos ins Leben geschlichen haben. Kommen Sie aus einer Arbeiterfamilie? Einer Beamtenfamilie? Einer Angestelltenfamilie? Einer Unternehmerfamilie? Einer Arbeitslosenfamilie? Einer Künstlerfamilie? Einer Bankerfamilie? Hat man Ihnen gesagt: »Dieses und jenes geht nicht!«, »Das haben wir noch nie so gemacht!«, »Das gehört sich nicht!« – oder gab man Ihnen Leitsätze mit wie »Probier es aus, du schaffst es!«? Welche Lehrer haben Sie geprägt? Welche Freunde? Hieß es: »Es ist sowieso alles schlecht!«, »Es ist alles Schicksal, der Lauf der Welt ist ohnehin nicht aufzuhalten!« oder »Die da oben sind böse!«? Oder hieß es: »Wenn du den Weg kennst und gehst, erreichst du auch dein Ziel!«? Und inwieweit vertreten Sie solche Denkmuster immer noch?

Aus welchem sozialen Milieu stammt Ihr Denken?

Bei den allermeisten Menschen ergibt sich das Muster ihrer Orientierung im Leben aus der Sozialisation: Wer aus einer Arbeitnehmerfamilie stammt, hat vielleicht mehr Skrupel vor der Selbstständigkeit als der Spross einer Unternehmerfamilie. Wer eine gute Kinderstube hatte, benimmt sich als Erwachsener mit geringerer Wahrscheinlichkeit daneben. Wer werteorientiert erzogen wurde, weiß Zuverlässigkeit und Ehrlichkeit vielleicht eher zu schätzen als jemand aus einem sozialen Milieu mit weniger Wertebewusstsein. Im Grunde ist es ganz einfach. Tendenziell tun wir, was man uns beigebracht hat. Etwas anderes zu machen als das, was man uns beigebracht hat, müssen wir erst noch lernen. Und weil uns das aufwendig erscheint, tun wir eben das, was wir gelernt haben. Das ist der einfachste Weg. Dabei sind unsere Verhaltensweisen nur eine Möglichkeit unter vielen. Welche Denkmuster wir für normal halten und gewohnt sind, hängt unter anderem davon ab, welchem sozialen Milieu wir entstammen. Welchen sozialen Hintergrund haben Sie?

Die Fähigkeit, sich von außen zu betrachten, ist eine Schlüsselqualifikation für nahezu alles im Leben. Wenn es Ihnen gelingt, als Kind einer Arbeitnehmerfamilie mit wenig Sinn für Eigeninitiative zu erkennen, dass Ihnen Denkmuster helfen könnten, die in Unternehmerfamilien zum Standardrepertoire gehören, dann sind Sie auf dem richtigen Weg. Es ist wichtig, sich seiner eigenen Denkmuster bewusst zu werden, um sie bei Bedarf zu hinterfragen oder auch über Bord zu werfen.

Sinnvoll sind Denkmuster dann, wenn Sie mit ihrer Hilfe erfolgreich und glücklich im Beruf werden können. Sie sind dagegen störend, wenn sie Sie von Glück und Erfolg abhalten. Haben Sie beispielsweise gelernt, dass man keine fremden Menschen anspricht, verhalten Sie sich möglicherweise auf einer Messe oder einem Kongress eher zurückhaltend. Dieses Denkmuster hält Sie davon ab, Kontakte zu knüpfen und sich und Ihre Gedanken bekannt zu machen. Halten Sie nicht daran fest und sprechen Sie offen mit Menschen, werden Sie bald viele Leute kennen, die Ihnen bei Ihrer Arbeit vielleicht auch gerne helfen.

Tipp 17   Machen Sie sich Ihre Denkmuster klar, um sie zu hinterfragen und bei Bedarf auszutauschen.

Denken Sie konvergent oder divergent?

Wichtig ist auch die Frage, auf welche Art Sie Probleme lösen: Handeln Sie nur nach gelernten Schemata, oder sind Sie fähig, Schemata zu hinterfragen und neue zu entwickeln? Das heißt, sind Sie dazu verurteilt, nach den bisherigen Mustern zu handeln, auch wenn diese sich als erfolglos erwiesen haben – oder können Sie Muster hinterfragen, ablegen und sich neu aneignen? Füllen Sie nur Kästchen aus, oder sind Sie kreativ und originell?

In seinem Buch *Überflieger* beschreibt Malcolm Gladwell zwei verschiedene Formen von Intelligenz: Mit der ersten lässt sich prüfen, ob eine neue Information mit Prinzipien übereinstimmt oder nicht – wenn nein, gilt das als Fehler. Diese Fähigkeit, Übereinstimmungen zu finden, nennt sich Konvergenz: Konvergent intelligenten Menschen ist es möglich, Fehler zu finden und aus drei aufeinanderfolgenden Hieroglyphen auf die vierte zu schließen. Die zweite Intelligenz, von der Gladwell spricht, beschreibt die Fähigkeit, zu schauen, was sich mit einer neuen Information machen lässt – sie bezeichnet die Divergenz, also die Fähigkeit, von gewohnten Mustern abzuweichen und abseits der klassischen Denkweisen ungewöhnliche Lösungen für Probleme zu finden.

Vereinfacht gesagt, bedeutet konvergentes Denken die Anwendung von Gelerntem nach Schema F – versagen die gelernten Wege, steht der Konvergente da wie der Ochse vorm Berg. Konvergente Denker wenden ihre Schemata auf alles an, was ihnen begegnet. Sie wenden beispielsweise ihre von Hause aus mitgebrachten Vorurteile auf neue Situationen an, obwohl die Vorurteile vielleicht falsch sind. Divergentes Denken dagegen bedeutet die Fähigkeit, Schemata zu hinterfragen und unkonventionelle Lösungen zu finden – und zu erkennen, dass Denkmuster wie zum Beispiel manche Vorurteile falsch sind. Auf die Frage, was man in einer Viertelstunde alles anfangen kann, sprudelt der divergente Denker über vor Antworten, während der konvergente Denker nur wenig sagt, weil ihm die Entsprechungen fehlen und ihm diese Art von Aufgabe fremd ist.

Trainieren Sie das divergente Denken. *Tipp 18*

Erkennen Sie an, dass ...
- *Sie jederzeit frei sind zu handeln.*
- *Sie die richtigen Dinge tun sollten, um Ihre Ziele zu erreichen.*
- *niemand für Ihr Leben verantwortlich ist außer Ihnen.*
- *Ihr Denken das Ergebnis von Prägungen ist.*
- *Konventionen und gesellschaftliche Normen falsch sein können.*
- *Sie sich von außen betrachten sollten.*
- *nur Sie entscheiden, wohin es mit Ihnen geht.*
- *Sie sich selbst aus schlimmen Lebenslagen retten können.*
- *Sie aktiv handeln müssen, um ein Ergebnis zu erzielen.*
- *Sie divergent denken sollten.*

Sie müssen in Ihrem Leben nicht die Regie übernehmen.
Aber Sie dürfen es!

Vergessen Sie die Lügen der alten Arbeitswelt!

Inwieweit stimmen Sie folgenden Aussagen zu?	1 = trifft in jeder Hinsicht zu; 5 = trifft überhaupt nicht zu				
Ich kenne niemanden, der in den vergangenen zwei Jahren unerwartet seinen Job verloren hat.	①	②	③	④	⑤
Ich kenne persönlich relativ viele Millionäre oder bin selbst einer.	①	②	③	④	⑤
Die Arbeitswelt und die Politik geben den Menschen die reale Chance, sich beruflich selbst zu verwirklichen und mit ihrem Können reich zu werden.	①	②	③	④	⑤
Wer mit ständigen Bewerbungen scheitert, findet jenseits des Arbeitsmarktes Möglichkeiten, um Geld zu verdienen.	①	②	③	④	⑤
Jeder kann beruflich erfolgreich werden, egal, aus welchem sozialen Milieu er stammt.	①	②	③	④	⑤
Arbeit, die reich und glücklich macht, muss nicht anstrengend sein.	①	②	③	④	⑤
Ob jemand Erfolg hat oder nicht, hängt in allererster Linie vom Einzelnen selbst ab.	①	②	③	④	⑤
Menschen können die politisch und gesellschaftlich für sie vorgesehenen Konzepte über Bord werfen und selbst entscheiden, wie sie beruflich erfolgreich werden.	①	②	③	④	⑤
Die Menschen halten sich freiwillig klein als Konsumenten und Arbeitnehmer. Es gibt keine soziale Beeinflussung in diese Richtung.	①	②	③	④	⑤

Wenn ich keine Arbeit habe, bin ich jeden Tag unterwegs, um etwas an meiner Situation zu verändern. Ich nehme die Verantwortung für mich selbst wahr.	①	②	③	④	⑤

Die Arbeitswelt ist ein großer, unübersichtlicher Teilmarkt innerhalb des Marktes sämtlicher Leistungen. Auf diesem Teilmarkt begegnen sich traditionell Menschen und Unternehmen. Ziel des Spiels ist es bislang, möglichst viele Menschen auf die Arbeitsplätze in den Unternehmen zu verteilen – das gilt zumindest als Aufgabe beispielsweise der Arbeitsagenturen. Wer nach dieser Verteilaktion übrig bleibt, ist arbeitslos. Der Begriff »nicht vermittelbar« ist dann die Endstation, von der aus es auf den offiziellen Wegen kein Weiterkommen gibt. Dass Menschen sich auch selbstständig machen können, ist innerhalb dieses Denkens eine nur sehr stiefmütterlich behandelte Option.

Eine Existenzgründung ist in diesem klassischen Schema nonkonform. Dagegen bedeutet Konformität, frustriert eine Bewerbung nach der anderen zu schreiben. Aus diesem sozialen Code resultiert die Erlaubnis, bei Versagen ins Nichtstun abzugleiten und die Schuld »dem System« oder »der Konjunktur« in die Schuhe zu schieben. Schließlich hat man innerhalb des vorgesehenen Rasters das Übliche getan und insofern konvergent gehandelt, treu dem Schema der Sozialisation.

Arbeitgeber sind bestenfalls Arbeitsplatzgeber

Die Voraussetzungen für dieses Spiel sind bislang klare, aber falsche Definitionen. Es gibt »Arbeitgeber« und »Arbeitnehmer« – doch die Begriffe täuschen. Der Arbeitgeber lässt sich demnach herab und »gibt« dem Arbeitnehmer Arbeit – was dem Wortsinn nach nicht stimmt, denn die Arbeit ist die Leistung, die vielmehr der Arbeitnehmer dem Arbeitgeber gibt. Die Realität findet also genau umgekehrt statt: Der Arbeitnehmer gibt Arbeit, der Arbeitgeber gibt Geld. Der Arbeitgeber ist somit der Geldgeber oder bestenfalls der Arbeitsplatzgeber, damit der Arbeitsplatznehmer Arbeit geben kann.

Zumindest in Zeiten ohne Vollbeschäftigung ist der Arbeitnehmer Bittsteller: Er bewirbt sich nach Karl Marx beim Kapitalisten, der die Produktionsmittel besitzt, um einen Arbeitsplatz, und der Kapitalist hebt oder senkt den Daumen. Unter diesen Bedingungen ist klar, dass der Arbeitnehmer als Bittsteller erscheint – er ist auf die Gnade des Arbeitgebers angewiesen. Und auch im Falle der Ablehnung wird der Arbeitnehmer zum Bittsteller – er bittet dann bei anderen Unternehmen oder beim Staat um Geld. Diese Schleife ist die für die Menschen vorgesehene Laufrichtung; es ist ein Kreislauf aus Bewerbungen, Arbeitnehmerdasein und Jobverlust. Eine Endlosschleife, in der die Menschen wie selbstverständlich nach Schema F denken, als gebe es daneben keine Alternativen.

Um glücklich und erfolgreich im Beruf zu sein, lassen sich selbst solche Muster durchbrechen. Störende Denkmuster sind bei weitem nicht nur individuell. Auch gesellschaftliche Normen und kollektive Vorurteile halten uns oft davon ab, das für uns Sinnvolle zu tun. »Du musst dich doch ordentlich bewerben!« ist nur eines davon. Ein anderer Denkfehler ist, man könne sich nicht so einfach selbstständig machen – doch im Unterschied zu Marx' Zeiten haben wir heute eine Menge Produktionsmittel bei uns zu Hause und enorm viele Chancen, etwas auf die Beine zu stellen. Konventionell denkende Menschen meinen noch immer, sie bräuchten für eine Existenzgründung Büroräume. »Ein Unternehmen muss doch ein ordentliches Büro haben!« Auch das stimmt heute nicht mehr. Ein Laptop und ein Drucker zu Hause reichen in vielen Fällen. Die Welt hat sich insofern gewandelt, gerade durch das mobile Internet und die Handy-Revolution. Der größte Denkfehler von Staat und Politik ist die starke Fokussierung auf ein lückenloses Leben in abhängigen Beschäftigungen und das geradezu ignorante Beharren auf der akademischen Ausrichtung der Schulbildung. Angesichts der enormen Veränderungen unserer Welt ist es Zeit, diese kollektiven Vorurteile zu vergessen!

Die Lüge, man müsse sich nur richtig bewerben

Was macht man, wenn man keinen Job hat? Man bewirbt sich! Das ist die gängige Antwort. Man bewirbt sich, bekommt einen Job, richtet das Privatleben darauf aus, verliert den Job, bewirbt sich wieder irgendwo, bekommt wieder einen Job, zieht von München nach Hamburg, und nach wenigen Jahren ist es wieder Zeit für eine Veränderung. So geht das im Leben der Arbeitnehmer. Nachdem sie mal wieder umgezogen sind, sitzen sie im Restaurant und berichten, sie hätten jetzt ihren »Traumjob«, bis das Unternehmen ihnen einen widerwärtigen Chef vor die Nase setzt und sie von Neuem auf der Suche sind. Ein paar Monate Hadern mit der Situation und dann die Lösung: der nächste Job, dieses Mal eher ein Kompromiss – aber sie müssen dafür immerhin nur noch zweihundert Kilometer täglich pendeln und brauchen keine Zweitwohnung mehr. Wenig später lagert das Unternehmen die Marketingabteilung aus, und sie landen in einer eigens gegründeten Tochterfirma, die nur den Zweck hat, die Gehälter zu halbieren. Das geht noch eine Weile gut, der Frust steigt, die Leistung sinkt, der nächste idiotische Chef schlägt mit der Faust auf den Tisch, und sie sind wieder auf der Suche. Das ist die Realität vieler Arbeitnehmer in Deutschland. Sie halten dieses Leben sogar für normal.

Warum tun sich die Leute so etwas an? Warum halten sie es für normal? Jeder erfolgreiche Selbstständige fragt sich, warum sich die Arbeitnehmer so etwas gefallen lassen. Doch der Grund ist einfach: Er besteht in Unwissen. Was wir nicht wissen, können wir uns nicht vorstellen – die Arbeitnehmer kennen nichts außer den für sie vorgesehenen Wegen, weil man sie ihnen anerzogen hat. Sie sind gefangen in einer Falle, die Millionen von Menschen vom Erfolg abhält: dem Arbeitnehmer-Dogma.

Das Arbeitnehmer-Dogma

Das Arbeitnehmer-Dogma sagt: Es gibt nur eine Form von Beschäftigung, nämlich die abhängige Beschäftigung. Alles andere ist absurd, riskant, abwegig, etwas für Spinner und Hasardeure. Nur abhängig beschäftigt sein ist anzustreben, und das auf den bewährten Wegen. Bewerbung, Vorstellungsgespräch, bangen und hoffen, genommen werden oder abblitzen. Es ist eine ungeschriebene gesellschaftliche Anweisung zu einer passiven Haltung, in der man sein Leben nach den »events« richtet, nach den Entscheidungen anderer, und in der sich die »action« auf die Wahl beschränkt, bei welchem Unternehmen man sich bewirbt. Meist nur bei denen, die jemanden suchen. Und indem man dieser merkwürdigen Vorschrift folgt, verurteilt man sich selbst zu ständigem Reagieren statt Agieren.

Das Mantra des Arbeitnehmer-Dogmas lautet: »Du musst dich bewerben.« Die Bewerbungen müssen perfekt sein, damit man Sie nimmt. Daher gibt es jede Menge Bewerbungsratgeber und Bewerbungsseminare. Viele von ihnen sind hervorragend. Sie helfen Ihnen, möglichst erfolgreiche Unterlagen zusammenzustellen, und trainieren Sie für das perfekte Vorstellungsgespräch. Bringen Sie optimal auf den Punkt, was Sie für Ihren potenziellen Arbeitgeber leisten können? Verhandeln Sie Ihr Gehalt geschickt?

Aber was, wenn Sie beim Bewerben zwar alles richtig machen, das Bewerben selbst aber der falsche Weg ist? Wenn Ihr Glück – ohne Ihr Wissen – außerhalb dieses Schemas liegt? Und dieses Unwissen ist Realität: Finden wir nach vierzig erfolglosen Bewerbungen noch immer keinen Job, geben wir entweder frustriert auf und warten auf Hilfe vom Staat, oder wir schreiben eben noch mal vierzig Bewerbungen. Auf die Idee, dass das Bewerben vielleicht das falsche Konzept ist und wir jenseits der klassischen Wege nach einer Lösung suchen sollten, kommen wir nur selten.

Das Arbeitnehmer-Dogma ist ein kollektives Denkmuster, das uns in die Irre führt und das schon Kinder und Jugendliche in der Schule blind macht für ihre wahren Potenziale. Denn die Schule trimmt uns auf das Arbeitnehmer-Dogma, und sie drillt uns im konvergenten Denken. Ist die Schule aus, geht die Bewerberei schon los: für einen Ausbildungsplatz, einen Studienplatz, ein Praktikum. Danach geht die Bewerberei weiter: für ein Volontariat, ein praktisches Jahr, einen Job mit Probezeit. Daraufhin bewerben wir uns für die feste Anstellung oder jedes Jahr neu für den jährlich befristeten Vertrag. Was ist das für ein Leben?

Mit den Bewerbungen folgen wir nicht nur stupide einem Muster der Konvergenz, sondern wir stellen uns auch andauernd selbst irgendwelchen Prüfungen. Sich zu bewerben ist ein Vorgang von unten nach oben. Bei jedem neuen Unternehmen fangen wir von vorne an. Wir sind auf die Gnade eines Personalentscheiders angewiesen. Der Gedanke dahinter ist geradezu devot: Bin ich wirklich gut genug? Habe ich diese Stelle verdient? Und klappt eine Bewerbung nicht, sind Selbstzweifel angesagt. Das Ziel dieses jahrzehntelangen Psychoterrors ist der Ruhestand, in dem wir dann irgendeinen kompliziert berechneten Mix unserer bisherigen Einkommen ausgezahlt bekommen.

Selbst wenn wir uns im Laufe unseres Berufslebens die besten Fähigkeiten erarbeiten und hoch qualifizierte Experten werden – der

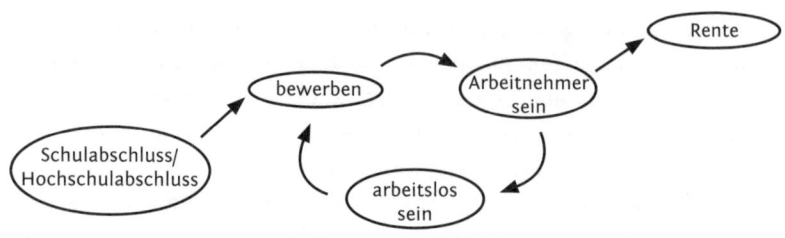

Das Arbeitnehmer-Dogma

Schlüssel zum nächsten Job ist wieder die Bewerbung. Eine andere Möglichkeit lässt das konvergente Denken nicht zu, wonach wir ja nur einem Schema folgen und hilflos sind, wenn Realität und Schema nicht mehr übereinstimmen.

Erfolglose Bewerbungen?
Ein Zeichen für die falsche Strategie!

Symptomatisch für das Arbeitnehmer-Dogma ist eine Reportage im *Stern* (44/2009). »Jung, qualifiziert, arbeitslos« ist die Überschrift. Thema: Hoch qualifizierte Berufsanfänger scheitern an der heutigen Realität, weil das Arbeitnehmer-Dogma in der Praxis überholt ist, sie selbst aber noch daran glauben. »Sie haben gebüffelt und geackert – jetzt will sie niemand haben« lautet der Vorspann. Schon die Formulierung »jetzt will sie niemand haben« zeigt: Die Passivität ist der Standard. Für die Gefangenen im Arbeitnehmer-Dogma gilt der Bewerbungsmarathon als der einzige Weg, und selbst der Gedanke, auf die Gnade eines Unternehmens angewiesen zu sein, gilt als normal. Reagiert kein Unternehmen positiv, sitzt man eben zu Hause und schaut Soaps. Dass die erfolglose Bewerberei ein klares Zeichen für eine falsche Strategie ist, fällt den Leuten nicht auf.

»Plötzlich steht eine Generation, die eigentlich alles richtig gemacht hat, vor verschlossenen Türen«, heißt es im *Stern*. Und dieser Satz entlarvt das wahre Elend: Die Leute haben nach den Maßstäben des Arbeitnehmer-Dogmas »alles richtig gemacht« – aber damit genau das Falsche getan. Denn das Arbeitnehmer-Dogma ist in der heutigen Zeit nicht mehr brauchbar – es ist nicht mehr »richtig«.

»Bei einer der größten Jobmessen, dem Kölner Absolventenkongress, hat sich die Zahl der angebotenen freien Stellen von 20 000 auf 10 000 halbiert«, heißt es weiter. Ein überdeutliches Alarmzeichen dafür, dass das Arbeitnehmer-Dogma auf dem Rückzug ist. Und dennoch hält die Dame aus der *Stern*-Reportage am Arbeitnehmer-Dogma fest – sie schrieb siebzig erfolglose Bewerbungen. Und sie fürchtet die Frage von Personalchefs:»Warum haben Sie eigentlich noch keinen Job?« Selbst diese Angst zeigt die Scheuklappen des Arbeitnehmer-Dogmas, denn die Frage müsste lauten:»Warum verschwenden Sie Ihre Zeit mit sinnlosen Bewerbungen? Warum haben Sie nicht längst anhand Ihres hohen Potenzials ein Konzept entwickelt, mit dem Sie erfolgreich sind?« Denn das Ziel ist ja nicht ein abhängiger Job, sondern ein Einkommen!

Das indianische Sprichwort»Ist dein Pferd tot, steig ab!« gilt exakt für diese neue Situation im Arbeitsleben. Nur erkennen offenbar viele Menschen nicht, dass das Pferd tot ist. Solange wir im Arbeitnehmer-Dogma festsitzen, glauben wir stur an die Hypothese, der einzige Weg sei die abhängige Beschäftigung, zu der wir nur über Bewerbungen gelangen. Das ist in etwa so, als würden wir unsere Fotos weiterhin mit Negativfilmen machen, weil wir die Innovation der Digitalfotografie nicht wahrhaben wollen.

»Zweifel am System«

Ebenfalls bezeichnend für die Perversion des Arbeitnehmer-Dogmas als gesellschaftliches Modell ist ein Leserbrief im *Spiegel* (26/2009) zu dem Bericht»Wir Krisenkinder. Wie junge Deutsche ihre Zukunft sehen«:

Obwohl ich phantastisch in einem naturwissenschaftlichen Gebiet ausgebildet bin, Auslandserfahrung, promoviert, geprüfte Bewerbungsmappe, kein abstoßendes Äußeres habe – treffe ich bei meinen Bemühungen, einen Job zu finden, immer wieder auf das Wort»Einstellungsstopp«, das eine unüberwindliche Mauer darstellt. Bei mir macht sich Verzweiflung breit. Und Zweifel am System. Denn ich habe alles»richtig« gemacht und sitze trotzdem ohne Job da. Hier läuft was falsch. Es wird keine Lebensperspektive mehr geboten, dafür aber werden höchste Ansprüche gestellt.

Auch dieser Leserbrief offenbart das Elend des Arbeitnehmer-Dogmas und der Menschen, die ihm wie die Lemminge folgen. Er beweist, wie fatal konvergentes und wie wichtig divergentes Denken ist. Die Schreiberin des Leserbriefes ist der beste Beleg dafür, dass Intelligenz nicht mit Klugheit einhergehen muss: Die Dame folgt innerhalb ihres konvergenten Denkens dem vorgegebenen Schema und ist blind für den divergenten Blick von außen, der ihr sagen würde, dass hier das Schema das Problem ist. Ich weiß nicht, wie Sie das sehen, aber wer immer wieder gegen eine Mauer läuft und sagt, er mache »alles richtig«, wirkt auf mich merkwürdig. Offenkundig führt die Strategie, die die Leserbriefschreiberin die ganzen Jahre gefahren hat, zu nichts. Sie tut, was sie für richtig hält, und kommt dennoch nicht zum Ziel. Ist also wirklich richtig, was sie tut?

Entlarvend fürs Arbeitnehmer-Dogma sind Schlüsselwörter wie »Auslandserfahrung« und »Bewerbungsmappe«. Es sind Codewörter, die ein Selbstständiger nicht verwenden würde – er macht Geschäfte mit Partnern auf Augenhöhe und schickt »Konzepte«, »Projektvorschläge« und »Angebote«. Die Dame dagegen glaubt, andere um Beschäftigung bitten zu müssen. Sie hat ihre Bewerbungsmappe sogar prüfen lassen – ein Indiz dafür, dass sie durchaus bestrebt ist, alles »richtig« zu machen, dabei aber genau die falschen Dinge tut, indem sie dem Arbeitnehmer-Dogma wie auf Autopilot folgt. Sie steckt tief in dem Denkmuster, man müsse sich bewerben, um einen festen Job zu bekommen, um damit Geld zu verdienen und sicher zu sein – ähnlich wie die Protagonistin in der *Stern*-Reportage. Man setzt in diesem Schema alles auf eine Karte: auf die perfekte Bewerbungsmappe. Die verschickt man an zig Unternehmen in der Hoffnung, eines beißt an. Dann setzt man wieder alles auf eine Karte: auf die Beschäftigung in dem einen Unternehmen, das einen nimmt. Blitzt man ab, fehlen die Alternativen.

Ablehnungen sind lediglich ein Markt-Feedback

Und wenn niemand die hoch qualifizierte Bewerberin nimmt, dann ist das eben ein Markt-Feedback: Der Arbeitsmarkt hat momentan keinen Bedarf am Angebot der Dame. Und das ist ganz normal auf Märkten: Wenn Sie keine Kaffeemaschine brauchen, kaufen Sie keine Kaffeemaschine – ganz gleich, mit wie vielen Angeboten für Kaffeemaschinen man Sie zuschüttet. Mir tun die betroffenen Personalreferenten leid: Obwohl aller Welt klar sein müsste, dass für die Leistungen bestimmter Menschen kein Bedarf besteht, überhäuft man sie mit Bewerbungen und vermüllt ihre Schreibtische. Im Grunde müssten sich die Personalabteilungen über die Ignoranz der Bewerber wundern und nicht umgekehrt.

Wenn Sie also schon die fünfzigste erfolglose Bewerbung zurückbekommen haben, dann heißt das nicht unbedingt, dass Ihre Bewerbungen schlecht sind. Sie tun möglicherweise nur das Falsche. Es muss auch nicht heißen, dass Sie schlecht sind. Es heißt nur, dass das, was Sie momentan anbieten, nicht gefragt ist. Und ehrlich gesagt ist das auch erst einmal gar nicht schlimm. Es ist nur das Feedback eines Marktes. Der Markt sagt Ihnen: »Brauchen wir gerade nicht.«

Nun geht es darum, dieses Feedback zu erkennen und die richtigen Schlüsse daraus zu ziehen: Die Realität zeigt, dass abhängige Beschäftigungen auf dem Rückzug sind und sich die Nachfrage nach Arbeitskräften neu justiert. Das entgeht niemandem, der die Wirtschaftspresse verfolgt. Die »Zweifel am System« der Leserbriefschreiberin erscheinen da nur aus der Perspektive des Arbeitnehmer-Dogmas berechtigt. Von außen betrachtet, ist es die ganz normale Reaktion der Arbeitgeber auf den Arbeitsmarkt: Kein Bedarf. Und statt wie gewohnt »alles richtig« zu machen, sollte die *Spiegel*-Leserbriefschreiberin besser schauen, ob sie überhaupt das Richtige tut. Momentan fährt sie die Ernte dessen ein, was sie gestern im Sinne von »action« getan beziehungsweise unterlassen hat. Wenn sie heute ohne Einkommen dasteht, hat sie gestern offenbar die falschen Dinge getan. Ursache – Wirkung! Und indem sie Bewerbungen schreibt, schießt sie nur ins Blaue. Sie überlässt ihr Leben den »events«. Und das ist, wenn Sie mich fragen, nicht sehr klug.

Anspruch auf Arbeit?

Besonders befremdlich in dem Leserbrief finde ich den Satz: »Es wird keine Lebensperspektive mehr geboten.« Dieses Denken geht nun wirklich komplett an der Realität vorbei. Wer soll mir denn eine Lebensperspektive bieten, wenn nicht ich selbst? Das Arbeitsleben ist ja nun nicht Disneyland, wo man einmal Eintritt bezahlt und dann den Anspruch darauf hat, am laufenden Band Spaß zu haben. Letztlich liegt es an mir, wie es mir in meinem Leben ergeht.

Die Gefangenen des Arbeitnehmer-Dogmas verstehen das nicht: Aus der systemdefinierten Passivität heraus leiten sie den Anspruch ab, dass irgendjemand uns einen Job oder Geld geben sollte. Dabei ist es jedem Selbstständigen völlig klar: Wenn ich glaube, jemand müsse mich »haben wollen«, dann täusche ich mich. Es liegt an mir, mit meinen Fähigkeiten eine Leistung anzubieten, für die andere bereit sind zu bezahlen – ob per Rechnung oder Gehaltszettel.

Stellen Sie sich vor, der Kaffeemaschinenverkäufer würde von Ihnen verlangen, dass Sie bei ihm kaufen. Was würden Sie tun? Ihm vermutlich einen Vogel zeigen. Und so ist es auch auf dem Arbeitsmarkt: Wir haben keinen Anspruch darauf, dass uns jemand unser Produkt abkauft, unsere Arbeitskraft, Kreativität oder sonstige Leistung. Da ist niemand, der uns eine Lebensperspektive bietet, weil er das müsste. Die Unternehmen, bei denen wir uns bewerben, sind lediglich potenzielle Dauerkäufer unserer Leistung, mehr nicht. Sie sind quasi Abonnenten und sie nehmen uns nur, wenn sie uns wollen. Unternehmen in der Pflicht zu sehen, uns zu versorgen, ist irreal, denn niemand muss kaufen. In diesem Dschungel ist niemand für unser Leben verantwortlich außer uns selbst – und das war auch nie anders. Wenn also unsere Leistung nicht oder nicht mehr gefragt ist, sollten wir entweder alles dafür tun, irgendwo einen Abnehmer zu finden, oder etwas Neues anbieten. Wie es eben auf einem Markt üblich ist.

Doch die Anhänger des Arbeitnehmer-Dogmas schreiben lieber die nächsten fünfzig Bewerbungen, als gebe es nichts anderes. Denn wer schon ein paar Jahre im Arbeitnehmer-Dogma gedacht und gehandelt hat, hält dieses Denken für normal und betrachtet die Welt bei plötzlicher Arbeitslosigkeit aus einem entsprechend engen Blickwinkel. Die selektive Wahrnehmung filtert eine ganze Menge an Möglichkeiten und Chancen heraus. Und so wird das Arbeitnehmer-Dogma zur Falle: Über die Schleife der »Arbeitslosigkeit« begeben Sie sich wie selbstverständlich wieder in den Bewerbungsmarathon, um eine Stelle zu bekommen – und wenn es nicht klappt, schreiben Sie eben noch mehr Bewerbungen. Während Sie nach Ihrer stupiden Endlosschleife im Arbeitnehmer-Dogma stillstehen, schauen Ihnen Staat und Gesellschaft stumm zu, statt Ihnen zu sagen, dass Sie vielleicht besser außerhalb des Schemas nach Möglichkeiten suchen sollten. Es ist ja nicht so, dass die Märkte keine Bedürfnisse hätten. Aber wenn Sie in dem Schema verharren, bedienen Sie sie nicht.

Wenn es um unser Berufsleben geht, ignorieren wir im Begriff »Arbeitsmarkt« gerne das Wörtchen »Markt«. Es geht – wie üblich auf Märkten – um Angebot und Nachfrage. Machen Sie also nicht den gleichen Fehler wie die *Spiegel*-Leserbriefschreiberin: Richten Sie sich nicht mit Ihrer perfekten Bewerbung an jemanden, der Sie nicht braucht. Auf einem Markt geht es immer darum, dass Angebot und Nachfrage zusammenfinden. Und dabei ist es egal, ob Sie am Ende in einem sogenannten festen Job landen oder selbstständig sind. Letztlich müssen Sie die Leute oder die Unternehmen finden, die das brauchen, was Sie anbieten. Ob Sie wollen oder nicht: Theoretisch sind Sie schon längst Anbieter mehrerer Produkte, weil Sie sicher vieles können! Am Ende zählen Marktkriterien.

Wenn Bewerbungen keinen Sinn haben, dann bewerben Sie sich nicht. *Tipp 19*

Die Lüge, Lebensläufe müssten lückenlos sein

Zur Bewerbung gehört der Lebenslauf. Einmal auf der gedanklichen Schiene im Arbeitnehmer-Dogma gefangen, muss auch der perfekt sein. Denn viele Personalentscheider schließen von lückenlosen Lebensläufen auf zielgerichtetes Handeln – was sehr konvergent gedacht ist. Der geringste Fehler schmälert unsere Chancen. Und weil das so ist, hämmern wir Kindern und Jugendlichen ein: Mach bloß dein Studium zu Ende! Auch wenn es die totale Qual ist. Und hinterher machen die Bewerber etwas, das ihnen fremd ist und das sie nicht lieben. Sie machen halt ihren Job.

Ich weiß aber auch: Personalentscheider sind selbst oft angestellt und denken als Personalentscheider mitunter erst recht im Arbeitnehmer-Dogma. Sie lesen Personalmagazine, Bewerbungsratgeber und eben auch jede Menge Bewerbungen. Sie organisieren Assessment-Center. Sie schreiben Ablehnungsbriefe und führen Vorstellungsgespräche. Auf diese Wahrnehmung getrimmt, scheint das Arbeitnehmer-Dogma für sie so normal zu sein wie für Eskimos das Eis.

Was aber, wenn Ihr Lebenslauf nun einmal Lücken hat? Ich lerne eine Menge Leute kennen, die sich beruflich verändern wollen. Doch viele haben Angst vor der gesellschaftlichen Reaktion, weil es eben ein Bruch ist: Wie wird die Umwelt reagieren, wenn Sie plötzlich vom vorgesehenen Weg abweichen? Stehen Sie dann nicht genauso hoffnungslos da, wie Hartz-IV-Empfänger das angeblich tun? Sollen Sie aufgeben? Dokumente fälschen?

Wie immer im Leben geht es darum, aus dem, was Sie haben, das Beste zu machen. Die Lebensläufe der Menschen sind in aller Regel schon in Ordnung, auch mit ihren Brüchen. Die Perfektion ist völlig unangemessen, sie resultiert ohnehin nur aus der schiefen Marktlage, wonach es mehr Bewerber gibt als attraktive Stellen. Als Personalentscheider würde ich den Teufel tun und Ihnen verraten, dass Sie Opfer des Arbeitnehmer-Dogmas sind. Ich würde schön die Klappe halten, weiter die Allerbesten aussuchen und den Rest abblitzen lassen. Und dank des harten Wettbewerbs bekomme ich die Allerbesten sogar relativ billig und kann sie mies behandeln – solange ihnen keiner verrät, dass sie außerhalb des Arbeitnehmer-Dogmas ein Vielfaches verdienen könnten. Also pst! Oder? So ist der Markt!

Statt sich also frustriert über Ihren Lebenslauf zu ärgern, der nun mal so ist, wie er ist, könnten Sie auch überlegen, wie Sie etwas aus dem machen, was Sie nun einmal haben. Sie könnten zum Beispiel jene Unternehmen oder Partner suchen, die sich vom alten, falschen Sicherheitsgedanken schon verabschiedet haben und genau auf Ihre Flexibilität Wert legen – die gibt es nämlich auch. Meiner Erfahrung nach rücken immer mehr Unternehmen von der Idee der lückenlosen Lebensläufe ab, weil sie den Zusammenhang zwischen lückenlosen Lebensläufen und lieblos absolvierten Ausbildungen allmählich erkennen.

Viele Personaler scheinen zunehmend zu verstehen: Perfekte Biografien sind oft viel langweiliger als Lebensläufe mit Brüchen. Denn wer dem Arbeitnehmer-Dogma strikt folgt und brav seine lückenlosen Lebensläufe und perfekten Bewerbungsmappen schickt, ist mit hoher Wahrscheinlichkeit ein konvergenter Denker und bestenfalls fürs Musterabgleichen gut, für Schema F und Dienst nach Vorschrift. Kreative Lösungen und originelle Gedanken sind von Konvergenzdenkern kaum zu erwarten. Vielleicht sollten Sie sich also auf diese Avantgardisten konzentrieren, statt dem alten Denkmuster anzuhängen, Personalentscheider würden Sie generell wegen Ihres holprigen Lebenslaufes ablehnen. Suchen Sie die Partner, die Ausbrecher wegen ihrer Fähigkeit zum Querdenken und zur Vogelperspektive schätzen! Und falls Sie selbst ein Unternehmen gründen, können Sie ja einmal darüber nachdenken, ob Sie für Ihre Zukunft nicht unter den Flexiblen die besseren Mitstreiter finden.

Übrigens führen alle interessanten Leute, die ich kenne, kein normiertes Leben. Sie haben Knicke und Brüche und Bögen im Lebenslauf. Sie alle sind nonkonform und denken divergent. Über konvergente Denker erscheinen auch selten spannende Biografien. Was sollte auch drinstehen?»Er machte eine normale Karriere und führte ein Leben wie Millionen andere«? Selbst ein Wirtschaftsblatt wie das *manager magazin* kritisiert die »Manager-Klone« und zeigt so, dass Konvergenz auch in den höchsten Rängen ein Problem ist: »Studium an einer renommierten Uni, oft Promotion, Einstieg vielleicht als Vorstandsassistent; im Curriculum Vitae glänzen der MBA einer Top-Business-School oder ein paar Jahre Beratungserfahrung oder am besten gleich beides«. Die Zeitschrift fragt möglicherweise zu Recht: »Die Fallstudiendenke von MBA und Beratungen fördert einen mechanischen Ansatz, als wären Unternehmen keine dynamischen sozialen Systeme. (...) Sind unsere Manager falsch ausgebildet?«[2]

Stellen Sie sich einen Personalchef vor, der nur Bewerber mit lückenlosen Lebensläufen auswählt. Wie kreativ wird seine Belegschaft sein? Nicht, dass jeder straighte Uni-Absolvent ein Langweiler ist – aber wenn Sie hundert von diesen Leuten haben, werden Sie darunter sicher sehr viel mehr konvergent denkende Menschen finden, als wenn Sie hundert Mitarbeiter mit Brüchen im Lebenslauf um sich scharen. Bei den aalglatten Aufsteigern fehlt das Salz in der Suppe. Sehr viele Belegschaften sind heute auf diese Weise normiert. Entsprechend unflexibel ist das Unternehmen und starr sein Verhalten gegenüber Kunden.

Ein lückenloser Lebenslauf kann sicher ein Zeichen für Zielstrebigkeit sein. In Führungsebenen sind hin und wieder Augen-zu-und-durch-Typen gefragt, die sich ein Ziel setzen und dieses Ziel dann kompromisslos erreichen. Das muss wiederum nicht heißen, dass jeder Mensch mit einem lückenlosen Lebenslauf eine Dampfwalze ist. Aber ein lückenloser Lebenslauf kann eben auch ein Indiz für Konformität sein. Die Vertreter des Denkmusters »Was du einmal beginnst, musst du zu Ende bringen« tummeln sich zuhauf in der Gruppe mit aalglatten Lebensläufen. Daher

2 *manager magazin* 4/2008 vom 28.03.2008, Seite 158

ist die Wahrscheinlichkeit höher, dort konforme Menschen zu treffen als in der Gruppe, die auch mal ein Studium abbricht.

Wer auf Mitarbeiter mit Profil Wert legt, sollte sich vielleicht an die Unkonventionellen halten. Doch eine ganze Managerriege hat eine Riesenangst vor allem, was nicht konform ist, weil sie selbst konform sozialisiert ist. Die Divergenten sind den Konvergenten nicht geheuer, weil diese gar nicht verstehen, was Divergenz bedeutet. Es ist, wie einem Blinden die Sonne zu beschreiben. Sofern Sie also Ihr Ding machen wollen, sind diese Art Personalentscheider sowieso nicht Ihre Zielgruppe. Also hören Sie auf, sich bei denen zu bewerben.

Tipp 20

Bewerben Sie sich nicht in konformen Unternehmen, in denen konvergentes Denken gefragt ist, wenn Sie nonkonform sind und divergent denken.

Brechen Sie ab, was abzubrechen ist

Lücken und Brüche im Lebenslauf sind auch Indizien für Orientierungsphasen. Welcher Abiturient weiß denn schon mit neunzehn exakt, was später aus ihm werden soll? Die Zahl der Möglichkeiten ist groß, und gerade weil sich die gewohnte Welt der Arbeitnehmer auflöst und schon heute viele Branchen nur noch freie Projektjobs vergeben, sind Lebensläufe mit Ecken und Kanten die Regel. Und dann sattelt eben jemand mal mit Mitte dreißig von der Buchhalterin im einen Unternehmen zur Pressesprecherin im anderen Unternehmen um. Warum auch nicht? Der alte Arbeitgeber hat einfach zu begrenzt gedacht und war zu voreingenommen, um die Fähigkeiten der Frau zu sehen. Pech für ihn, wenn er sich auf die Ideologie der lückenlosen Lebensläufe konzentriert und damit jede Menge Potenzial übersieht.

Auch ein Studium abzubrechen ist nicht per se schlecht – es kann auch die Korrektur eines Lebensweges sein. Sicher wäre es schön, wenn Sie nicht erst im siebten Semester merken, dass das Studium nicht zu Ihnen passt und Sie lieber Taxi fahren möchten. Solcherart durchbrochene Lebensläufe haben nichts mit Kreativität zu tun. Wenn Sie aber im ersten Semester merken, dass ein Studium nichts für Sie ist – schmeißen Sie es hin und finden Sie den richtigen Weg! Wer seinen Lebensweg korrigiert, hält an einmal gesteckten Zielen nicht fest, wenn

Vergessen Sie die Lügen der alten Arbeitswelt!

sie falsch erscheinen. Und das ist gut so, weil Sie sich später eine Menge Ärger ersparen. »Soll ich nicht so lange im alten Fach weiterstudieren, bis ich den neuen Weg kenne?«, fragen Sie jetzt vielleicht. Ganz einfache Antwort: Natürlich nicht. Denken Sie:»Irgendetwas muss ich doch studieren«? Vorsicht, Falle! Wenn Sie im Kino merken, dass der Film richtig schlecht ist – bleiben Sie dann drin und quälen sich, weil Sie bezahlt haben? Oder gehen Sie raus, um den Abend zu retten? Meine Empfehlung an Sie: Retten Sie den Abend. Solange Sie in Ihrem alten Studium weitermachen, verschwenden Sie wertvolle Zeit. Denn anstelle von Aktionismus ist viel wichtiger, dass Sie herausfinden, was Sie wirklich wollen. Und das gilt nicht nur für ein begonnenes Studium, sondern für alle Etappen, die sich als sinnlos erweisen.

Für Ihr Leben sind keine Normen vorgesehen, die Sie akzeptieren müssten. Haben Sie den Mut, Fehlentscheidungen zu korrigieren. **Tipp 21**

Die Lüge, der Staat kümmere sich um uns

Es klingt hart, aber es ist sinnvoll und konsequent: Vergessen Sie den Staat. Er kümmert sich nicht um Sie. Er lässt Ihnen ein wenig Unterstützung angedeihen, bevor Sie unter der Brücke landen, aber dabei, wie Sie Ihr berufliches Dasein und Ihren Erfolg auf die Reihe bekommen, hilft er Ihnen nicht. Er kann es nicht, und er will es auch nicht. Oft handelt er sogar kontraproduktiv, etwa wenn Sie arbeitslos werden und sich den Routinen der Agentur für Arbeit unterordnen.

Der Staat ist zu einem Selbstbedienungsladen für jene geworden, die den Paragrafendschungel durchschauen, daran verdienen und daher möglichst an diesem Paragrafendschungel mitschreiben. Während Sie im Radio hören, dass für ein Riesenprojekt wieder Fördergelder versenkt wurden, werden Sie als Normalbürger an Fördermittel für Ihr Projekt gar nicht herankommen, weil man Ihnen viel zu hohe bürokratische Hürden in den Weg stellt und weil kein normaler Mensch das Procedere versteht. Während sich die Verantwortung von Managern und Ministern für Milliardenschäden meist nur in verfrühtem, bezahltem

Ruhestand manifestiert, machen die Behörden Sie fertig, wenn in Ihren Finanzen Unregelmäßigkeiten von ein paar hundert Euro auftauchen.

Denn die primäre Perspektive des Staates auf seine Bürger ist feindlich: Man denkt nicht etwa, sie könnten Hilfe brauchen, sondern sie könnten etwas verbrochen haben – das spürt jeder, der schon einmal in Steuersachen einen Fehler gemacht hat. Sicher gibt es Finanzbeamte, mit denen man reden kann, aber das System selbst ist unerbittlich, das zeigt schon der Stil von Behördenbriefen. Sosehr Politiker in Sonntagsreden von Bürokratieabbau sprechen: Der Apparat ist feindlich gegenüber all jenen, denen das regelorientierte Denken der Behörden fremd ist. Und wenn Sie ein Problem haben, brauchen Sie erst einen Juristen, der Ihr Problem in eine schwer verständliche Fachsprache übersetzt, damit das Ganze möglichst abstrakt ausgetragen werden kann. So handelt der Staat. Das tut er, weil er es so will. Allein die Tatsache, dass kaum mehr ein Bürger das Steuersystem durchschaut und wir dazu ein Heer von Steuerberatern brauchen, zeigt, dass das Denken des Staates nicht gesund sein kann.

In der Wahrnehmung vieler Menschen kommunizieren Behörden konsequent am Volk vorbei. Seien es unverständliche Briefe vom Finanzamt oder aberwitzige Schwierigkeiten, um den Staat für gute Ideen zu gewinnen – diese Hürden umgehen Sie nur, wenn Sie einen Minister persönlich kennen und mit ihm Kaffee trinken gehen – und selbst der ist oft ein machtloser Mächtiger. Dem staatlichen Wust von Gesetzen und Vorschriften ohne Mauscheleien gerecht zu werden erfordert meist einen so großen bürokratischen Aufwand, dass man geneigt ist, Absicht hinter den Hürden zu vermuten: Versuchen Sie doch mal bei der EU oder in einem Bundesministerium Ihr Glück mit einem neuen Projekt, das revolutionär ist und das real gegen einen Missstand helfen könnte. Oder versuchen Sie, bei einer öffentlichen Ausschreibung ohne Gemauschel den Zuschlag zu bekommen. Viel Spaß dabei!

Und nach diesem Staat sollen Sie rufen, wenn es um Ihre Existenz geht? Ja, wenn Sie Opfer einer Straftat sind. Doch in beruflicher Hinsicht? Pardon, aber Sie wären wahnsinnig. Der Staat stellt zu wenige Lehrer, zu wenige Hochschulprofessoren, zu wenige Polizisten – er legt weder Wert darauf, dass wir sicher leben, noch, dass wir eine gute Bildung erfahren. Warum sollte der Staat nun ausgerechnet Ihnen Geld geben, damit Sie Ihre Brötchen kaufen können? Mehr als ein Minimum werden Sie nicht bekommen, und allein dafür müssen Sie jede Menge absurde bürokratische Voraussetzungen erfüllen. Und wenn Sie Ihr Minimum beziehen, hält der Staat Sie mit ständigen bürokratischen Belästigungen auf Trab und stört Sie dabei, sich wieder aufzurappeln. Außerdem sind die öffentlichen Haushalte de facto sowieso pleite, was daran liegt, dass man in staatlichen Stellen auf unmögliche Weise mit Geld umgeht: Fehlt es, erhöht man eben die Steuern oder überschuldet sich hoffnungslos – ein komplett unseriöses Verhalten, ganz so, als sei Geld ebenso verfügbar wie Sand. Stellen Sie sich vor, jemand mit einer so aberwitzigen Überschuldung und mit solch massiven Liquiditätsproblemen, der bei den hart arbeitenden Menschen auf Raubzug geht, würde Ihnen eine Kooperation vorschlagen. Würden Sie nicht dankend ablehnen, sofern Sie bei Trost sind? Sie würden schauen, dass Sie sich so jemanden vom Leib halten. Also kommen Sie bitte – von kurzen Übergangszeiten abgesehen – nicht auf die Idee, den Staat um Hilfe anzuflehen! Erkennen Sie es an: Der Staat, wie wir ihn derzeit erleben, ist nicht mehr seriös. Das ist bedauerlich, und vielleicht wird sich dieser Zustand durch gute Politiker einmal ändern, aber momentan ist die Lage so, wie sie ist.

Vergessen Sie den Staat! Ökonomisch ist er nicht seriös. Da er zum Selbstbedienungsladen für eine Minderheit geworden ist, die diesen Zustand verteidigt, werden Sie ihm sowieso kaum etwas abgewinnen können.

Tipp 22

Der Staat denkt in Routinen statt in Ergebnissen

Außer dass der Staat realitätsfern aufgestellt ist, denkt er traditionell in Routinen statt in Ergebnissen. Ich will gar nicht sagen, dass Behördenmitarbeiter nicht freundlich und hilfsbereit sein könnten. Und ich will schon gar nicht behaupten, Staatsdiener seien durchgängig inkompetent und im Einzelnen nicht dazu fähig, effektiv zu arbeiten. Beim Staat arbeiten in jedem Fall viele gute Leute, in der Bildung, in der Justiz, beim Finanzamt. Aber diese Menschen sind Regeln unterworfen wie sonst kaum jemand – und darum sind sie angesichts der Routinenfokussierung und der bürokratischen Erfordernisse häufig frustriert.

Wir begegnen fähigen Polizisten, Staatsanwälten, quer denkenden Lehrern und Sozialarbeitern, kooperativen Sachbearbeitern beim

Finanzamt und sogar geradezu weisen Richtern. Doch unterm Strich muss das Handeln dieser Staatsdiener trotz gewissen Spielraums der Norm entsprechen. Und das ist das Problem. Auch der kreativste Lehrer bekommt Ärger, wenn er sich nicht mehr an den Lehrplan hält. Sind Gesetze absurd und von Lobbyisten diktiert, müssen sich auch die besten Richter an diese absurden Gesetze halten. Diese Regelorientierung und die Ausrichtung am konvergenten Denken sind das bestimmende Muster. Der daraus folgende Mangel an Divergenz ist einer der Hauptgründe, warum der Staat in vielerlei Hinsicht so auf der Stelle tritt. Die Prozesse laufen zwar perfekt, aber sie verschlingen sehr viel Energie, und die Ergebnisse sind meist nicht zu gebrauchen.

Was dieses Denkmuster betrifft, steht der Staat als Konstrukt in krassem Missverhältnis zu Ihrem Wunsch, Ihr Ding zu machen. Sie wollen ein Ergebnis. Sie wollen ausbrechen aus der fatalen Endlosschleife des konvergenten Arbeitnehmer-Dogmas. Sie haben ein Ziel im Kopf und schauen jetzt, auf welchem divergenten Weg Sie es erreichen, indem Sie konvergente Muster kippen.

Wenn Sie also beruflich Erfolg haben wollen – wie sinnvoll ist es vor diesem Hintergrund, sich in Fragen der Berufsfindung und Jobsuche an staatliche Stellen zu wenden? Die Unterschiede zwischen ergebnis- und regelorientiertem Denken sind so extrem, dass viele ergebnisorientierte Menschen für die Regelorientierung von Staatsdienern null Verständnis haben – ebenso wenig wie viele Staatsdiener für die Neigung ergebnisorientierter Menschen, die ständig Regeln in Frage stellen und auch mal brechen. Die beiden Denksysteme sind wie Hund und Katze.

Darum lassen Sie einfach die Finger von der Idee, der Staat könnte Ihnen helfen. Umgehen Sie bürokratische Strukturen, wo Sie nur können. Sobald der bürokratische Aufwand höher ist als der Aufwand für den eigentlichen Zweck, etwa wenn die Agentur für Arbeit Sie monatelang erfolglos verwaltet und mit sinnlosen Terminen und »Maßnahmen« traktiert, hält der Staat Sie davon ab, Ihre Ziele zu erreichen. Dieser Bremse sollten Sie sich möglichst entziehen. Die Bürokratie wird leicht zu einem Fulltime-Job. Wertvolle Zeit, in der Sie Ihren Plan B schmieden könnten.

Tipp 23 **Entziehen Sie sich bürokratischen Strukturen, wo Sie nur können.**

Vergessen Sie die Lügen der alten Arbeitswelt!

Beim Arbeitsamt? Raus da!

Wenn Sie arbeitslos sind, sind Sie vermutlich auch ziemlich frustriert. Und da verstehe ich Sie sehr gut. Denn in der Praxis hilft Ihnen niemand dabei, zu einem geregelten Einkommen zu kommen und Ihr Ding zu machen. Stattdessen schiebt man Sie herum, zwingt Sie zu sinnlosen Terminen in Unternehmen, die sowieso nicht zu Ihnen passen und umgekehrt. Die Agentur für Arbeit verpeilt komplett das Thema, um das es im Leben geht – auch wenn die alte Anstalt jetzt Agentur heißt und mit dieser Fassadenmalerei so tut, als verstehe sie plötzlich die Belange der Privatwirtschaft. Achtung, der Name ist irreführend: Wenn Sie mit der Arbeitsagentur einen Konflikt haben, zetteln Sie nach wie vor einen verwaltungsrechtlichen Prozess an und keinen zivilrechtlichen. Dennoch kaschiert der teuer eingeführte Begriff »Agentur« ein wenig die behördenübliche Regelorientierung und erweckt den Eindruck, die Behörde arbeite ergebnisorientiert. Ganz schön clever.

Für Sie jedenfalls ist es auch mit der Namensänderung der Behörde nicht damit getan, untätig zu warten, bis jemand aus der »Agentur« anruft und Ihnen einen Job anbietet. Sehen Sie es einfach ein: Sie haben keine Agentur wie ein Star, dessen Agentin die vielen Anfragen bearbeitet. Die »Agentur« ist Augenwischerei. Schönfärberei. Man verkauft das Volk für dumm. Und hilfreich ist der Koloss auch nicht: Laut einer Studie des Wissenschaftszentrums Berlin für Sozialforschung verdanken nur 15 Prozent ehemaliger Erwerbsloser ihren Wiedereinstieg in den Job der Arbeitsagentur. Viel wichtiger seien persönliche Kontakte.[3] Es ist also Ihre eigene Aufgabe, für Ihr Einkommen zu sorgen, und nicht die von der Agentur – ganz egal, wie sie heißt und ob man Ihnen weismachen will, Sie seien »Kunde«.

Wer als Arbeitssuchender von der Arbeitsagentur kommt, hat zudem ein richtig schlechtes Image. Die Unternehmer, die ich kenne, nehmen lieber Leute, die von sich aus ihre Mitarbeit anbieten. Ein befreundeter Restaurantleiter suchte einen Koch – die Termine mit den Scheinbewerbern von der Arbeitsagentur waren die reine Zeitverschwendung, weil keiner der Bewerber sich wirklich für diese Stelle interessierte. Und das Traurige daran: Dass das System nicht funktioniert, ist bekannt. Doch die Routinenorientierung der Behörde und

---

3 http://www.wzb.eu/aktuell/pdf/wzb_arbeitseinstieg_projektbericht.pdf

der konvergente Musterabgleich zwischen »Bewerbern« und »Stellen« erlaubt den einzelnen Menschen in diesem Apparat nicht, das System zu korrigieren. Es ist quasi ein systemisch kranker Zustand, dass der Staat nur nach Schema F handelt.

Damit nicht genug: Der Agentur für Arbeit ist es egal, welchen Job Sie machen – Hauptsache, Sie sind sozialversicherungspflichtig beschäftigt und folgen damit weiter brav dem Arbeitnehmer-Dogma. Alternativen wie eine Existenzgründung behandelt auch die Arbeitsagentur äußerst stiefmütterlich als letzte Option für die allergrößte Not, obwohl Selbstständigkeit extrem attraktiv sein kann, wenn man sie richtig aufstellt. Nur hilft Ihnen dabei die Arbeitsagentur nicht. Sie denkt nicht divergent. In Behörden arbeiten außerdem selten Menschen mit unternehmerischem Blick – ohne dass man ihnen das zum Vorwurf machen könnte. Aber die Ergebnisorientierung eines Unternehmers und die Regelorientierung einer Behörde sind nun einmal grundverschieden. Ich weiß nicht, wie viele Agenturmitarbeiter Ihnen sagen, dass Sie über iTunes Geld verdienen können. Es sind wahrscheinlich eher wenige. Wer bei der Arbeitsagentur arbeitet, wird innerhalb des Arbeitnehmer-Dogmas denken und froh sein, dass der Job halbwegs sicher ist.

Dieses Denken erkennen Sie schon anhand der Broschüren. Wer sich auf die Website der Bundesagentur für Arbeit begibt und das PDF »Durchstarten – Existenzgründung« liest, bekommt es erst einmal mit der Angst zu tun: »Existenzgründung – das große Abenteuer« lautet die Überschrift. Und dann: »Wer sich selbständig machen will, auf den kommen spannende Zeiten zu. Die Aussicht, keinen Chef zu haben und alle Entscheidungen allein treffen zu können, ist zunächst verlockend. Aber ganz so einfach ist es nicht: Denn die Selbständigkeit erfordert vom Gründer bestimmte fachliche und persönliche Voraussetzungen.« Doch was soll diese Demotivation? Ebenso erfordert jeder Nine-to-five-Job »bestimmte fachliche und persönliche Voraussetzungen«, oder täusche ich mich? Weiter geht es: »Nicht jeder ist ein ›Gründertyp‹. Wer feste Arbeitszeiten mag, nicht gerne entscheidet oder von finanziellen Dingen lieber die Finger lässt, eignet sich weniger zum Chef. Darum ist es am Anfang Ihrer Überlegungen wichtig herauszufinden, ob sie überhaupt das Zeug zum Unternehmer haben.« Was für ein seltsames Argument: Ebenso, wie nicht jeder ein Gründertyp ist, ist auch nicht jeder ein Arbeitnehmertyp! Dann zitiert die Agentur für Arbeit auf ihrer Seite eine Existenzgründungsberaterin: »Potenzielle Existenzgründer dürfen keine Angst vor dem Unvorhersehbaren haben. Eine Existenzgründung passiert nie so wie geplant.«[4] Abgesehen von der Frage, woher die Dame das weiß: Welche Festanstellung verläuft heute noch wie geplant? In einer anderen Broschüre heißt es klar: »Ein wesentliches Merkmal der Arbeitslosigkeit ist die Beschäftigungssuche.«

Noch Fragen? Die Arbeitsagentur kultiviert das Arbeitnehmer-Dogma, als wolle sie die Menschen konsequent davon abhalten, ihr Ding zu machen. Diese Einstellung staatlicher Institutionen zu dem Wunsch der Menschen nach Autarkie ist nicht nur sehr schade, sondern auch extrem kontraproduktiv, wenn es darum geht, die Arbeitslosenzahlen zu senken. Denn letztlich entstehen Arbeitsplätze nur in Unternehmen. Und die ganzen Unternehmen, die die Bedürfnisse der Zukunft decken, muss man erst einmal gründen. Viele herkömmliche Firmen werden dazu nicht in der Lage sein, die strauchen eher selbst und nehmen deswegen eben keine Mitarbeiter mehr auf.

Die Agentur für Arbeit ist eine Freak-Show

Falls Sie also etwas aus Ihrem Leben machen wollen, sollten Sie die Arbeitsagentur vergessen und sich nicht von ihrer Rhetorik deprimieren lassen. Statt sich von Ihren Zukunftsplänen durch die unterschwellig negative Wortwahl einer Behörde abbringen und demotivieren zu lassen, sollten Sie erst einmal alle Chancen realistisch prüfen, die sich Ihnen bieten. Was eine Behörde schreibt, unterliegt dem Filter des Behörden-Denkens. Es liegt in der Natur der Sache, dass dort keine erfolgreichen Unternehmer arbeiten und Ihnen verraten, wie Erfolg funktioniert.

Also raus da! Die Arbeitsagentur ist eine Frust-Maschine. Das merken Sie, wenn Sie sich auf deren Fluren die unmotivierten Gesichter anschauen. Es ist eine Freak-Show. Die Agentur ist sowieso nur dafür da, Sie zu verwalten. Nehmen Sie noch die eine oder andere Förderung mit, und dann beenden Sie dieses unselige Verhältnis, in dem Sie für ein wenig Geld jede Menge Zugeständnisse machen müssen und sich nur gestört fühlen beim Aufbau Ihrer Sache. Sie können nicht für jede

4 http://www.arbeitsagentur.de/zentraler-Content/Veroeffentlichungen/
Berufsorientierung/Durchstarten-Existenzgruendung.pdf

Reise zu einer Messe, auf der Sie potenzielle Projektpartner treffen, die Agentur um Erlaubnis bitten – solche Pflichten sind die größte Energieverschwendung. Indem Sie sich der Agentur unterwerfen, unterwerfen Sie sich einem bürokratischen, kafkaesken Moloch. Außerdem treibt sich niemand über längere Zeit bei der Arbeitsagentur herum, der sein Ding machen will. Setzen Sie sich ein Ziel und schaffen Sie die Voraussetzungen dafür, dass Sie es erreichen. Und sobald Sie können, entfliehen Sie der Arbeitsagentur und ihren Spielregeln. Sie haben die Regie!

Tipp 24 Vergessen Sie staatliche Institutionen, wenn es um Ihren Erfolg geht.

Die Lüge, Erfolg sei Glückssache

Stellen Sie sich jemanden vor, der es geschafft hat. Erfolgreich, glücklich, genug Geld auf dem Konto für ein sorgenfreies Leben. Wer, meinen Sie, ist für seine Situation verantwortlich? Er selbst, würden Sie sagen? Ganz genau! Dieser Mensch ist ein Gewinner. Er hat die richtigen Dinge getan und ist damit reich und glücklich geworden. Sofern er sein Geld nicht geerbt oder gestohlen hat und es sich nicht auf Kosten anderer angeeignet hat, ist er seines Glückes Schmied.

Und nun stellen Sie sich jemanden vor, der es nicht geschafft hat. Erfolglos, unzufrieden, vielleicht überschuldet. Ohne dass ihm jemand sein Geld geraubt hat oder er Opfer eines Betruges oder fieser Machenschaften wurde. Wer, meinen Sie, ist für dessen Situation verantwortlich? Da klingen die Antworten schon anders: das System, die anderen, sein böser Ex-Chef, der Markt, die Konjunktur, die Regierung, das Schicksal.

Ist das nicht seltsam? Während wir dem ehrlichen Selfmade-Millionär zugestehen, dass er sich seinen Erfolg selbst erarbeitet hat, akzeptieren wir es, wenn Verlierer die Verantwortung für ihre Situation abschieben. Warum dürfen wir stolz sein, wenn uns etwas gelingt, aber wenn es bergab geht, sollen andere schuld sein?

Haben wir nur Glück und Pech?

Eine wahrhaft bezeichnende Geschichte erlebte eine Bekannte von mir. Nennen wir die Bekannte Clarissa. Clarissa gehört zu den Menschen, die ich enorm bewundere. Sie ist nicht nur erfolgreich, weil sie konsequent die richtigen Dinge tut, sondern sie hat sich selbst an den eigenen Haaren aus dem Dreck gezogen und ein neues Leben aufgebaut. Und das ohne zu jammern und ohne Hilfe von außen.

Vor Jahren war Clarissa eine planlose, alkoholabhängige Maniküretante mit einem schlecht laufenden Laden, verheiratet mit einem windigen Geschäftsmann und Zocker. Man lebte in einem 300-Quadratmeter-Penthouse, ließ die Prosecco-Korken knallen und fuhr Porsche, aber für die Milch fürs Kind fehlte oft das Bargeld. Das war Clarissas Realität. Sie selbst hatte außer ihrem Nagelstudio, in dem sie im Grunde nur die Strohfrau für ihren bei Banken und Schufa einschlägig bekannten Mann war, keine Geldquelle.

Irgendwann ging Clarissa mit dem Nagelstudio pleite, und ihr Mann war fein raus. Das finanzielle Desaster hing rechtlich an ihr. Und dann ging es los: Das wollte Clarissa nicht auf sich sitzen lassen. Sie hörte mit dem Trinken auf und begann ihre Trennung von diesem Mann zu planen. Durch einen Seminarbesuch kam Clarissa in die Trainerszene, man erkannte ihr Talent für den Verkauf, und sie begann zu arbeiten. Sie fraß ein halbes Jahr lang Ratgeberbücher zu den Themen Motivation, Geld, Erfolg und Selbstbestimmung, arbeitete einige Jahre unermüdlich und brachte ihre Insolvenz zu einem guten Ende. Inzwischen hat sie ein eigenes Seminarunternehmen gegründet, ist von ihrem Mann geschieden und lädt regelmäßig zu einer Party ein, wenn sich die Scheidung jährt. Clarissa hat es geschafft, und das ohne Kapital und ohne Kredite. Es ist eine deutsche Tellerwäscher-Story.

Über die ganze Zeit hinweg hatte Clarissa regelmäßig eine Selbsthilfegruppe ehemaliger Trinker besucht. Und genau diese Selbsthilfegruppe, deren Sinn seelische Unterstützung sein sollte, gab ihr nach Jahren der beharrlichen Arbeit an ihrem Erfolg den Rest. Der Auslöser: Eine der Teilnehmerinnen hatte mit einem kleinen Unternehmen ebenfalls eine Insolvenz. Sie war deswegen am Boden zerstört, und Clarissa sagte nach einiger Zeit zu ihr: »Ich habe damals auch eine Woche geheult, aber dann muss damit Schluss sein. Das bringt nichts. Jetzt geht es darum, zu schauen, wie du dich wieder auf die Beine stellst.«

Die Reaktionen der Gruppe waren erschütternd: »Du kannst gut reden«, bekam Clarissa zu hören, und: »Du hast ja auch Glück gehabt.« Jemand anders sagte: »Wenn du dich umschaust, geht es doch den wenigsten so gut wie dir.« Ein anderer: »Es hat ja nicht jeder so ein Glück, dass er sich aussuchen kann, was er arbeitet. Die meisten müssen morgens ins Büro und machen Jobs, die sie nicht machen wollen.« Man warf Clarissa sogar Arroganz vor.

Clarissa war stinksauer. Glück? Was für eine Frechheit! Sie hatte gehandelt, jahrelang konsequent an ihrer heutigen Situation gearbeitet und sich nicht unterkriegen lassen. Auch wenn es nicht so gut lief – Clarissa stand morgens früh auf und folgte unbeirrt ihrem Plan. Dass es wenigen so gut ging wie ihr, stimmte sicher – das war ja eben die Folge ihres beherzten, zielorientierten Handelns. Was aber konnte Clarissa dafür, wie es den anderen ging? Auch dass manche Leute nur missmutig zur Arbeit gehen, ihre Jobs nicht lieben und in der für viele Arbeitnehmer typischen Schizophrenie leben – was konnte Clarissa für dieses Elend? Nichts! Warum also hielt man es ihr vor?

Clarissa wusste: Wenn diese Unglücklichen ihr Rezept einfach nur nachahmen würden, kämen sie ebenso auf einen grünen Zweig. Sie müssten es einfach nur tun! Aktuelle Lage erkennen, bewerten, Ziel fassen, Plan schmieden, umsetzen, beharrlich sein. Denn wie kam es zu der Misere dieser anderen? Sie hatten gestern im Sinne von »action« Dinge getan oder unterlassen, sodass sie heute genau die Gegenwart erleben, für die sie sich entschieden haben – das war Clarissa im Unterschied zu den anderen Mitgliedern der Selbsthilfegruppe klar. Sie, die nachgedacht und die richtigen Dinge in der richtigen Reihenfolge getan hatte, erntete die Früchte ihrer Anstrengungen und nicht irgendeine zauberhafte Form von Glück, die ihr ohne ihr Zutun zugeflogen wäre. Doch genau dazu diskreditierte die Selbsthilfegruppe Clarissas jahrelange konzentrierte Arbeit an ihrem Leben. Fragen Sie sich, warum? Ich kann es Ihnen verraten: um das eigene Versagen unter »Pech« abbuchen zu können. Um nicht dafür verantwortlich zu sein, dass man jahrelang nichts dafür getan hat, eine ebensolche Autarkie zu erreichen. Die Menschen reden sich ihr Nichtstun schön.

Schaffen Sie Gelegenheiten!

Ein anderer spannender Vorwurf aus Clarissas Jammergruppe lautete: »Du hattest ja im Unterschied zu uns auch die richtigen Gelegenheiten.« Was für ein Unfug: Gelegenheiten sind »events« – also Ereignisse, die eintreten. Allerdings können Menschen auch entscheiden, welchen »events« sie sich aussetzen – und vor allem, welche »events« sie herbeiführen. Und das ist der Punkt. Menschen können handeln und damit den Lauf der Welt bestimmen und ändern, indem sie durch »action« die so provozierten »events« richtig nutzen.

Was war Clarissas »action«? Sie hatte ein Seminar besucht und dann richtig gehandelt. Sie mailte dem Veranstalter und schlug eine Kooperationsidee vor. Diese »action« führte zu einem Treffen, und der Veranstalter erkannte ihr Talent für den Verkauf. Dass jemand ihr Potenzial sah, war aus Clarissas Sicht ein »event« – sie hat nichts getan. Aber sie hat dieses »event« dennoch mit ihrer E-Mail bewirkt.

Eine Gelegenheit zu schaffen kann sehr einfach sein. Die Möglichkeit, jemanden anzurufen, haben alle, die ihre Telefonrechnung bezahlen. Clarissa hat diese Gelegenheit genutzt. Und in ihrer Jammergruppe darf sie sich vorhalten lassen, sie hätte ja auch mehr Gelegenheiten im Leben gehabt als die anderen – für Clarissa extrem verletzend und eine Verkennung ihrer Initiative.

Die Welt mag kausal sein, aber deswegen sind wir den Dingen nicht ausgeliefert. Im Gegenteil: Wir können Voraussetzungen dafür schaffen, dass gewünschte Wirkungen eintreten. Gelegenheiten schaffen ist aktives Handeln – die Aufgabe ist nur, heute das Richtige zu tun, damit morgen das Erwünschte geschieht, worauf wir wiederum mit der richtigen »action« reagieren können. Wir lernen einen spannenden potenziellen Partner kennen, weil wir ihm auf einem Kongress beim Mittagessen gegenübersitzen. Er ruft zurück, weil wir ihm eine Idee mit einem Konzept geschickt haben. Er fragt uns, ob wir diese Idee nicht gemeinsam in einem anderen Kreis präsentieren wollen, er kenne da potenzielle Multiplikatoren. Also treffen wir bei einem Business-Meeting den nächsten spannenden Partner. Der sucht gerade genau so eine Idee, und plötzlich sind wir im Geschäft. So geht das. Erkennen Sie, wie sehr diese einfachen Dinge dem komplexen Arbeitnehmer-Dogma widersprechen, das die Menschen dazu verurteilt, passiv auf das Geschehen zu warten?

Heute umgibt sich Clarissa nicht mehr gerne mit Leuten, die Gelegenheiten verstreichen lassen oder keine Gelegenheiten schaffen, weil sie nur auf dem Sofa sitzen. Nach den Selbsthilfegruppenabenden hatte sich Clarissa fast depressiv gefühlt – alles war schlecht, die Welt wurde gefühlt immer schlimmer. Umgab sich Clarissa dagegen mit Leuten aus ihrer Seminarszene und mit Kunden, sah sie überall nur, dass geschäftstüchtige und umtriebige Trainer gut im Geschäft waren, weil sie in Unternehmen brauchbare Inhalte vermittelten – und die Welt wurde immer besser und das Leben immer schöner. Es ist einfach angenehmer, auf Menschen zu treffen, die beharrliche Arbeit zu würdigen wissen und ihr Ergebnis nicht als Folge von Glück schlechtreden.

Jammern Sie? Hören Sie auf damit!

Wie sieht Ihre Welt aus? Sind Sie Opfer selektiver Wahrnehmung, weil Sie sich in Jammergruppen tummeln und mit erfolglosen Menschen umgeben, die die Leistungen und Erfolge anderer als »Glück« lächerlich machen? Wer in Ihrer Umgebung zieht Sie runter? Sind das eher erfolgreiche oder erfolglose Menschen? Nach meiner Erfahrung ziehen Sie erfolgreiche Menschen nicht runter, sondern motivieren Sie! Ich bin überzeugt: Wer glaubt, Erfolg sei Glückssache, wird selbst kaum Erfolg haben – denn warum sollte man etwas unternehmen, wenn doch letztlich sowieso das Glück entscheidet? Wer nur wartet, wird nicht gewinnen – handeln ist angesagt! Wenn Sie Clarissa heute nach ihrem Motto fragen, antwortet sie: »Zukunft passiert nicht!«

Tipp 25

Hören Sie auf zu denken, Erfolg sei Glückssache. Erfolg ist das Ergebnis von Handlungen. Wenn Sie aufs Glück warten, werden Sie nicht erfolgreich.

Vergessen Sie die Lügen der alten Arbeitswelt!

Die Lüge, Schule und Hochschule würden uns richtig ausbilden

Unsere klassischen Denkmuster sagen, was wir in der Schule und auf der Universität lernen, sei wichtig. Was aber, wenn Schule und Universität einem gemeinsamen Denkmuster folgen, das die gleichen Filter verwendet wie der Staat mit seinen Behörden? Dann ist es an der Zeit, die Art und Weise, wie man bei uns »Bildung« betreibt, zu hinterfragen. Ist diese Art von Bildung, die wir in der Schule erfahren, wirklich wichtig?

Die Schule ist eine Anstalt der Theorie. Eigentlich sollte das Wissen, das sie lehrt, helfen, im Leben zu bestehen. Doch in der Tat erhalten wir in der Schule nur wenige Informationen, die für ein erfolgreiches Leben wichtig sind – und das ist kein Wunder, wenn Lehrer und Bildungsfunktionäre selbst meist nur die Schule, die Uni und dann wieder die Schule kennen. Wie bei Staatsdienern insgesamt will ich in keiner Weise behaupten, die Menschen dort seien generell inkompetent. Manche von ihnen sind sogar sehr gut. Aber sie sind gezwungen, innerhalb eines vorgegebenen gedanklichen Settings zu arbeiten, das dem konvergenten Behördendenken entspricht. Und wir haben den gleichen Effekt wie bei den Behörden generell: Die Regeln bestimmen die Ergebnisse. Spannenderweise entstammt das Regelsystem der Schule, ja das ganze Denken einer längst vergangenen Zeit.

Das heutige Bildungssystem, kritisiert der britische Autor Sir Ken Robinson in seinem Vortrag »Why schools kill creativity«[5], ziele nur auf die universitäre Ausbildung und sei ansonsten welt- und lebensfremd. Der Grund ist laut Robinson einfach: Das Bildungssystem entstand im 19. Jahrhundert, und so richtete man die Inhalte der Schule auf den Bedarf der Industrie ab. Was gebraucht wurde, war wichtig – Mathematik, Naturwissenschaften und Sprachen. Was nicht gebraucht wurde, wurde diskreditiert – Kunst, Musik, Theater und Tanz. Innerhalb der Fächer gibt es noch heute eine Hierarchie: Mathematik, Naturwissenschaften und Sprachen stehen oben, dann kommen die Geisteswissenschaften, danach schließlich Kunst und Musik, und am unteren Ende stehen Theater und Tanz. Und so denken nach Robinson viele hoch talentierte

5 http://www.ted.com/talks/lang/eng/ken_robinson_says_school_kill_creativity.html

Menschen, sie seien nicht talentiert – nur weil die Schule ihre Fähigkeiten nicht wertschätzt oder gar stigmatisiert.

Ziehen wir den Bogen zu Gladwell und dem konvergenten und divergenten Denken, wird auch klar, warum das so ist: Die Schule, traditionell eine Behörde, arbeitet konvergent. Sie erkennt nicht, welchen Bedarf die Welt hat, sondern folgt prozesshaft den Wegen, die die Schulbehörden vorsehen – und deren Bildungsideal ist der Akademiker. Das Ziel ist akademische Bildung und das, obwohl wir laut Robinson nicht einmal wissen, welchen Bedarf die Welt in fünf Jahren hat.

So bringen die großteils veralteten Inhalte, die die Schule vermittelt, grob gesagt nur dann etwas, wenn man eine akademische Karriere wählt – dann geht es lebenslang weiter mit dem Abgleich der Realität mit Regeln und Normen, die mit der Praxis oft nichts zu tun haben. Am Ende stehen arbeitslose konvergent denkende Akademiker, die über das System jammern wie die Schreiberin des *Spiegel*-Leserbriefs. Sie sind die Opfer ihrer Konvergenz und zugleich die hilflosen Märtyrer einer unklugen und auf realitätsferne Ziele ausgerichteten Bildungspolitik.

Der Denkfehler der Schule liegt darin, zu glauben, das Schulwissen sei per se wertvoll. Innerhalb des Schul-Denksystems ist das auch richtig – dort punkten wir mit dem Wissen über den Zitronensäurezyklus. Die Lehrer bringen es uns bei, sie fragen es ab, perfekt. Konvergenz in Reinform. Nur außerhalb der Schule spielt dieses Wissen selten noch eine Rolle: Ich habe bislang weder den Zitronensäurezyklus gebraucht noch Ableitungen in der Mathematik, und ich kenne noch viele andere Menschen, die eine Menge für den Papierkorb gelernt haben. Für mich waren Sprachen und Musik wesentlich. Und das divergente Denken musste ich mir selbst erarbeiten, weil die wenigsten meiner Lehrer davon einen Schimmer hatten. Was kein Wunder ist: Da Lehrer und die Schreiber von Lehrplänen ein Leben im öffentlichen Dienst führen, finden sich aufgrund ihrer selektiven Wahrnehmung logischerweise nur wenige wesentliche Inhalte in der Schule, die wir später brauchen. Wer nichts vom Dschungel versteht, weil er dort nie war, kann nichts Kluges über den Dschungel sagen.

Und solange sich hieran nichts ändert, produziert die Schule weiterhin konvergente Denker und zerstört damit jede Kreativität, wie Robinson sagt. Aus den Schulen strömen konforme Menschen, die ohne zu mucken dem Arbeitnehmer-Dogma folgen und bei Einstellungsstopp in einer Branche in die typische Endlosschleife der frustrierten Bewerber fallen und hilflos herumrudern wie ein abgestürztes Computerspiel. Dabei stellt sich die Frage, wer in der Arbeitswelt Chancen hat und sich durchbeißt: Der, der nur das anwendet, was man ihm eingetrichtert hat, oder der, der von sich aus auf originelle Ideen kommt und die ausgetretenen Pfade verlässt? Dem divergenten Denker fallen zahlreiche Möglichkeiten ein, wie er Geld verdienen kann. Wenn die Schule den Kindern die Divergenz nicht austreiben würde, hätten wir mit Sicherheit weniger Arbeitslose, weil die Kinder als Erwachsene originelle Geschäftsideen entwickeln würden.

Divergente Denker überleben im Dschungel eher, weil es dort auf originelle Lösungen ankommt. *Tipp 26*

Hochschule: Das Hochamt der Theorie und Regelorientierung

Auch die Hochschulausbildung ist mit Vorsicht zu genießen. Nicht, weil es falsch wäre, Medizin oder Jura zu studieren – viele Studiengänge sind sinnvoll und praxistauglich. Doch der akademische Titel an sich sagt noch nichts über Qualität oder gar Originalität aus, und auch die Hochschule zementiert mitunter das konvergente Denken.

Robinson skizziert in seinem Vortrag einen Außerirdischen, der die Erde besucht, sich das staatliche Bildungssystem anschaut und fragt: Wozu dient es? Wozu führt es am Ende? Und er kommt auf die simple Antwort: Der Sinn des Bildungswesens scheint darin zu liegen, möglichst viele Universitätsprofessoren zu produzieren. Robinson spricht von einer »Inflation des Akademischen« – die gesamte Bildung habe offenbar das akademische Denken zum Ziel. Dabei sei der Akademiker nur »eine Lebensform unter vielen«.

Und dass das Akademische so viel gilt, ist ebenfalls kein Wunder: Wer Bildungspolitik macht, entstammt dem Hochschulbetrieb und hält ihn daher aufgrund seiner selektiven Wahrnehmung für relevant. Obwohl viele erfolgreiche Unternehmensgründer gerade in heutiger Zeit keinen Studienabschluss brauchten, sondern nur einen Internetanschluss und etwas divergentes Denken, stellt das Bildungssystem den akademischen Abschluss als unverzichtbar dar. Zugleich enthält Ihnen das Bildungssystem das nötige Wissen zum Thema Existenzgründung vor, weil es seinen Machern suspekt und nicht wichtig erscheint. Ist es nicht eine unglaublich egozentrische Sichtweise, weite Teile der Realität zu ignorieren, nur weil man sie selbst nicht kennt? Da Sie sich in jeder Disziplin selbstständig machen können, als Arzt, Anwalt, Architekt, Ingenieur und Künstler, sollte die Hochschule das Thema Existenzgründung meiner Meinung nach in jedem Fach vermitteln. Sie tut es aber vorrangig nur in den Wirtschaftsfächern und erschwert somit allen anderen den Zugang zum Business. Mit divergenter Intelligenz und Bauernschläue aber kann es Ihnen sogar gelingen, als Nichtakademiker ein Schrauben- und Montage-Imperium aufzubauen wie Reinhold Würth, dessen Vater ihn als Vierzehnjährigen von der Schule nahm. Sie können theoretisch auch ohne Abitur eine Herzklinik gründen. Stellen Sie die Ärzte eben an! Vermutlich verrät Ihnen das die Hochschule nicht, sondern sie feiert sich als Hochamt der Bildung.

Was ich damit sagen will: Hören Sie auf zu denken, ein Studium sei unbedingt nötig. Eine Akademikerlaufbahn ist nicht zwingend, und auch in der Hochschulausbildung fehlen oft die wesentlichen Inhalte für Ihren persönlichen Erfolg. Früher war eine akademische Ausbildung vielleicht wichtig, wenn man in den intellektuellen Berufen »etwas werden« wollte, doch auch das galt stets nur in den üblichen Bahnen des Arbeitnehmer-Dogmas. Um Anwalt oder Arzt zu werden, ist ein Studium zwar notwendig, was sich mir auch erschließt. Eine grundsätzliche Voraussetzung für Erfolg ist ein Hochschulabschluss aber nur in wenigen Berufen und ansonsten nur noch bei abhängigen Beschäftigungen, die ohnehin auf dem Rückzug sind. Ein erfolgreicher Musiker können Sie auch ohne Musikstudium werden.

Die Hochschule bereitet uns also nur dann auf das Leben vor, wenn wir genau das beruflich tun, was sie uns lehrt. Wenn wir zum Beispiel als Absolventen der Medizin Mediziner werden oder als Absolventen der Juristerei Juristen. In den Geisteswissenschaften erscheint ein Studium oft eher wie ein beliebig zusammengewürfeltes Menü aus Dingen, für die sich der Einzelne eben interessiert. Oft genug ist das Uni-Wissen später höchstens im akademischen Betrieb zu gebrauchen, wie etwa weite Teile der Kommunikationstheorie, wo man doch nur Journalist werden will. Es klappt nicht so recht mit der Realität! Mancher Ingenieursstudiengang hat seine liebe Not, der rasanten Entwicklung von EDV und Internet hinterherzukommen – oft treffen neue Geräte nach den üblichen Beschaffungsroutinen des öffentlichen Dienstes erst ein, wenn sie schon wieder veraltet sind, und auch die Lehrpläne ändert der Apparat oft zu spät. Wenn angehende Vermessungsingenieure an einer Technischen Universität Vermessungsübungen mit veralteten Geräten und überholter Software machen und Professoren in Prüfungen veraltete Technik abfragen, dann stellt sich die Frage, was so eine akademische Ausbildung wert sein soll. Dass Hochschulen staatlich sind, hat oft genug zur Folge, dass in den Entscheidungen genau der behördenartige Trott herrscht, der den Menschen Erfolge möglichst schwer macht.

Der Zustand der akademischen Lehre ist so übel, dass die Studenten seit Jahren regelmäßig für bessere Studienbedingungen demonstrieren und für sinnvollere Stundenpläne – doch die Forderungen verhallen ungehört. Der Staat hat offenkundig kein Interesse daran, die Bildung sinnvoll aufzustellen. Dabei ist »kein Geld« in der Politik nie ein Grund, sondern lediglich eine Aussage über Prioritäten.

Ein weiterer Nachteil des Hochschulbetriebs ist sein konsequentes Training in konvergentem Denken. Mit dem Schulabschluss ist Robinsons Kritik nicht zu Ende, sondern die Misere geht in aller Regel weiter. Der akademische Betrieb produziert Spezialisten und schärft deren Blick für ihr Thema, wodurch oft der externe Blick verloren geht. Die Hochschule produziert durch ihre Neigung zur Spezialisierung letztlich Arbeitskräfte, die sich in einem Unternehmen in bestimmten Bereichen einsetzen lassen, das große Ganze aber möglicherweise nicht im Blick haben – und das passt ganz hervorragend ins Arbeitnehmer-Dogma. Das Modell kommt denen entgegen, die die superschlauen Fachleute anstellen und ihnen vom Kuchen nichts abgeben müssen, weil die superschlauen Fachleute nur ihren Bereich sehen.

Nebenwirkung des Konvergenztrainings ist die Fachidiotie: Ein IT-Spezialist mag hochintelligent sein, hat aber vielleicht den Blick dafür verloren, dass auch Fachfremde in der Lage sein müssen, eine Software zu bedienen, beispielsweise die Kunden. Ein Facharzt für Psychiatrie verschreibt ein Beruhigungsmittel, wo jemand einfach eine Pause und ein gutes Gespräch braucht und keine psychische Erkrankung hat. Die Spezialistin für Personalrecht kündigt Mitarbeitern und merkt nicht, dass sie damit genau das Falsche tut, weil diese Kündigungen zu diesem Zeitpunkt dem Arbeitsklima enorm schaden und die guten Leute gegen die Chefetage aufbringen – so korrekt die Kündigungen im Einzelnen auch sein mögen. Fachidioten wollen alles richtig machen und übersehen dabei leicht, dass sie genau das Falsche tun – sie haben für den externen Blick aufgrund ihrer Spezialisierung kein Talent mehr, man hat ihnen diese Fähigkeit in der Uni ausgetrieben. Fachidioten ist nur wichtig, dass sie gemessen an ihrem Sujet recht haben oder korrekt handeln – juristisch, ökonomisch, programmiertechnisch. Insofern schult die Hochschule konvergentes Denken und scheint ihren Sinn darin zu sehen, vor allem Fachidioten zu produzieren.

Eine Hochschullaufbahn ist sicher etwas Wunderbares für Tüftler und Forscher. Und auch manche Grundlagenarbeit vor allem in den Naturwissenschaften ist sehr wichtig und erfährt viel zu wenig Würdigung. Wenn es Ihnen gelingt, sich in diesem Universum des öffentlichen Dienstes eine Nische zu schaffen, in der Sie an sinnvollen Dingen forschen können – nur zu. Aber sobald Sie außerhalb des akademischen Betriebes erfolgreich sein wollen, sollten Sie froh sein, wenn Sie nach Ihrem Studium oder Ihrer Promotion oder Habilitation aus dem Uni-Betrieb raus sind. Fortan wird alles etwas schneller gehen. Plötzlich sind nicht mehr Abläufe gefragt, sondern Ergebnisse. Auf einmal darf eine Aufgabe nicht mehr liegen bleiben, nur weil Wochenende ist. Es geht auch nicht mehr darum, eine Theorie bis zum Ende durchzudiskutieren, sondern darum, ob ein Produkt praxistauglich ist und ob der Kunde es kauft.

Was Ihre Expertise angeht, sind nicht mehr möglichst viele Veröffentlichungen in Fachpublikationen gefragt, die außerhalb der Universität fast niemand kennt, sondern da draußen geht es um Popularität – und das gehört so gar nicht zum Denken der meisten Akademiker. Auch werden Sie sehen: In der Praxis zählen die bislang so hoch gefeierten Studien der Wissenschaftler wenig. Praktiker sind gegenüber dem akademischen Betrieb und seinen Behauptungen oft extrem skeptisch, weil es eine Binsenweisheit ist, dass die Industrie die Wissenschaft oft und gerne schmiert, damit Studien den erwünschten Ergebnissen entsprechen. Die Praktiker draußen im Dschungel, die täglich Business machen und Umsätze generieren, prüfen einfach lieber selbst, ob ein Konzept funktioniert oder nicht, und brauchen dazu selten wissenschaftliche Gutachten. Diesbezüglich sollten Sie, wenn Sie der Hochschule den Rücken kehren, Ihr Denken von »theoretisch« auf »praktisch« umpolen.

Vergessen Sie die Lehrpläne der Schulen und Hochschulen.
Tipp 27 **Sie lehren veraltetes Wissen, das Sie kaum brauchen und das oft an der Realität vorbeiführt.**

Vergessen Sie die Lügen der alten Arbeitswelt!

Die Lüge, Erfolg hänge von der Qualifikation ab

Wenn nun Schule und Hochschule uns die Rezepte für den persönlichen Erfolg verschweigen und sich nur auf ihre Disziplinen konzentrieren, sind auch viele Qualifikationen wertlos, die das Bildungssystem verteilt. Genug Menschen haben trotz Doktortitel keinen Job – offenbar sind die Zeiten vorbei, in denen eine Promotion der Garant für einen Job war. Sie können Abitur und Studium mit einer Eins abschließen und einen Doktortitel anstreben – das bringt Ihnen alles nichts, wenn Sie nicht flexibel im Kopf sind und die Entwicklungen in Ihrem Fachgebiet nicht verfolgen. Ein akademischer Titel zu einer Arbeit von 1985 gilt zwar heute noch, selbst wenn Sie in der DDR über Medizin im Verhältnis zum Marxismus-Leninismus geschrieben haben. Die Qualifikation ist anerkannt, aber über Ihre Qualität sagt der Titel nichts aus. Eine Ausbildung zum Versicherungskaufmann bedeutet schon wenige Jahre später nicht mehr, dass Sie immer noch ein guter Versicherungskaufmann sind. In der IT-Branche verfällt der Wert akademischer Qualifikationen noch schneller, denn die verändert sich die ganze Zeit und besonders rasant. Vielmehr ist daher Qualität gefragt: Machen Sie Ihren Job gut? Ein hochdekorierter Arzt ist nutzlos, wenn er eine Krankheit nicht erkennt und das falsche Medikament verschreibt.

Aber zugleich haben wir die Sprüche unserer Eltern im Kopf:»Lern was Ordentliches, damit aus dir mal was wird!« Und viele folgen diesem Denkmuster noch über Jahrzehnte, obwohl die Welt längst nicht mehr die alte ist. Die Aufforderung zur Qualifikation klingt zwar plausibel, ist aber tückisch: In einer sich immer schneller verändernden Welt ist sowieso lebenslanges Lernen angesagt. Die Überlegung, einmal eine sinnvolle Ausbildung oder ein taugliches Studium zu absolvieren und dann für den Rest der Zeit damit zu arbeiten, ist Vergangenheit. Wir können nicht wissen, wie die Zukunft aussieht. Allerdings können wir davon ausgehen, dass akademische Qualifikationen, Zeugnisse und Zertifikate immer weniger eine Rolle spielen, und das vor allem dann, wenn sich das Arbeitnehmer-Dogma aus den Köpfen schleicht, abhängige Beschäftigungen zurückgehen und wir mithilfe des Internets Einkommensmöglichkeiten finden, die es früher nicht gab.

Qualität statt Qualifikation!

Wichtiger als »Qualifikation« ist »Qualität«. Psychologen, die selbst psychische Probleme haben, nehme ich nicht ernst – es sollte eher ihr Job sein, Probleme zu lösen. Ich habe insgesamt wenig Verständnis für hochdekorierte Akademiker, die im Laufe der Institutsjahre in eine Scheinwelt abgewandert sind und im Dienste von Industrieinteressen in ihren Publikationen anderen Experten vormachen, sie würden sinnvolle Dinge tun.

Ich will relevante Inhalte hören, ich will konkret anwendbare Methoden und Kniffe erfahren. Es geht um Bezug zur Realität und darum, dass auch die Akademiker ihren Geist der Praxis zur Verfügung stellen. Beispielsweise verstehe ich das Chefarzt-Prinzip der privaten Krankenkassen nicht. Warum soll ein etablierter Silberrücken, der in Titeln ertrinkt, meine Nasenscheidewand besser gerade schnippeln als ein Berufsanfänger? Bei dem Gedanken, dass beim Operieren Routine eingekehrt ist, ist mir überhaupt nicht wohl, und meine Nase hat ein Arzt im Praktikum ganz hervorragend kalibriert. Schon das arrogante Image hoher Klinikärzte hält mich davon ab, zu glauben, ein saturierter Vertreter dieses für Selbstkritik nicht gerade berühmten Berufes könnte mich individuell gut operieren. Da wähle ich lieber den Berufseinsteiger: Qualität geht über Qualifikation. Und auch wenn mich mein Anwalt in einem Rechtsstreit verteidigen soll, ist mir egal, ob er Kommentare zu Gesetzen veröffentlicht hat. Ich will, dass er gut ist und den Prozess gewinnt.

Wie erfolgreich Sie in Ihrem Beruf sind, hängt auch davon ab, wie gut Sie sich verkaufen – egal, wie hoch das Ansehen Ihrer Qualifikation ist. Die Qualifikation von Anwälten erscheint gemeinhin höher als die von Bäckern: Der Anwalt hat studiert, während der Bäcker in der gesellschaftlichen Beurteilung »nur« etwas gelernt hat. Aufgrund unserer Missachtung für divergente Intelligenz halten wir Akademiker für höher qualifiziert als Nichtakademiker. Ein Denkfehler! Der Bäcker kann ein Zehnfaches von dem verdienen, was der Anwalt verdient, wenn er es klug anstellt. Wenn Sie es verstehen, eine Bäckerei am richtigen Ort zu etablieren und gewieft zu führen, nehmen Sie bestimmt bald mehr Geld ein als ein Anwalt, der es nicht auf die Reihe bekommt, Mandanten zu akquirieren.

Wie das Statistische Bundesamt uns in die Irre führt

Wenn Sie das Statistische Bundesamt fragen, in welchen Berufen man wie viel Geld verdient, folgt das Amt diesem Schema: Man zeigt Ihnen eine Tabelle namens »Verdienststrukturerhebung – Verdienste nach Berufen«[6], und danach verdienen »Rechtsvertreter, -berater« in der Tat mehr als »Backwarenhersteller«. Doch das Unglaubliche daran ist: Die Liste des Statistischen Bundesamtes berücksichtigt in der Tat nur Arbeitnehmer! Das Arbeitnehmer-Dogma ist staatliches Programm. Diese Liste, vermutlich von Menschen im öffentlichen Dienst erstellt, ignoriert die Selbstständigen und ist damit völlig sinnlos. Wir erfahren nicht, was Bäcker verdienen, sondern nur, was angestellte Bäcker verdienen. Berufsspezifisch gibt die Liste keine Auskunft und ist damit völlig unbrauchbar, wenn es etwa darum geht, sich im Hinblick auf die Verdienstmöglichkeiten für einen Beruf zu entscheiden. Und auch dieses Amt verschweigt Ihnen die Möglichkeit, als Selbstständiger eventuell mehr Geld zu verdienen als jetzt.

Solche Statistiken landen in der Presse, und die Menschen vergleichen die Einkommen der Berufe. Die *Bild* veröffentlichte im Juli 2008 eine Liste mit 171 Berufen, gestaffelt nach Einkommen – und nannte das Ganze »Gehaltsvergleich«, bezog es also immerhin klar erkennbar auf Arbeitnehmer.[7] Publizisten verdienen laut dieser Liste 61 062 Euro brutto im Jahr. Aber entspricht das der Realität derer, die heute die Medien mit Inhalten füllen? Kaum. Sie hat null Bedeutung für die hohe Zahl der in prekären Verhältnissen lebenden Praktikanten und Scheinselbstständigen, die meist unbezahlt arbeiten und Zeitungsseiten und Sendeminuten füllen. In der Regel schuften Praktikanten monatelang ohne Bezahlung mit der Aussicht, später vielleicht übernommen zu werden. Stattdessen geht das Hinhalten oftmals weiter, und es gibt keine Gewissheit darüber, wann endlich einmal Geld fließt. Und das Statistische Bundesamt, dessen Aufgabe es eigentlich sein sollte, die Realität in Zahlen darzustellen, ignoriert und verzerrt damit die Wirklichkeit.

Die Menschen saugen solche Zahlen dann zumeist kritiklos in

---

6 https://www-ec.destatis.de/csp/shop/sfg/bpm.html.cms.cBroker.cls?cmspath=
   struktur,vollanzeige.csp&ID=1022619
7 http://www.bild.de/BILD/news/wirtschaft/2008/07/24/gehaltsvergleich-170-berufe/
   wer-verdient-wie-viel.html

sich auf und ziehen daraus die falschen Schlüsse: Sie glauben nicht nur, Journalisten seien gut bezahlt. Sondern sie schließen auch, und das ist das größere Problem, von der Information »Ein Tischler verdient durchschnittlich 29 503 Euro im Jahr« auf den Denkfehler, auch sie würden als Tischler nicht wesentlich mehr verdienen können. Als Durchschnittswert für das Einkommen »angestellter Tischler« mag die Zahl richtig sein, aber ihre Bedeutung ist unwesentlich, weil auch hier die statistische Aussage nicht fürs Individuum gilt. An Stammtischen und Esstischen zählt allerdings nicht der statistische Fakt in seiner korrekten Präzision. Sondern dort zählt, was die Menschen daraus schließen: »Werde lieber nicht Tischler, sondern Journalist!«

Die Leute gehen in ihrer Statistikhörigkeit dem Bundesamt für Statistik voll auf den Leim. Sie glauben aufgrund der Zahlen allen Ernstes, es lohne sich nicht, einen bestimmten Beruf zu ergreifen. Doch Statistik gilt nun einmal nicht für Sie individuell. Es geht darum, unabhängig von irgendwelchen irrelevanten Aussagen über theoretische Durchschnittswerte einen Weg zu finden, mit dem Sie persönlich erfolgreich werden können: Wenn Sie als Tischler für Ihre geschmackvollen Arbeiten berühmt sind und sich eine Expertenposition für eine bestimmte Technik, bestimmte Werkstoffe oder Designs erarbeiten, können Sie reicher werden als der Durchschnittstischler und auch reicher als mancher Anwalt. Und damit Sie nicht selbst Ihre wertvolle Arbeitszeit an der Werkbank verschwenden, stellen Sie andere Tischler an, die nach Ihrem Konzept arbeiten – und denen bezahlen Sie dann jeweils 29 503 Euro.

Tipp 28 — Die Möglichkeit Ihres finanziellen Erfolgs hängt nicht vom Durchschnittsverdienst anderer Menschen ab, sondern davon, wie Sie Ihre Leistungen verkaufen.

Die Lüge, Erfolg habe mit Mühe zu tun

Ein weiterer Einwand gegen das selbstbestimmte Arbeiten ist bestechend simpel: Es ist viel zu anstrengend! Von zahlreichen Angestellten habe ich immer wieder gehört: Ist es nicht fürchterlich mühsam, sich ständig über seine Möglichkeiten Gedanken zu machen und sie mit den laufend wechselnden Erfordernissen des Marktes abzugleichen? Oder erst der Gedanke, sich selbstständig zu machen: Arbeiten Selbstständige nicht sieben Tage die Woche rund um die Uhr? Wer solche Einwände erhebt, dem muss es gut gehen – keine Jobangst, keine Geldsorgen. Offenbar sitzen die Vertreter dieser These nicht im Schlagloch wie der kleine Frosch – oder sie wissen es nicht. Ich bin sicher: Sobald der Job weg ist, denken sie anders. Dann ist auch die eine oder andere Anstrengung plötzlich nicht mehr undenkbar. Offenkundig ist es viel einfacher, sich passiv treiben zu lassen und im Leben auf Autopilot zu schalten. Es scheint demnach nicht besonders viel Mühe zu machen, nach dem Arbeitnehmer-Dogma in einem normalen Nine-to-five-Job zu arbeiten. Als Angestellter hat man sich irgendwie arrangiert und folgt seinem Trott, und die Unternehmen scheinen es einzusehen, dass die Arbeitnehmer ein lässiges Leben führen.

Sicher: Wer Ziele mit brauchbaren Ergebnissen erreichen will, sollte schon etwas dafür tun. Und je produktiver jemand im Sinne von »action« arbeitet, desto mehr Ergebnisse erzielt er damit. Ich kenne kaum Selbstständige, die lange schlafen. Die meisten stehen sowieso gerne früh auf, weil sie ihr Ding machen und davon getrieben sind, etwas Sinnvolles zu tun.

Aber ist kontinuierliche Arbeit nicht ohnehin in jeder beruflichen Situation nötig? Die Arbeitnehmer klagen doch gerade darüber, dass sie für weniger Geld immer mehr arbeiten sollen. Ich kenne bis auf wenige Ausnahmen niemanden in einem Nine-to-five-Job, der sich nicht abrackern würde. Viele sind überfordert und kurz vor dem Burn-out. Die Leute führen eben kein lässiges Leben. Es scheint, als lade man immer mehr Arbeit auf ihnen ab, die Aufgaben der Gefeuerten. Und zwar ohne dass die Verbliebenen durch diese Mehrarbeit mehr Geld verdienen würden. Wem es heute an einem Arbeitsplatz in der Wirtschaft noch gelingt, mit Nichtstun seine Zeit totzuschlagen, der macht in meinen Augen entweder seinem Arbeitgeber etwas vor, dem mangelnde Produktivität nicht auffällt – oder er ist bald weg. Ein solches Schauspiel wird kaum über längere Zeit gut gehen, wenn Manager so stark auf Effizienz schielen wie kaum zuvor. Denn es hat durchaus Sinn, dass Arbeit dem Arbeitenden eine gewisse Leistung abverlangt.

Arbeiten Sie, um nicht arbeiten zu müssen?

Als ich mit meinem Denken noch im Arbeitnehmer-Dogma festhing, habe ich ständig mein Arbeitszeitkonto mit meinem Freizeitkonto verglichen: Wie viel Zeit arbeite ich, wie viel Zeit habe ich privat? Die Trennung zwischen »Arbeitszeit« und »Freizeit« war Prinzip, wie es üblich ist im Arbeitnehmerleben. Die Übergänge zwischen beiden Welten heißen Feierabend, Freitagnachmittag, letzter Arbeitstag vor dem Urlaub – und irgendwann schließlich Rentenbeginn. Und wie die allermeisten anderen Arbeitnehmer hätte ich jede Veränderung abgelehnt, die am Ende mehr Arbeit und weniger Freizeit bedeutet hätte.

Heute frage ich mich, ob ich meine Arbeit damals wirklich so gehasst habe, dass ich freie Tage herbeisehnen musste. Habe ich meinen Job tatsächlich als notwendiges Übel betrachtet, von dem ich mich erholen musste? Sicher hat mich die Arbeit erfüllt, und redaktionelle Arbeit war in gewisser Weise auch »mein Ding«. Aber es war nicht mein Laden. Ich habe für die Geldbeutel anderer Leute gearbeitet. Und ich habe über Dinge geschrieben, die andere in der Welt so treiben, und nicht ich.

Inzwischen weiß ich, warum viele Menschen Arbeit generell als mühsam empfinden und glauben, man könne nur unter viehischen Anstrengungen erfolgreich sein. Weil wir von Eltern und Lehrern Dinge hören wie: »Streng dich an!«, »Von nichts kommt nichts!« und »Gib dir Mühe, sonst klappt das nicht!«. So habe ich im Denken »Arbeit« mit »Mühe« verknüpft. Und erst in der Folge wartete die verdiente Erholung: »Erst die Arbeit, dann das Vergnügen.«

Mir scheint, als hätten uns Eltern und Lehrer darauf fixiert, dass es grundsätzlich mühsam und beschwerlich sei, zu Erfolgen zu gelangen. Das ist auch kein Wunder, wenn man auf divergentes Denken verzichtet. Dieser elementare Bestandteil des Arbeitnehmer-Dogmas bewirkt, dass erfolglose Bewerber ihr ständiges Bewerbungenschreiben für normal halten, weil es in seiner Absurdität eben der Mühe entspricht, die der Denkfehler, man müsse sich prinzipiell anstrengen, mit sich bringt.

Das Prinzip »Arbeit ist mühsam« mag bei schwerer körperlicher Arbeit im Bergwerk gelten, aber kaum bei den vielen üblichen Bürojobs der modernen Unternehmenswelt und auch dann nicht, wenn Sie Ihr Ding machen. Schon der Umkehrschluss ist grundfalsch: Was keine Mühe macht, kann keine richtige Arbeit sein. Schade, wenn Ihnen etwas leicht von der Hand geht, weil Sie es draufhaben. Was sollen Sie tun – bei Ihrer Traumtätigkeit ein schlechtes Gewissen haben, weil sie reibungslos läuft? Aber nein, das ist doch das Ziel!

Nehmen wir jemanden, der das Arbeitnehmer-Dogma verlassen hat: Zeitlich betrachtet, arbeite ich heute in der Tat mehr als damals. Ich arbeite sehr viel, aber es geht mir leichter von der Hand. Arbeiten ist in dem Moment weitaus weniger anstrengend und nervig, wenn ich mein Ding mache. Und auch die Qualität der Arbeit steigt: Ich mache nichts mehr, was ich nicht für sinnvoll halte. Ich arbeite nicht mehr für den Papierkorb. Ich beginne keine Projekte mehr, die irgendein Chef dann stoppt. Sondern ich arbeite nur noch produktiv und an Ergebnissen orientiert. Damit macht das Ganze mehr Spaß, und ich verdiene mehr Geld. Ich trenne Leben und Arbeit nicht mehr, denn was ich tue, ist mein Leben. Und die meisten Menschen in meiner Umgebung sehen das genauso – mein Bekanntenkreis hat sich insofern verändert, als ich nun eher Selbstständige um mich herum habe als Arbeitnehmer. Es ist normal, dass man sich am Wochenende oder im Restaurant über die eigenen Projekte unterhält und nicht über den blöden Chef oder den drohenden Stellenabbau.

Wie ist es bei Ihnen? Arbeiten Sie, um nicht arbeiten zu müssen? Dann kann es gut sein, dass Sie mit Arbeit Mühe verbinden – und davon überzeugt sind, dass es anstrengend wird, wenn Sie in irgendeiner Weise die ausgetretenen Pfade verlassen. Doch wenn Sie etwas machen, was Sie gerne tun – ob es das Werkeln an der Spielzeugeisenbahn ist, Segelfliegen oder Rätsel lösen –, wird Ihnen das kaum mühsam erscheinen. Ich bin überzeugt: Wenn Sie Ihr Ding machen, ist auch Ihre Arbeit nicht mehr beschwerlich. Sie mag Energie kosten, weil Sie mit Ihren Händen arbeiten oder Gehirnschmalz brauchen – aber sie saugt Sie nicht mehr aus. Wenn Sie in Ihren Hobbys versinken und nicht merken, wie die Zeit vergeht, selbst wenn es anstrengende Gartenarbeit ist, dann empfinden Sie Ihr Hobby vermutlich nicht als eine mühsame Belastung – denn Sie tun etwas, was Ihnen liegt. Aber es ist durchaus anstrengend, etwas zu tun, was man nicht will und wozu man sich jeden Tag zwingt und quält.

Selbstbestimmt zu arbeiten bedeutet, dass Sie selbst entscheiden, was richtig und falsch ist, wichtig und unwichtig. Und sobald Sie einen Plan haben und Ihre Strategie kennen, tun Sie die Dinge einfach. Sie strengen sich nicht mehr an, wenn Sie sich mit Arbeit überladen, weil nicht mehr das Tempo zählt, sondern die Substanz. In diesem Zustand spüren Sie Arbeit als das, was sie sein sollte: Sie tun etwas Sinnvolles und leben davon. Sie sagen sich nicht: »Ich muss noch eine Website schreiben«, sondern: »Ich will den Leuten zeigen, was ich mache, und freue mich auf das Ergebnis«. Es ist Ihres! Wenn Sie Ihr Ding machen, sagen Sie sich sowieso kaum noch »Ich muss«. Die Rhetorik verändert sich hin zum »Ich will«. So machen Sie plötzlich Ihre Arbeit gern, obwohl es doch Arbeit ist. Und schon entkommen Sie einer der wichtigsten Fallen des Arbeitnehmer-Dogmas. Sie arbeiten für sich!

Der Glaube, Erfolg sei mühsam, bewirkt übrigens auch einen enormen Wettbewerbsvorteil für Sie: Aus dem Arbeitnehmerlager kommt kaum jemand auf die Idee, Ihnen Konkurrenz zu machen. Es wäre aus Sicht der im Arbeitnehmer-Dogma gefangenen Menschen auch viel zu anstrengend! Die sozial vererbte Lüge, Erfolg habe mit Mühe zu tun, verhindert in Millionen Fällen, dass Menschen selbstbestimmt und ausgeglichen arbeiten. Der Produktivitätsverlust dürfte enorm sein.

Und das ist das Geheimnis: Wenn Sie durch ausreichendes Nachdenken und Planen Ihr Ding finden und es professionell aufziehen, werden Sie mit dem Herzen dabei sein und sich mit Ihrer Aufgabe ebenso wohl fühlen wie mit Ihren Hobbys. Möglicherweise werden Sie mehr arbeiten als früher – aber nicht weil Sie es müssen, sondern weil es Sie erfüllt. Und mit einem Mal haben Sie mit Ihrer Arbeit kein Problem mehr und wundern sich über die Vertreter des Arbeitnehmer-Dogmas, die unter ihren Jobs leiden.

Tipp 29 — **Wenn Sie tun, was Ihnen liegt, ist es nicht anstrengend.**

Die Lüge, Existenzgründung sei mutig und schwierig

Der pawlowsche Reflex auf den Gedanken »Existenzgründung« lautet im Gefängnis des Arbeitnehmer-Dogmas: »Viel zu riskant!« Das habe ich bei meiner Verwandlung vom angestellten Redakteur zum Selbstständigen gemerkt. Meine angestellten Noch-Kollegen – auch die in anderen Verlagshäusern – schauten mich an wie einen Wahnsinnigen, der ab sofort blind mit glühenden Kettensägen jonglieren will.

Die Reaktion im Kollegenkreis und unter befreundeten Nine-to-five-Workern war einhellig: »Du bist aber mutig!« Das habe ich nie verstanden. Was ist daran mutig, sein Leben selbst in die Hand zu nehmen? Was ist daran mutig, wenn fortan nicht mehr fremde Manager über mein Einkommen entscheiden, sondern ich selbst? Was ist daran mutig, sich von einer Branche zu verabschieden, in der die Leute unter ständiger Angst vor Jobverlust arbeiten? Ist es nicht viel mutiger, in so einem Unternehmen angestellt zu bleiben und nur auf diese eine Einnahmequelle zu setzen? Kurz nach meinem Abschied von meinem alten Arbeitsplatz kaufte ein britischer Hedgefonds den Verlag, und die Heuschrecken-Debatte infizierte die deutsche Medienlandschaft. Ich war froh, dass ich da raus war!

Als gebe es nichts Sichereres als die abhängige Beschäftigung, schwappten mir enorme Vorurteile entgegen: Existenzgründung sei ja so schwierig, es gebe kaum jemanden, der nicht pleite gegangen sei – alle Selbstständigen, die man kenne, lebten am Existenzminimum. Schon der Businessplan werde zu einer kaum zu bewältigenden Aufgabe, aber selbstredend sei er notwendig, denn schließlich brauche man in jedem Falle einen Kredit, das sei ja nun mal so. Und was das nun wieder bedeutet, wissen wir ja: Schulden über Schulden. »Willst du denn gleich am Anfang schon verschuldet sein?«

Und wissen Sie, was auffällig ist? Die Horrorgeschichten kamen durchweg von Arbeitnehmern – also von Menschen, die nie selbstständig waren. Erzählen diese Leute anderen auch etwas über Kindererziehung, wenn sie selbst gar keine Kinder haben? Von Selbstständigen hörte ich Aufmunterndes wie »Gute Geschäftsidee! Jetzt Zielgruppe definieren, und dann los!«. Und auch die Protagonisten aus den Horrorstorys waren keineswegs der Typus Unternehmer, wie ich ihm heute begegne. Sondern es waren gefeuerte Unglücksraben, die mit ihrer Arbeitnehmerhaltung meinten, sie könnten ihre bisherige Angestelltentätigkeit mal eben als Selbstständiger weiterführen. Von Positionierung keine Ahnung!

Auch nach der Geschäftsidee haben die meisten der Arbeitnehmer nur oberflächlich gefragt – für die war das Versagen ohne diese Information vorprogrammiert. Und auch schon bei der ungenauen Antwort »Seminare« war ihr Urteil klar, das könne doch nichts werden. Es hieß durchweg: »Geht nicht!« – statt dass man sich Gedanken darüber gemacht hätte, wie es gehen könnte. Was meinen Sie, wie viel Spaß es macht, ständig »Geht nicht!« zu hören? Keinen! Und wie durch ein Wunder habe ich heute andere Menschen in meinem persönlichen Umfeld. Keine Geht-nicht!-Denker mehr.

Die Geht-nicht!-Haltung ist ein klassisches Denkmuster des konvergenten Arbeitnehmer-Dogmas, in dem Menschen eine unerwartete Neuigkeit nur mit dem abgleichen, was sie schon kennen und für möglich halten. Leider hat niemand unter den Arbeitnehmern gesagt: »Toll! Gute Idee! Hier sind Potenziale, da sind Potenziale! Der Markt ist so und so groß! Hast du an diese und jene mögliche Zielgruppe gedacht? Ich habe eine Telefonnummer für dich, der Typ kann dir helfen!« Nichts davon. Stattdessen hörte ich von Arbeitnehmern nur unqualifiziertes Zeug. Aus dieser Demotivationsdusche habe ich nicht nur gelernt, dass ich mich lieber von Geht-nicht!-Typen fernhalte. Sondern auch, dass wir in Business-Dingen nicht auf Angestellte hören sollten. Und das ist auch ganz normal: Schließlich fragen wir in Sachen Korallentauchen auch niemanden um Rat, der noch nie getaucht ist. Sondern wir halten uns bei neuen Vorhaben an die, die es bereits erfolgreich geschafft haben. An positive Vorbilder.

Die Geht-nicht!-Mentalität ist weit verbreitet und wieder ein Wettbewerbsvorteil für Sie: 70 Prozent der Beschäftigten halten nach einer Studie der Ludwig-Maximilians-Universität München die Selbstständigkeit für »riskant«[8], und zwar generell. Diese Leute werden Ihnen kaum Konkurrenz machen, wenn Sie die Zusammenhänge verstehen, umdenken und Ihr Ding machen. Lieber bleiben sie in ihren scheinbar festen Jobs und lassen sich von der Sicherheitsillusion einlullen. Ich halte es inzwischen wirklich eher für riskant, mich irgendwo anstellen zu lassen – auch wenn es sicher Möglichkeiten gibt, als Arbeitnehmer sein Ding zu machen, sofern man für alle Fälle einen Plan B hat.

Dass eine Existenzgründung grundsätzlich schwierig sei, ist also aus der Warte des Arbeitnehmer-Dogmas nachvollziehbar, weil das Dogma eben zum konvergenten Denken neigt. Für jemanden, der stets nur das tut, was er schon kennt, erscheint jeder neue, in diesem Schema nicht vorgesehene Weg als gefährlich. Das ist aber weniger Fakt als vielmehr ein Problem des Denkmusters. Aus dieser Perspektive erscheint eine Existenzgründung genauso schwierig wie die erste Autofahrt für einen Fahranfänger. Es muss diffizil erscheinen. Denn der Blick geht ja durch den konvergenten Filter des Musterabgleichs, wodurch die Vertreter des Arbeitnehmer-Dogmas zu Opfern selektiver Wahr-

---

8 http://www.forum.de/redaktion/nebenberufliche-selbstaendigkeit-zunehmend-beliebter/

nehmung werden und einen Großteil der Realität mitsamt ihren vielen Potenzialen und Chancen ausblenden.

Wenn es um Ihr Ding geht, sollten Sie sich nicht von Menschen demotivieren lassen, die dem Arbeitnehmer-Dogma folgen. *Tipp 30*

Der Unsinn, ein Konzept müsse für jeden gelten

Ein ebenfalls beliebter Einwand ist das Totschlagargument »Aber es kann sich doch nicht jeder selbstständig machen!«. Kennen Sie das? Es ist allgegenwärtig, wenn Existenzgründer mit Arbeitnehmern über berufliche Orientierung sprechen. Können Sie sich vorstellen, von welcher Gruppe von Leuten ich den Einwand vorrangig höre? Von konvergent denkenden Vertretern des Arbeitnehmer-Dogmas. Auf Business-Treffen von Selbstständigen hören Sie diesen Einwand nicht. Der Einwand, nicht jeder könne sich selbstständig machen, kommt von Arbeitnehmern, Beamten, Angestellten im öffentlichen Dienst und von prekär beschäftigten Scheinselbstständigen. Und von Leuten, die sich dringend beruflich verändern sollten, aber Angst davor haben.

Zu unterstellen, ein neues Konzept müsse für jeden gelten, ist eine absurde Flucht in die Statistik. Und Statistik spielt hier keine Rolle. Es muss sich ja gar nicht jeder selbstständig machen. Darum geht es auch nicht. Es geht um Sie! Es geht individuell um die Menschen, die sich ein zufriedeneres und sichereres Arbeitsleben wünschen. Das Argument ist in etwa so absurd, wie auf die Frage, ob wir heute Pizza essen wollen, zu antworten: »Aber es kann doch nicht jeder Pizza essen.« Was interessiert es Sie, was für andere unmöglich ist?

An sich stimmt das Argument – auch wenn das für Sie nicht relevant ist. Es kann sich kaum jeder selbstständig machen. Manche Menschen sind nicht in der Lage, für sich zu sorgen und eine Familie zu ernähren, aus welchen Gründen auch immer. Natürlich bin ich dafür, dass der Staat Menschen hilft, die Hilfe brauchen. Und dennoch ist das Argument unbedeutend. Sobald Sie einen Verein gründen und eine Familie managen können, schaffen Sie es auch, mit einer Geschäftsidee auf eigenen Füßen zu stehen. Jeder Currywurstbudenbesitzer kann das. Selbst nach Kriegen kommen eine Menge Menschen durch selbstständige Tätigkeiten wieder auf die Beine und bauen Unternehmen auf, die dann den Vertretern des Arbeitnehmer-Dogmas Arbeit geben. Ohne Existenzgründungen keine Jobs!

Wer will, sucht Wege. Wer nicht will, sucht Gründe

Eine Leserin meines Internetblogs kommentierte einmal einen Blogbeitrag über Existenzgründung: »Für Selbstständigkeit braucht man Eigenkapital, und das wächst nicht auf Bäumen.« Zack. Ende. »Man braucht«. Kategorische Aussage. Wissen Sie, was ich gedacht habe? Dann lass es doch. Dann bleib doch in deinem Job und hör auf zu denken. Es zwingt dich doch niemand! Wenn jemand die Idee, schwimmen zu gehen, sofort und pauschal ablehnt, weil er kein Handtuch hat, dann will er nicht. Sonst würde er eine Möglichkeit finden, ein Handtuch aufzutreiben. Ein Sprichwort sagt: »Wer will, sucht Wege. Wer nicht will, sucht Gründe.« Die Leserin sucht Gründe. Sie will nicht, ebenso wie die Spiegel-Leserbriefschreiberin. Warum sollte ich ernsthaft mit ihr sprechen? Es muss doch niemand.

Sicher braucht man für manche Existenzgründungen Kapital. Für manche aber eben auch nicht. Und die zu finden ist in Zeiten des Internets so leicht wie nie zuvor. Heute genügen oft ein Laptop und ein Internetanschluss – die Produktionsmittel für eine Menge neuer Geschäftsideen liegen in den Händen aller. Vor diesem Hintergrund finde ich den Einwand, die Selbstständigkeit wegen des generellen Kapitalbedarfs abzulehnen, nicht sehr klug. Da kam noch nicht einmal eine Geschäftsidee ins Spiel, und schon sind die vorurteilsgesteuerten Vertreter des Arbeitnehmer-Dogmas damit zur Stelle, man brauche Kapital, und schon deshalb sei eine Existenzgründung unmöglich. Der absurde psychische Effekt ist: »Hurra, ich kann nicht!« Wir dürfen weiterjammern.

Solche Spielchen sind mir zuwider. Denn entweder will ich etwas, dann mache ich es; oder ich will etwas nicht, dann lasse ich es. Aber abstruse Gründe für die eigene Lethargie zu suchen ist mir zu psychopathologisch.

Statt sich auf ungewohnte Gedanken einzulassen, sucht die Blogleserin nach Ausreden, um ihr Denkmuster zu bestätigen – und merkt nicht, dass sie mit ihren demotivierenden Einwänden nur sich selbst schadet. Wer etwas aus seinem Leben machen will, überhört dieses negative Zeug und handelt. Zumal für viele Menschen die Selbstständigkeit eine empfehlenswerte Alternative ist – vor allem für die, die aufgrund ihres Alters oder anderer Gründe sowieso keinen Job mehr auf dem ersten Arbeitsmarkt bekommen. Statt diese Leute mit dummen Einwänden zu demotivieren, sollten wir Wege finden, wie sie erfolgreich ein Einkommen erzielen. Und die Selbstständigkeit ist auch eine sinnvolle Alternative für Menschen, die es leid sind, sich den Regeln und Spielchen des Arbeitnehmer-Dogmas zu unterwerfen.

Billige Existenzgründerseminare sind schlecht

Richtiggehend schlimm wird es, wenn ein Vertreter dieser Frust-Fraktion ein Existenzgründerseminar gibt. Zu Beginn meiner Selbstständigkeit habe ich ein solches Seminar besucht – bei einer Gewerkschaft, was mir eigentlich schon von vornherein als widersinnig hätte auffallen müssen, weil Gewerkschafter Arbeitnehmer vertreten und daher tendenziell im Arbeitnehmer-Dogma denken. Außerdem sind Gewerkschaften ganz stark darin, aus dem Arbeitnehmer-Dogma einen Anspruch darauf abzuleiten, dass man ihnen Geld gibt. Einen Anspruch, den ich nicht hege, weil ich nicht wüsste, weshalb mir jemand Geld schenken sollte.

Das Seminar war der reine Horror. Vorne stand eine für meine Begriffe verkrachte Gestalt und erzählte irgendein Zeug von Rechtsformen, Fördermitteln und behördlichen Routinen – also lauter formale Nebenaspekte. Worüber der Mann nicht sprach, waren Geschäftsideen, Zielgruppenmarketing und Vertriebskanäle. Er sprach komplett am Thema vorbei, das Seminar brachte nichts. Der Gestus dieses Vertreters des Arbeitnehmer-Dogmas, der die Existenzgründung nur als allerletzte Chance für Unglücksraben ansah, war fatal: Die Menschen erfuhren durch ihn, dass ihnen die Hölle bevorstehe und alles enorm schwierig werde. Der Mann predigte das Gegenteil dessen, wie sich meine Selbstständigkeit letztlich gestaltete. Hätte ich nicht einen klaren Plan gehabt, hätte mich dieses Schreckgespenst mit all seinen »Achs«, »Nur wenns«, »Abers« und »Sie müssen aufpassen« demotiviert, und ich wäre zum Arbeitamt gelaufen.

Mir war damals sehr schnell klar, warum dieser Eindruck entstand: Der gewerkschaftliche Kursleiter recycelte den Frust der Geknechteten. Dass der Mann damit ein Grundproblem unseres Landes reproduzierte, verstand ich erst später – dann, als sich die ersten gut gemeinten Tipps von Arbeitnehmern in meinem Umfeld als unqualifizierter Unsinn herausstellten, weil naturgemäß realitätsfern. Eine geradezu feindliche Haltung gegenüber der Selbstständigkeit quoll durch die Zeilen dieses gewerkschaftlichen Existenzgründerseminars, und sie spiegelte sich auch in der miesen Laune einiger Teilnehmer wider, zumeist Gewerkschaftsmitglieder, die wütend auf ihren Ex-Chef waren, der sie gefeuert hatte. Ich bekam den Eindruck, die Leute waren nicht mit Spaß, Offenheit und Neugier bei der Sache, um ihr Ding zu machen, sondern waren negativ eingestellt gegenüber einer bösen, schlimmen Welt. Die miese Laune dieser Leute, die die Verantwortung für ihr Leben auf andere abschoben, war ebenso unerträglich wie in Clarissas Jammergruppe.

Wissen, wie es geht – dann gelingt es

Sich selbstständig zu machen ist nichts anderes als jedes neue Projekt im Leben: Wer weiß, wie es geht, dem gelingt es in aller Regel. Wer es nicht weiß oder sich an die falschen Ratgeber hält, rennt eher gegen die Wand. Einer meiner Lieblingskalauer lautet: »Kaum macht man's richtig, schon klappt's!« Und meiner Meinung nach sollte ein Existenzgründerseminar vermitteln, wie man sich selbstständig macht, eine Geschäftsidee entwickelt und ein Geschäft aufzieht, statt die Teilnehmer mit formalem, juristisch-ökonomischem Kram zu frustrieren.

Und wir brauchen die richtigen Leute für solche Seminare: Wenn wir etwas vorhaben im Leben, orientieren wir uns normalerweise nicht an denen, die scheitern. Üblicherweise halten wir uns an positive Vorbilder, also an jene, denen etwas gelingt und die ihre Ziele erreichen. Wenn wir als Berufsanfänger das Verhandeln trainieren wollen, halten wir uns nicht an Verkäufer mit schlechten Ergebnissen, sondern an die mit den guten. Niemand bei Verstand wählt sich Leute als Vorbilder, die ständig scheitern oder vom Gegenstand keine Ahnung haben. Insofern ist es logisch, dass die meisten herkömmlichen Existenzgründerkurse im Rahmen von staatlichen oder gewerkschaftlichen Institutionen schlecht sind: Verstünden die Kursleiter etwas von Existenzgründung, würden sie diese Kurse nicht geben, sondern wären selbstständig. Was wiederum bedeutet: Gute Existenzgründerseminare müssen kommerziell sein. Eine gute Existenzgründungshilfe ist ein Geschäft: Ein Coach begleitet den Existenzgründer individuell und konkret durch den Geschäftsaufbau und bekommt sein Geld später nur dann, wenn die Selbstständigkeit ein Erfolg wird. Nur so geht es, solange Existenzgründer selbst keine Mittel haben, um einen Coach gleich zu bezahlen. Nur wenn der Veranstalter eines Existenzgründerseminars sein Knowhow in Sachen Existenzgründung zum Geschäft gemacht hat und damit richtig gutes Geld verdient, können wir Qualität erwarten. Kostenlosen und billigen Existenzgründerkursen dagegen gebührt die größte Skepsis, gerade wenn sie von offiziellen Stellen kommen.

»Es kann doch nicht jeder einen festen Job finden!«

Drehen Sie das Argument, es könne sich nicht jeder selbstständig machen, doch einfach mal um: »Es kann doch nicht jeder einen festen Job finden!« Nehmen Sie dieses Argument als Ausrede, sich nicht um Ihre Zukunft zu kümmern? Sofern Sie bislang im Arbeitnehmer-Dogma verhaftet waren, zeigt sich spätestens jetzt die Absurdität des Argumentes, nicht jeder könne sich selbstständig machen. Es kann doch nicht jeder angestellt sein! Stellen Sie sich vor, alle wären Arbeitnehmer – es gäbe keine Unternehmen und damit keine Arbeitsplätze!

Sich selbstständig zu machen ist ohnehin nicht schwerer, als einen festen Job zu ergattern. Es gibt ein Ziel, einen Weg dorthin und das Wissen, wie es geht. Was soll daran schwer sein? Ich bin überzeugt: Wenn Sie es schaffen, sich aus einem Kreis von Bewerbern mit schriftlichen Unterlagen zu einem Vorstellungsgespräch durchzuarbeiten, dann bekommen Sie auch eine ansprechende Produktbeschreibung hin – schließlich beschreiben Sie bei der Arbeitnehmer-Arie auch ein Produkt, sich selbst. Wenn es Ihnen gelingt, mit ein wenig Divergenz die vielen konvergenten Mitbewerber zu überholen, können Sie auch ein Geschäft aufziehen. Wer eine Bewerbung meistert, bekommt auch einen Businessplan hin – beides kann man lernen und machen. Wenn Sie es schaffen, Ihre zukünftigen Bosse im Bewerbungsgespräch von sich zu überzeugen, können Sie auch Kunden von Ihrem Produkt überzeugen. Warum auch nicht?

Tipp 31

Prüfen Sie, ob Sie Wege suchen, wie Ihnen etwas gelingt, oder ob Sie Gründe suchen, warum Sie etwas unterlassen sollten. Wenn Sie Gründe fürs Unterlassen suchen, sollten Sie Ihre Haltung überdenken.

Erkennen Sie an, dass ...
– Sie sich auf keine offiziellen Stellen verlassen können.
– Unternehmen sich für ihren Profit interessieren und nicht für Ihr persönliches Wohl.
– Sie auf der Straße landen, wenn man Sie nicht mehr braucht.
– Sie auf sich selbst gestellt sind.
– Sie Ihr Leben selbst in die Hand nehmen sollten, statt untätig zu sein.
– Initiative etwas ganz Normales ist – in anderen Lebensbereichen ergreifen Sie sie auch.

Sie können weiterhin so tun, als hätte »die Politik« oder »die Wirtschaft« die Aufgaben des Arbeitslebens im Griff. Sie dürfen aber auch erkennen, dass dem System nicht daran gelegen ist, dass Sie beruflich erfolgreich werden, und die richtigen Konsequenzen daraus ziehen.

Verstehen Sie, wie Arbeit wirklich funktioniert!

Inwieweit stimmen Sie folgenden Aussagen zu?	1 = trifft in jeder Hinsicht zu; 5 = trifft überhaupt nicht zu				
Erfolg lässt sich lernen. Es hängt von den Denkmustern und den Konzepten ab, ob jemand Erfolg hat oder nicht.	①	②	③	④	⑤
Auf Dauer werden die Menschen sich eher auf sich selbst besinnen müssen, um erfolgreich zu sein.	①	②	③	④	⑤
Ob ich beruflich erfolgreich bin, hängt auch davon ab, wie zielorientiert ich handle.	①	②	③	④	⑤
Arbeit ist ein Produkt, für das die Regeln von Angebot und Nachfrage ebenso gelten wie für andere Produkte.	①	②	③	④	⑤
Eigentümer mittelständischer Firmen gehen verantwortungsvoller mit Geld um als Konzernmanager, die letztlich Angestellte sind.	①	②	③	④	⑤
In einem guten Arbeitsumfeld kann man mit Kollegen und Chefs auch über Fragen der beruflichen Veränderung offen sprechen.	①	②	③	④	⑤
Führungskräfte in Unternehmen interessieren sich eher selten dafür, dass sich ihre Mitarbeiter durch die Arbeit verwirklichen können.	①	②	③	④	⑤
Das Wichtigste für Unternehmen sind Gewinn und Liquidität. Das Wohl der Mitarbeiter ist sekundär.	①	②	③	④	⑤
Nur Unternehmen schaffen Arbeitsplätze. Daher sind Existenzgründungen auf Dauer sehr wichtig.	①	②	③	④	⑤
Das Festhalten an abhängigen Beschäftigungen ist weder zeitgemäß noch verhilft es zu beruflichem Erfolg.	①	②	③	④	⑤

Das Arbeitnehmerdasein ist die klassische Form der Beschäftigung: Ein Unternehmen stellt Menschen dafür an, die Aufgaben in diesem Unternehmen zu erledigen. Coachs verwenden gerne einen Ausspruch hierzu, dessen Quelle mir leider nicht bekannt ist:»Die, die wissen, wie, arbeiten für die, die wissen, warum.« Das bedeutet: Unternehmer sehen den Sinn und formulieren ein Ziel – und dann schauen sie, mit wessen Hilfe und Know-how sie dieses Ziel erreichen können. Der Visionär beschäftigt Spezialisten. Und im Unterschied zum Visionär, der auf divergentes Denken angewiesen ist, um seine Potenziale zu entfalten, arbeiten viele Spezialisten vorwiegend konvergent, indem sie die Wege beschreiten, die sie kennen, um dem Visionär zu helfen, seine Ziele zu erreichen.

Die allermeisten Erwerbstätigen in Deutschland sind Arbeitnehmer. Nur etwa vier Millionen Menschen in Deutschland sind selbstständig. Und weil wir meistens die Verhältnisse für normal und gegeben halten, in denen wir bislang gelebt haben, sieht die Prägung dementsprechend aus: Die meisten Leute in Deutschland halten es für normal, Arbeiter oder Angestellter zu sein, und sie empfinden auch das Arbeitnehmer-Dogma als selbstverständlich. Sie beziehen Löhne und Gehälter, arbeiten meist nach Zeit und haben für den Fall des Jobverlustes oftmals keinen Plan B.

Das Arbeitnehmer-Dogma gleicht einer Religion

Das vorherrschende Arbeitnehmer-Dogma ist wie eine Religion. Wer in ihr aufwächst, hält das Handeln danach für richtig und andere Religionen für fremd. Und wie das eben bei Denkmustern und Religionen so ist, finden sich darin Glaubenssätze, die richtig und wichtig erscheinen. Im Leben gemäß dem Arbeitnehmer-Dogma gilt es beispielsweise als richtig, morgens zur Arbeit zu gehen und abends nach Hause zu kommen. Oder am Montagmorgen im Aufzug mit den Kollegen darüber zu stöhnen, dass Montagmorgen ist. Auch keinen Plan B zu haben gehört zum Arbeitnehmer-Dogma – denn für eine erschreckend hohe Zahl von Menschen gilt es als Wahrheit, dem Arbeitsmarkt ohnmächtig ausgeliefert zu sein, und es gehört sich in diesem Muster, angesichts der Arbeitslosenzahlen zu erschaudern, obwohl deren Konsum nur die gesellschaftlich erwünschte Frustration stärkt. Außerdem fragen sie:»Wann soll ich denn eine Alternative entwickeln? Ich habe doch so viel zu tun! Am Wochenende etwa? Aber das ist doch wohlverdiente Freizeit!«

Höre ich solche Argumente, bin ich zunächst geneigt zu denken: So schlimm scheint die Lage nicht zu sein – offenbar sitzen diese Frösche noch nicht im Schlagloch. Der Leidensdruck der Menschen ist so gering, dass sie nichts unternehmen. Andererseits weiß ich: Ein Heer von Arbeitnehmern steckt den Kopf in den Sand und will sich nicht darüber bewusst werden, dass der Job jederzeit weg sein kann. Und ein Heer von Arbeitslosen sollte sich darüber ärgern, dass man die Weichen beizeiten nicht richtig gestellt hat. Ganz im Ernst: Kein Mitarbeiter der Autoindustrie, ihrer Zulieferer oder des Versandkataloggeschäfts sollte sich darüber wundern, wenn er seinen Job verloren hat. Die Zeichen waren deutlich, und sie waren schon Monate zuvor zu sehen. Das Problem ist nur, dass die Menschen das Arbeitnehmer-Dogma für so normal halten, dass sie sich den Blick auf die Alternativen verbieten und ihre Passivität geradezu zelebrieren.

Die Welt der Arbeitnehmer ist – von außen betrachtet – insofern sehr skurril. Einerseits gibt es Menschen, die von sich sagen, sie seien nun einmal Angestelltentypen, und man müsse ihnen sagen, was sie zu tun hätten. Andererseits haben auch diese Menschen den Anspruch auf ein selbstbestimmtes Leben, und sie lassen sich in privaten Dingen nur sehr ungern reinreden. Weiterhin suchen Unternehmen zunehmend Mitarbeiter, die selbst Prioritäten festlegen und entscheiden können, was wie zu tun ist, und die selbst wie Visionäre wissen, warum sie wie handeln. Viele Unternehmen wünschen sich Unternehmertypen als Angestellte, die sich zugleich unterordnen – im Grunde ist der Wunscharbeitnehmer ein Zwitter oder eine eierlegende Wollmilchsau. Gefragt ist der Arbeitnehmer, der sich den Belangen des Unternehmens fraglos unterwirft, zugleich aber die Initiative ergreift, um für das Unternehmen originelle und kreative Lösungen zu finden und das Bestmögliche zu bewirken. Gefragt ist eine wundersame Mischung aus Unterordnung und selbstmotivierter Initiative, ein Mix aus Geführtem und Führer, eine Kombination aus Konvergenz und Divergenz, aus Konformität und Nonkonformität. In meinen Augen ist genau diese Balance auf Dauer die einzige Möglichkeit für Arbeitnehmer, sich auf dem Arbeitsmarkt so zu positionieren, dass sie relativ sicher sind und zugleich jederzeit Chancen für Alternativen haben. Gerade deswegen sollten Arbeitnehmer unternehmerisch denken können.

Um die verschiedenen Denkweisen in der Arbeitswelt zu differenzieren, die zu Erfolg oder Misserfolg führen oder zu dominantem oder unterwürfigem Handeln, ist die Unterscheidung zwischen konvergent und divergent nicht ausreichend. Es bedarf dazu eher eines kleinen Ausflugs in die Tierwelt, in die Landwirtschaft, den Wald und ins Mittelalter, um zu sehen, wie vielfältig die Arbeitswelt wirklich ist und wie viele Möglichkeiten zur kreativen Gestaltung des Arbeitens es jenseits des Arbeitnehmer-Dogmas gibt.

Nashörner, Kühe, Adler, Enten, Hühner, Jäger und Bauern

Der amerikanische Selbstverwirklichungscoach Scott Alexander fragte schon Anfang der Achtziger: »Sie mögen Ihren Job nicht? Warum werfen Sie ihn nicht hin?« Er führte in seinem Buch *The Advanced Rhinocerology* eine zoologische Typologie ein: Wer in eigener Sache unterwegs ist, ist ein Nashorn und stapft zielstrebig durch den Dschungel. Nashörner leben ständig in der Gefahr, angegriffen zu werden, und tragen das volle Risiko ihres Handelns, aber dank Durchsetzungsvermögen und Tatkraft gelangen sie meist zum Ziel. Nashörner lassen sich nach Scott Alexander selten anstellen – sie kämen sich in ihrem Käfig beengt vor und fänden es unnatürlich, in fremder Sache durch den Dschungel zu stapfen. Nashörner wollen sofort einen Flug buchen können, wenn die Messe am nächsten Tag wichtig erscheint, und zwar ohne jemanden um Erlaubnis zu fragen, der ihnen den Trip wegen nicht nachvollziehbarer anderer Prioritäten verbietet. Nashörner wollen nicht um Urlaub bitten. Sie wollen auch keine Formulare ausfüllen. Dafür stellen Nashörner Kühe an.

Diese Kühe sind – nach Scott Alexander – ruhigere Wesen. Sie stapfen nicht energisch durch den Dschungel, sondern wollen auf der Weide ihre Ruhe haben. Vor dem Kampf im Dschungel haben sie nahezu Angst. Ihr primäres Bedürfnis ist das Gefühl von Sicherheit – auch wenn das Gefühl trügerisch ist und die Sicherheit nur imaginär. Kühe gehen davon aus, dass sie auf der Weide stets Gras vorfinden, und wenn kein Gras mehr da ist, rufen sie nach dem Staat. Aber weil Hof und Weide letzten Endes zum Revier eines Nashorns gehören, ist ohnehin nichts

Verstehen Sie, wie Arbeit wirklich funktioniert!

sicher. Das wollen die Kühe nicht wahrhaben, und darum verengen sie ihren Blick auf die Grashalme direkt vor sich.

Damit die Kühe in ihrem Job wissen, was sie zu tun haben, um alles richtig zu machen und nicht ständig das Nashorn fragen zu müssen, gibt es nach Scott Alexander die Super-Kühe. Die Super-Kühe managen die Arbeitskraft der Kühe so, dass das Unternehmen davon am meisten hat. Diese Manager haben zwar etwas von der Zielorientierung der Nashörner, aber da auch Manager letztlich nur in fremder Sache durch den Dschungel stapfen, bleiben die Führungskräfte für Scott Alexander Kühe – egal, wie hoch sie aufsteigen und wie viel Geld sie verdienen. Kühe sind Arbeitnehmer und keine Nashörner, selbst im Top-Management. Wären sie Nashörner, würden sie ihr eigenes Unternehmen gründen und für die eigene Tasche wirtschaften statt für eine fremde. Sie würden nicht um Gehälter und Boni verhandeln, sondern sich selbst Geld überweisen von dem Konto, auf dem die finanziellen Erfolge ihres Handelns landen. Während Nashörner Führungsfiguren sind, sind Super-Kühe also Manager: Die Nashörner wissen, warum, und die Super-Kühe wissen, wie. Der Unterschied zwischen Führung und Management ist in diesem Zusammenhang extrem wichtig.

Zugleich stellen die Super-Kühe genau die spannende Schnittmenge aus Fähigkeiten dar, die sich Unternehmen heute wünschen: einerseits Kuh und stets loyal und andererseits ein bisschen Nashorn und gegenüber Geschäftspartnern durchsetzungsstark. Und wenn Sie dieses Potenzial besitzen, Sie also einerseits jederzeit wissen, was zu tun ist, und andererseits auch als Nashorn in den Dschungel aufbrechen könnten, dann kann es gut sein, dass die Unternehmen sich um Sie reißen. Auch in puncto Gehalt haben Sie dann die bessere Verhandlungsposition. Und Sie tragen dabei vermutlich schon seit längerer Zeit den Gedanken mit sich, Ihr eigenes Ding zu machen. Daher sind viele Super-Kühe gerade auf dem Sprung, ein Nashorn zu werden.

Wie geht es Ihnen denn da, wo Sie gerade stehen? Sind Sie eine Kuh? Eine Super-Kuh? Oder sind Sie eine Kuh auf dem Sprung zum Nashorn?

Um zu wissen, wo Sie stehen, sollten Sie sich fragen, ob Sie Nashorn, Kuh oder Super-Kuh sind. *Tipp 32*

Enten auf der Adler-Schule?

Neben Scott Alexanders Zoo gibt es auch andere Vergleiche. Enten und Adler zum Beispiel. Von der Adler-Enten-Typologie ist in der Coaching-welt recht häufig zu hören, das Buch *Ente oder Adler* von Ardeschyr Hagmaier beispielsweise unterscheidet Leute, die jammern, von Leuten, die handeln. Weil Enten ja immerhin noch für Langstreckenflüge bekannt sind, unterscheiden andere Coachs gerne zwischen Adlern und Hühnern – schließlich treten Hühner so hübsch auf der Stelle. Adler sind zwar nicht unbedingt Unternehmer und Enten oder Hühner nicht zwingend Angestellte, sie unterscheiden sich eher hinsichtlich ihres Typs. Vereinfacht gesagt, stellen Adler proaktive Menschen dar, die initiativ handeln und auf Zack sind. Hühner dagegen stehen für Menschen, die nicht eigenständig entscheiden und handeln, sondern eher tun, was man ihnen aufträgt – und, wie die Enten, dazu neigen, den Frust ihrer Umgebung zu recyceln. In den entscheidenden Situationen versäumen es Enten und Hühner oft, das Richtige zu tun, das sie konkret weiterbringt.

Nach der Adler-Hühner-Typologie fliegen Adler weit oben und haben einen Überblick über das Geschehen am Boden. Sie sind die Chefs, weil sie sich selbst in jeder Situation dazu erklären. Sie übernehmen Verantwortung für die Situation, in der sie sind. Adler sind Machertypen. Sie erkennen Bedürfnisse und Nachfragen und überlegen sofort, wie eine Lösung aussehen könnte. Indem sie anderen Lösungen anbieten und diese geschickt vermarkten, sind sie überall gefragt. Da sich somit fast immer ein Profit einstellt, machen sich Adler selten Sorgen um ihr finanzielles Auskommen. Indem Adler tun, was sie für richtig und sinnvoll halten, machen sie ihr Ding.

Hühner dagegen bewegen sich am Boden, und das meist stets im selben Gehege. Sie sehen nicht die Welt von oben, sondern nur die Körner, die direkt vor ihnen liegen. Hühner sehen das, was man ihnen aufträgt – sie haben keinen Weitblick, etwa für einen tieferen Sinn oder höhere Aufgaben. Sie sind von anderen Hühnern umgeben und halten es daher für normal, ein Huhn zu sein. Sie beneiden andere Hühner um ihre Körner und kommen nicht auf die Idee, die Adler-Perspektive einzunehmen und ein Hundertfaches an Körnern zu verdienen – dafür spielen sie Lotto. Und: Hühnern erscheint es als enorme Veränderung, wenn es darum geht, das Gehege zu wechseln.

Verstehen Sie, wie Arbeit wirklich funktioniert!

Sicher kenne ich einige Vollblut-Adler und auch manche hundertprozentigen Hühner. Ob ich die Welt für einen Hühnerhaufen oder einen Adlerhorst halte, hängt dabei von meiner Wahrnehmung und Perspektive ab: Seit ich selbstständig bin, habe ich, wie schon erwähnt, viel seltener mit Hühnern zu tun – wesentlich häufiger treffe ich Adler. Ich begegne ihnen auf Messen, Kongressen und in Hotels, ich kenne sie als Unternehmer, Berater, Coachs, Redner, Trainer und Buchautoren. Viele von ihnen stellen Hühner an und suchen – wie andere Arbeitgeber auch – nach Hühnern mit Adler-Anteil. Und letztlich bin ich überzeugt: Die allermeisten Menschen sind Mischformen. Sie haben einen bestimmten Anteil Adler und einen bestimmten Anteil Huhn. Und ich weiß nicht nur aus eigener Erfahrung: Menschen können vom Huhn zum Adler werden. Wenn Sie als Adler jemanden beschäftigen, der plötzlich selbst zum Adler wird, kann es sein, dass er Sie verlässt und sein eigenes Geschäft aufmacht. Sie sollten ihn nicht aufhalten, sondern ihn nach Kräften unterstützen. Denn nichts ist statisch: Die Welt ist in Bewegung, und die Menschen auch.

Zu wie viel Prozent sind Sie Huhn und zu wie viel Prozent sind Sie Adler? Welcher Teil überwiegt bei Ihnen? Warum? Welchen Elementen Ihrer Sozialisation verdanken Sie Ihren Huhn-Anteil? Hält Sie das Huhn-Denken davon ab, zu glauben, dass Sie ein Adler werden können?

Weiten Sie Ihren Blick! Nur weil Sie in einem Hühnerstall leben, ist nicht die ganze Welt ein Hühnerstall. *Tipp 33*

Hühner machen auch in Arbeitnehmerjobs oft Ärger

Ein Huhn zu sein ist selbst in einer abhängigen Beschäftigung nicht gut, wenn Arbeitnehmer mit Initiative und unternehmerischem Handeln gefragt sind. Hundertprozentige Hühner sind auch in üblichen Arbeitnehmerjobs nicht zu gebrauchen. Seltsamerweise finden sich ausgerechnet in der Gastronomie jede Menge Hühner. Eine klassische Huhn-Situation erlebte ich auf der Terrasse eines Hotels: Ich nahm an einem verlassenen Tisch mit leeren Tassen Platz in der Hoffnung auf einen Kaffee. Ein junger Kerl in Kellner-Look deckte die Tische um mich herum ein und würdigte mich keines Blickes. Er ging hinein, kam mit neuem Geschirr wieder heraus und deckte die nächsten Tische ein. Ich saß und schaute – nichts. Weder räumte er meinen Tisch ab, noch fragte er, ob ich etwas bestellen wollte. Dieser junge Mann war ein Huhn, und ein äußerst dummes noch dazu. Er verprellte sehenden Auges einen Kunden und erinnerte mich an einen Witz aus einem Seminar des Wiener Verkaufstrainers Wolfgang Ronzal. Gast zum Kellner:»Pardon, dürfte ich bestellen?«– Kellner:»Nicht mein Tisch.« Eine Woche später liegt der Kellner mit einem Herzanfall röchelnd am Boden. Der Chef schreit:»Ist ein Arzt hier?« Ein Gast meldet sich. Der Chef:»Jetzt helfen Sie dem Mann doch!« Der Arzt schüttelt den Kopf:»Nicht mein Kellner.«

Hühner denken rein konvergent und machen Dienst nach Vorschrift: Wenn die Ansage lautet, die Tische einzudecken, deckt das Huhn die Tische ein. Auch wenn ein Kunde kommt. Befehl ist Befehl, und sie übersehen den Sinn des Ganzen, nämlich dass das Hotel Geld einnimmt, indem es Gästen Kaffee serviert und für deren Wohl sorgt. Dieses Kellner-Huhn war komplett blind. Im Unterschied zu Hühnern denken Adler mit und sehen die Gesamtsituation: Es kann nicht sein, dass ein Gast vor einem unaufgeräumten Tisch sitzt und trotz Blickkontaktes keine Chance hat, etwas zu bestellen. Adler erkennen darin eher einen Kündigungsgrund, weil das Kellner-Huhn geschäftsschädigend handelt – denn um ein Haar landet so eine Geschichte in einem Buch oder im Internet, und das Hotel wird beim Namen genannt.

Andererseits hinterfragen Adler ständig, ob ihre Aufgaben sinnvoll sind oder nicht, und gehen damit mancher Führungskraft auf den Geist. In einigen Unternehmen will man gar keine Adler-Typen, weil man sie für aufmüpfig, naseweis und störend hält – das ist vor allem dort der Fall, wo Manager nur Dienst nach Vorschrift erwarten. Andere Unternehmen helfen dagegen Adlern beim Aufstieg und ermöglichen es ihnen, Verantwortung zu übernehmen. Schlecht ist es jedoch, wenn sie das Mehr an Verantwortung gerade bei jungen Adlern nicht entsprechend honorieren – dann ist der Adler schnell weg und findet eine Tätigkeit, die sein Adler-Wesen zu würdigen weiß. Deshalb ist Personalentwicklung ja so anspruchsvoll: Es bedeutet unter anderem, Mitarbeiter mit dem richtigen Huhn-Adler-Verhältnis zu binden. Die Kunst ist, Hühner mit gerade so vielen Adler-Anteilen zu finden, dass sie sich nicht selbst positionieren und der Firma abspenstig werden.

Tipp 34 **Seien Sie kein Huhn.**

Selbstständige Hühner kokettieren gerne mit ihrer Zugehörigkeit zum »Prekariat«

Ebenso, wie es unter Arbeitnehmern Adler gibt, findet man unter Selbstständigen Hühner. Lassen Sie sich mal in Xing, der wichtigsten Geschäftsleute-Community im deutschsprachigen Internet, über die Suchfunktion beliebige Mitglieder auflisten, etwa indem Sie Ihre Suche nach bestimmten Vornamen oder Postleitzahlen filtern. Sie werden eine Menge Selbstständige finden, aber wenn Sie deren Profile und Websites anschauen, werden Sie feststellen: Die meisten unter ihnen sind Hühner mit allermiesester Selbstdarstellung. Im Dschungel gelingt es vielen nicht, sich so zu positionieren und zu präsentieren, dass sie mit einer glasklaren Nachricht und einem deutlichen Nutzen für ihre Mitmenschen erkennbar sind. Was diesen Leuten fehlt, ist einzig das Wissen, herauszufinden, inwiefern ihre Produkte und Leistungen anderen konkret nutzen, und das dann prägnant und sofort nachvollziehbar darzustellen. Es sind Selbstständige, die wissen müssten, dass der Wurm an der Angel attraktiv sein sollte. Und doch stellen sich viele Xing-Mitglieder in ihren Profilen und auf ihren Websites dar, als seien sie bei SchülerVZ.

Hühner als Selbstständige – dazu zählt auch das sogenannte »Prekariat« –, also gering verdienende Selbstständige, die nur aus der Not heraus selbstständig sind, die die Konzepte des Erfolgs nicht kennen und sich ohne einen substanziellen Plan für ihr Leben von ihren Auftraggebern ausnehmen lassen. Manche davon kokettieren sogar mit dieser Verliererrolle als moderne Außenseiter. Der *Spiegel* schreibt über das Prekariatsbuch *Wir nennen es Arbeit* von Sascha Lobo und Holm Friebe: »Die digitale Bohème ist das Gegenmodell zum ›miserablen Zustand‹ der Angestelltenwelt. Das Schicksal in die eigenen Hände nehmen. ›Selbstprogrammierung‹ statt ›karrierefördernde Anpassung‹. Man verdient weniger, dafür bleibt man im Bett liegen. Man ist ein glücklicherer Mensch.«[9] Vorsicht, Verdummung: Dass man als Selbstständiger weniger verdient, ist nicht gesagt – es ist allerdings dann der Fall, wenn man sich schlecht verkauft und im Bett bleibt. Dass Menschen mit dem richtigen Know-how ihr Ding machen und zugleich damit erfolgreich sein können, ignorieren die Avantgardisten der »digitalen Bohème«,

9 *Der Spiegel* 25/2009, Seite 58

in deren Adern Hühnerblut fließt. Statt im Bett zu bleiben, ist arbeiten angesagt. Adler stehen früh auf.

Tipp 35
Hören Sie nicht auf die Prekariatskoketterie der »digitalen Bohème«. Wer es richtig anstellt, muss als Selbstständiger nicht arm sein.

Bauern arbeiten effektiv, Jäger effizient

Neben Nashörnern, Kühen, Adlern und Hühnern gibt es auch Jäger und Bauern. Dieses Modell macht den Unterschied zwischen Arbeitnehmern und Unternehmern ein wenig deutlicher als die Unterscheidung zwischen Kühen, Enten oder Hühnern auf der einen Seite und Adlern oder Nashörnern auf der anderen.

Die Jäger – klar – entsprechen den Nashörnern beziehungsweise Adlern. Jäger sind draußen. Sie sind bewaffnet und leben von dem, was sie erlegen. Jäger zielen ruhig und präzise und schießen. Das Ergebnis ist alles. Erlegen die Jäger nichts, ergattern sie also keine Aufträge, dann haben sie nichts zu essen. Das haben sie akzeptiert. Auf der Jagd nach Spitzenaufträgen sind sich Jäger für nichts zu schade: Sie bauen lieber aufwendig ihre Fallen in Form von Marketing und Werbung und investieren eine ganze Menge, als für kleine Erträge kleine Schritte zu machen. Jäger sind geduldig – sie sitzen für einen guten Fang oft stundenlang auf dem Hochsitz. Sie lassen sich von Ablehnungen bei der Akquise nicht abwimmeln. Sie sind umtriebig, besuchen Messen und Kongresse und machen sich überall bekannt. Das Ziel der Jäger ist Effizienz: mit möglichst wenig Aufwand möglichst viel Erfolg haben. Fußballer sind zum Beispiel Jäger: Ein Torschütze kann 89 Minuten lang erfolglos sein – wenn er dann das entscheidende Tor schießt, zählt nur noch dieses Tor und nicht mehr das ermüdende Warten. Jäger denken klar zielorientiert statt prozessorientiert. Ihr Ziel ist der Erfolg.

Die Bauern entsprechen den Kühen beziehungsweise Hühnern. Bauern sind auf Verlässlichkeit aus: Sie hegen und pflegen ihren Hof und erwarten zuverlässige Ernte. Sie gehen nicht raus in den Dschungel in der Hoffnung auf große Beute. Schon die Arbeit auf dem Feld empfinden sie als aufregend – während Jäger das Traktorfahren belächeln. Bauern glauben: Kontinuierliche Arbeit führt zu kontinuierlichem Ertrag. Die

Verstehen Sie, wie Arbeit wirklich funktioniert!

Erträge sind geplant und absehbar. Bauern sind Könige der Effektivität: Sie sind zufrieden, wenn sie überhaupt etwas tun. Dass sie sich abrackern und für ihre Arbeit relativ wenig verdienen, kümmert sie nicht. Hauptsache, es kommt irgendetwas dabei rum.

Und jetzt wird es spannend: Neben Jägern und Bauern gibt es auch noch Großbauern – die Super-Kühe. Großbauern sind die Chefs der Bauern. Keine Führer, sondern Manager. Großbauern managen große Bereiche kleinteiligen Wirtschaftens. Großbauern sind eben keine Jäger, denn ihnen mangelt es meist an unternehmerischem Mut, an einer Geschäftsidee oder an der nötigen Einstellung für ihr eigenes Ding und oft genug auch an divergenter Intelligenz. Auch wenn sie auf der Karriereleiter bis ins Top-Management eines Konzerns aufgestiegen sind – sie sind und bleiben Bauern. Ein Jäger würde nicht die Mühsal auf sich nehmen und sich in einer komplexen Struktur mit Flurfunk, Montagmorgen-Frust und absurden bürokratischen Gesetzmäßigkeiten hocharbeiten. Denn Jäger wissen: In den allermeisten Fällen wird der Handlungsspielraum immer enger, je höher man als Großbauer auf der Karriereleiter klettert. Am Ende lebt man eingekastelt in einer hohen Position, auf der von oben mächtiger Erfolgsdruck lastet, die einem aber kaum die Möglichkeit zu unternehmerischen Entscheidungen lässt – und Jäger dulden niemanden über sich. Zugleich verdienen sehr viele Großbauern im mittleren Management noch viel zu wenig Geld angesichts der Last, die sie tragen – das Schmerzensgeld für die Unfreiheit ist viel zu gering. Viele Großbauern sind unterbezahlte, machtlose Mächtige. Jäger würden das nicht ertragen: Jäger wollen den Profit aus ihrem Handeln einstreichen, mehr Geld verdienen als Großbauern und zugleich mehr Einfluss auf die unternehmerische Strategie haben. Sie wollen den Lauf der Dinge selbst bestimmen und machen daher eher ihr eigenes Unternehmen auf.

Konzerne sind Bauernhöfe, Mittelstandsunternehmen Jagdhütten

Manchmal erkennt ein Bauer während seines Werdegangs zum Großbauern, dass er umso unfreier wird, je höher er aufsteigt – und erinnert sich an seine Zeit als einfacher Bauer, in der er sich zur Not wegducken konnte. Da hat er zwar noch weniger verdient, fühlte sich aber freier.

Andere Bauern wiederum erkennen auf dem Weg nach oben ihr Jagd-Potenzial, steigen aus und werden Jäger. Viele Großbauern spüren einen Jäger-Anteil in sich, bleiben aber dennoch Großbauern. Sie folgen dem Arbeitnehmer-Dogma und verlassen sich ebenso auf die Legende, feste Jobs seien sicher, wie es die einfachen Mitarbeiter tun, die sie hin und wieder feuern.

Die Unterscheidung zwischen Großbauern und Jägern verrät sehr viel über unsere Wirtschaftswelt. Sie macht deutlich, dass Manager großer Konzerne keine Unternehmer sind. Sie zeigt, warum Manager oft ohne Sinn fürs Risiko mit Geld jonglieren – es gehört ihnen schließlich nicht. Dagegen stellen die Eigentümer inhabergeführter Mittelstandsbetriebe stets die Frage nach Effizienz und Ergebnissen. Der Großbauer-Jäger-Vergleich erklärt die Konflikte zwischen Eigentümerfamilien und ihrer Unternehmensleitung. Es gibt Kollisionen zwischen den Denkweisen von Jägern und den Denkweisen von Großbauern. Es sind zwei völlig verschiedene Sichtweisen. Insofern lassen sich anonyme Konzerne ohne Eigentümer aus Fleisch und Blut mit Bauernhöfen und Mittelstandsunternehmen mit Jagdhütten vergleichen.

Wo sehen Sie sich? Sind Sie Jäger? Sind Sie Bauer? Oder etwa Großbauer? Und: Wo wollen Sie hin? Wollen Sie Großbauer werden? Oder sind Sie schon Großbauer und wollen ein noch größerer Großbauer werden? Wollen Sie vielleicht sogar Großbauer im Verband der Großbauern werden? Oder wollen Sie möglicherweise Jäger werden?

Warum Arbeitnehmer meist unterbezahlt sind

Eines sollte klar sein: Bauern sind per se unterbezahlt. Und zwar aus einem einfachen Grund: Weil es sich sonst für kein Unternehmen lohnen würde, sie anzustellen. Ein Arbeitnehmer sollte dem Unternehmen mehr einbringen, als er kostet – sonst ist es sinnlos, ihn zu beschäftigen. Das dürfte jeder Arbeitnehmer mit ein wenig Sinn für Ökonomie verstehen. Oder würden Sie gerne überteuerte Produkte kaufen?

Die Folgen spüren Arbeitnehmer in der Regel deutlich: Unternehmen verlangen immer mehr Leistung für weniger Geld. Ein Klassiker ist es, die Marketingabteilung eines Unternehmens in eine externe Gesellschaft auszulagern – damit sind die alten Verträge passé, und man kann die gleichen Leute für mehr Arbeit beschäftigen und ihnen weniger bezahlen. In vielen Branchen ist das üblich. Auch Krankenhäuser sind dafür berühmt, die Leute systematisch unterzubezahlen: Wer schon Arzt werden will, soll sich in seiner Zeit als Anfänger dann bitte auch möglichst effizient ausbeuten lassen. Das Motto gleicht einer Erpressung: Entweder du spielst mit, oder du bist raus. Eine Zumutung, die sich Adler, Nashörner und Jäger nicht gefallen lassen.

Falls Sie Opfer einer solchen Situation sind, können Sie sich ja einmal fragen, wie lange Sie das noch mitmachen wollen. Sie kennen die Redensart, wenn Sie jemandem den kleinen Finger reichen? Das Gleiche gilt bei Erpressungen: Auch wenn Sie zahlen, sitzt der Erpresser noch am längeren Hebel. Er wird die Erpressung fortsetzen.

Auf der anderen Seite ist es für Unternehmer mitunter ein Problem, zu teure Leute loszuwerden. Zu teuer sind Mitarbeiter dann, wenn sie weniger bringen, als sie kosten. Oder wenn es preiswerte Alternativen gibt. Als Verbraucher ärgern Sie sich auch, wenn Sie nach dem Kauf feststellen, dass man Ihnen ein überteuertes Produkt angedreht hat – und könnten Sie die Entscheidung zurücknehmen, würden Sie es tun. Unternehmer können jedoch mangelhafte Arbeitskräfte nicht einfach feuern: Damit selbst ineffektive Arbeitnehmer nicht so schnell auf der Straße landen, gibt es in Deutschland den Kündigungsschutz. Der hat eine skurrile Folge: Weil Arbeitnehmer so hervorragend geschützt sind, sind Unternehmer sehr zurückhaltend, wenn es um Einstellungen geht. Was, wenn die Geschäfte schlechter laufen? Diese Zwangslage in der Kombination mit dem gesellschaftlich trainierten Arbeitnehmer-Dogma ist fatal, denn die Leute scheitern ja zu Tausenden mit ihren Bewerbungen nach altem Muster. Dass wir ein Volk von Arbeitnehmern und Arbeitslosen sind, ist eine Folge politischer Entscheidungen, mit denen wir im Sinne von »action« auf unsere heutige absurde Situation hingearbeitet haben.

Arbeitnehmer sind Unternehmer mit nur einem Kunden

Spannenderweise ist ein Bauer, der seine Arbeitskraft einem Jäger verkauft, nicht nur unterbezahlt, sondern er verpflichtet sich auch, keine anderen Jäger zu beliefern. Arbeitsverträge sind Exklusivverträge. Arbeitnehmer verkaufen ihre Leistung in aller Regel an einen einzigen Kunden und unterwerfen sich dem Verbot, andere zu beliefern. Ist das nicht absurd? Nebentätigkeiten muss man sich erlauben lassen – trotz verfassungsmäßig gesicherter Berufsfreiheit. Stellen Sie sich einen Lieferanten vor, der seinen Stammkunden um Erlaubnis bitten muss, sein Produkt auch anderweitig zu verkaufen. Ein Zustand, den sich Jäger eher nicht gefallen lassen – auch darum werden Jäger-Typen selten Bauern. Doch Millionen von Menschen halten diese Zustände für normal. Das konvergente Musterabgleichsdenken des Arbeitnehmer-Dogmas hinterfragt solche Dinge nicht. Auch ich nicht, als ich noch Angestellter war. Damals hatte ich nicht nur keinen Einfluss auf das operative Geschäft, sondern es gab auch für mich persönlich keine Fehlertoleranz. Alles hing auf Gedeih und Verderb vom Wohlergehen meines Arbeitgebers ab. Aus heutiger Sicht hatte ich wie ein Zocker alles auf eine Karte gesetzt. Als die Kleinanzeigen branchenweit ins Internet abwanderten, war das das erste Alarmzeichen für fast alle Printmedien Deutschlands. Die Auflagen rauschten ins Bodenlose. Doch leider interessieren sich Angestellte selten für solche Alarmzeichen, weil sie den Markt nicht aus Sicht eines Unternehmers sehen. Außerdem sind sie zu sehr eingelullt durch die trügerische Sicherheit ihrer monatlichen Gehaltszahlungen. Wir Redakteure konzentrierten uns also auf unser Kerngeschäft: Wir taten das, was wir schon immer taten. Wir schrieben über Entlassungen und Managementfehler in anderen Unternehmen. Mir war nicht klar, dass Selbstständigkeit eine realistische Alternative war. Mein Kopf steckte tief im Sand.

Wenn Sie also ohnehin schon Unternehmer in eigener Sache sind, warum sollten Sie dann nicht den ganzen Markt betrachten statt nur den Arbeitsmarkt? Schauen Sie doch nicht nur danach, was dieses oder jenes Unternehmen braucht. Sondern überlegen Sie, was die Menschen brauchen! Letzten Endes dienen Sie ja auch in einem Arbeitnehmerjob den Leuten da draußen – nur eben indirekt. Wenn Sie einen Blick für die Bedürfnisse des Marktes haben, werden Sie mit einem Mal wesentlich mehr Möglichkeiten erkennen, ein ordentliches Einkommen zu bekommen – und Sie werden früher wissen, ob Ihr Arbeitgeber strauchelt.

Tipp 36 Schauen Sie nicht nur danach, was ein bestimmtes Unternehmen braucht. Wichtig ist, was der Markt braucht!

Wie hoch ist Ihr Mehrwert?

Sie finden also dann einen Job, wenn Sie ein Unternehmen davon überzeugen, dass Sie mehr bringen, als Sie kosten – und zwar zuverlässig und langfristig. Wenn ich als Jäger Ihnen begegne und Sie mir überzeugend klarmachen, dass Sie für mein Unternehmen der richtige Großbauer sind, zu dessen Bezahlung ich mich gerne über einen längeren Zeitraum verpflichte, weil es sich für mich lohnt – dann haben Sie gute Chancen auf einen Job. Aber versetzen Sie sich angesichts der arbeitnehmerfreundlichen Situation hierzulande einfach in meine Lage und verzeihen Sie mir, wenn ich in Anbetracht der vielen Verpflichtungen und der hohen Verantwortung durch eine mehrjährige Festanstellung sehr genau hinschaue. Und bitte sehen Sie es mir nach, dass ich nur Leistungen einkaufe, die für mich komplett transparent und mit allerhöchster Wahrscheinlichkeit ertragreich sind.

Und jetzt betrachten Sie das Ganze noch einmal von außen: Wenn Sie wirklich spitze sind, dann würde nicht nur ich Sie einkaufen wollen. Sie wären dann gut beraten, keinen Exklusivvertrag mit mir einzugehen, sondern viele Aufträge von vielen gut zahlenden Kunden einzusacken. Sie könnten aus Ihren 3000 Euro netto monatlich 12 000 Euro netto machen, und das einfach dadurch, dass Sie für mehrere Auftraggeber tun, was Sie können. Sie müssten sich eben ein wenig konzentrieren und vor allem effizienter arbeiten, also mit wenig Aufwand möglichst gute Ergebnisse erzielen. Nach einer intensiven Vorbereitung könnten Sie auch ein bisschen Tempo rausnehmen und mit weniger Stress in Ruhe mehr Geld verdienen. Und Ihr Leben hinge nicht mehr nur von einer einzigen Einkommensquelle ab. Wie wäre das?

Und wie steht es um Ihre Kolleginnen und Kollegen? Was machen die? Erkennen die alle diese Zusammenhänge, oder ist deren Unwissen Ihr Wettbewerbsvorteil? Ist der Mehrwert Ihrer Kolleginnen und Kollegen größer oder kleiner als Ihrer? Schauen Sie sich mal um und schätzen Sie, was die Leute dem Unternehmen tatsächlich bringen. Sicher gibt es einige, die zum Erfolg rein gar nichts beitragen. Die würden Sie doch feuern, wenn Sie der Adler wären, oder nicht? Arbeiten Sie also vor allem an Ihrem persönlichen Mehrwert: Je höher, desto besser, und je geringer, desto eher landen Sie auf der Abschussliste.

Ihre ständigen Fragen in einem Arbeitsverhältnis sollten demnach sein: Bin ich eine zuverlässige Quelle für Wertschöpfung? Ziehe ich konkrete Aufträge an Land? Bin ich beispielsweise so gut vernetzt, dass ich für mein Unternehmen ertragreiche Kooperationen anschleppe? Sie sehen: Es geht wieder darum, unternehmerisch zu denken – auch in einem festen Job. Markt ist immer und überall, und sich davor zu verstecken bringt überhaupt nichts außer bösen Überraschungen. Erst wenn Sie einen hohen Mehrwert mit der Perspektive der Steigerung haben, darf Ihr Arbeitsplatz als halbwegs sicher gelten – sofern nicht der ganze Laden oder die Branche abschmiert. Aber für diesen Fall haben Sie ja dann sicher Ihren Plan B.

Tipp 37

Steigern Sie Ihren Mehrwert!
Je höher er ist, desto sicherer ist Ihr Job.

Das Unternehmen – Staat im Staat

Bei der Betrachtung der Arbeitswelt sollten wir auch einen Blick auf die Unternehmen werfen, also in die Organisationen, für die die Menschen arbeiten. Sicher gibt es auch öffentliche Arbeitgeber, aber in der Regel sind Arbeitgeber privatwirtschaftlich organisiert – oft auch dann, wenn der Eigentümer der Staat ist.

Für Mitarbeiter von Unternehmen ist es normal, Mitarbeiter von Unternehmen zu sein. Das Arbeitnehmer-Dogma ist tief verankert. Und es bewirkt, dass sich Arbeitnehmer in ihrem Arbeitsleben merkwürdigen Regeln und Gesetzen unterwerfen – zum Beispiel dem Verbot der Nebenbeschäftigung, obwohl draußen Berufsfreiheit gilt.

Und das ist nicht das einzige beschnittene Recht. Während sonst überall Meinungsfreiheit herrscht, ist es im Unternehmen nicht immer erlaubt, zu sagen, was man denkt. Hier lebt man in einer eigenen Welt, die sich von der gewöhnlichen Welt draußen nahezu abschottet. Während die Leute draußen regelmäßig ihre Parlamente wählen, herrscht im Unternehmen eine Diktatur. Unternehmen sind Systeme, die sich in der westlichen Welt zwar in Staaten ansiedeln und sich an deren Gesetze zu halten haben, die aber zugleich ihre eigenen Regeln aufstellen und damit letztlich Staaten im Staate sind. Die Gesetze in Unternehmen muten hin und wieder geradezu absurd an: In manchen Unternehmen tragen die Leute zur Erkennung Kleidungsstücke, die auf

Externe lächerlich wirken. Andere zwingen ihre Mitarbeiter zu einer Wortwahl, die ebenso befremdlich wirkt. Innerhalb des Unternehmens finden die Leute das »Corporate Kauderwelsch« der Managerschulen normal, aber am Wochenende blicken sie die Freunde schräg an, wenn sie »Benchmark« sagen statt »Maßstab« und »suboptimal« statt »bescheuert«.

Die Welt der Arbeitnehmer ist zweigeteilt: in drinnen und draußen. Arbeitszeit und Freizeit. Dienst und Schnaps. Dieser Unterschied betrifft alle Elemente des Lebens: Beziehungen sind hier dienstlich und dort privat. Das Sagen hat im Unternehmen oft der Höhere, im Privatleben meist derjenige mit den praktikabelsten Ideen. Werte heißen drinnen »Umsatzsteigerung«, »Effizienz« und »Corporate Identity« und draußen »Freundschaft«, »Liebe« und »Spaß«.

Arbeitnehmer müssen ständig die Balance finden zwischen den Ansprüchen des Unternehmens und den Ansprüchen ihres Privatlebens. Am besten lässt sich diese Diskrepanz bei Betriebsfeiern beobachten, auf denen sich scheinbar bekannte Menschen plötzlich von völlig unbekannten Seiten zeigen. Bei den meisten offiziellen Firmenveranstaltungen beginnt irgendwann der inoffizielle Teil, an dem die Herren sich erst ihrer Krawatten und schließlich ihrer Sakkos entledigen. Die Requisiten gehören nur in eine ihrer Welten. Irgendwann am Abend wird es »leger« – und oft auch ordinär, weil sich die in der Unternehmenswelt unterdrückten menschlichen Bedürfnisse ein Ventil suchen. Bei vielen Firmenveranstaltungen zeigt sich anhand der nächtlichen Ausschweifungen, wie sehr die Menschen tagsüber in einem Korsett aus Macht und Kontrolle gefangen sind. Dem Chef die Meinung sagen die meisten aber selbst nach dem zehnten Bier nicht – dieser Kontrollverlust hieße Jobverlust.

Hierarchien wie beim Militär

Während außerhalb der Firmenmauern zwischen der Sekretärin des Unternehmens A und dem Marketingchef des Unternehmens B kein Hierarchie-Unterschied besteht, gibt es ihn aber im selben Unternehmen. Es ist wie beim Militär: Innerhalb der Truppe gilt die Hierarchie, aber gegenüber Zivilisten sind der Oberstleutnant und der Feldwebel gleichberechtigte Vertreter des Militärs. Im Unternehmen steht die Personalchefin über dem Personalreferenten – aber nach Feierabend beim Tanzen im Club sind beide gleich. Dieses Phänomen der Hierarchien, das die Trennung von Arbeit und Leben mit sich bringt, ergibt oft komische Situationen: In der Verhandlung mit zwei Vertretern desselben Unternehmens geraten Ihre Gesprächspartner in einen Hierarchie-Konflikt, wenn Sie sie gleichberechtigt ansprechen. Für die beiden untereinander gilt der »interne Modus«, gegenüber Ihnen aber der »externe Modus«. Aus Sicht eines Außenstehenden sind es schlicht Energie raubende Kommunikationsspielchen.

Peter-Prinzip und Dilbert-Prinzip

Anders als beim Militär gehen Beförderungen in Unternehmen meist nur nach oben. Statt jemanden zu degradieren, wirft man ihn raus oder lobt ihn weg – wobei sich ein Arbeitnehmer dafür allerdings schon eine Menge leisten muss. Und es geschieht auch selten, dass ein Unternehmen einem Mitarbeiter bei Minderleistung die Bezüge kürzt. Die Regel ist eher die, dass Mitarbeiter in Unternehmen entweder da bleiben, wo sie sind, oder aufsteigen.

Einen bekannten und für Organisationen gefährlichen Nebeneffekt solcher Beförderungen beschreibt das sogenannte Peter-Prinzip: Danach werden gute Leute stets so lange befördert, bis sie für ihre Aufgabe ungeeignet sind. In irgendeiner Führungsposition verharren die unfähigen Großbauern dann und machen ihren schlechten Job. Eine andere Variante der Perversion im Unternehmensleben beschreibt das Dilbert-Prinzip nach dem Comic-Zeichner Scott Adams: Danach befördern Unternehmen absichtlich schlechte Mitarbeiter ins Management, weil sie dort bei der konkreten Arbeit am wenigsten stören.

Beide Prinzipien beleuchten die mitunter absurde Dynamik, die Personalentscheidungen oft verursachen, und erklären möglicherweise die vielen Reibungsverluste in größeren Unternehmen und die enormen Managementfehler vor allem in Konzernen. Kommt dann noch konvergentes Denken hinzu, handeln Unternehmen oft völlig an den Kundeninteressen vorbei. Manche bekommen ihr Kerngeschäft nicht mehr auf die Reihe, beispielsweise dass Software verwendbar ist oder dass Eisenbahnen zuverlässig fahren. Die PR-Broschüren und die Werbespots dagegen sind natürlich perfekt.

Verstehen Sie, wie Arbeit wirklich funktioniert!

Falls Sie ein Großbauer sind: Analysieren Sie ehrlich, ob Sie aufgrund des Peter- oder Dilbert-Prinzips an Ihre Position gelangt sind. Falls ja, brauchen Sie dringend einen Plan B.

Tipp 38

Ein Wasserkopf spielt »Stille Post«? Schnell weg hier!

Allerdings gibt es auch enorme Unterschiede zwischen den Unternehmen: Manche sind so komplex strukturiert und haben so viele Pfeifen an sinnlose Stellen befördert, dass die Wertschöpfung des Unternehmens fast komplett für absurde Personalkosten draufgeht. Andere dagegen arbeiten in höchstem Maße effizient.

Wenn Sie einmal in einem Unternehmen drin sind, ist es leicht, zu erkennen, ob Sie in einem absurden Apparat und Bürokratiemonster gelandet sind oder in einer effizienten Struktur. Schauen Sie einfach, wie viele unfähige Führungskräfte auf sinnlose Posten versetzt werden, statt zu fliegen: Wenn es Ihnen so vorkommt wie in der Politik, die gescheiterte Existenzen nach Brüssel schickt, dann sollten Sie sich schleunigst aus dem Staub machen. Auch wenn Meier die Arbeit macht, Schmidt die Arbeit von Meier kontrolliert und Müller die Arbeit von Schmidt im Meeting mit Schulze kommuniziert, damit Schulze das Ganze zur Weiterbearbeitung an Schröder gibt, der es nach der Kontrolle durch Huber an Wegner leitet, der wiederum das ganze Projekt kippt, weil Fischer den Etat gekürzt hat, haben Sie es mit so einem Brüssel-Konstrukt zu tun – ein Wasserkopf, der »Stille Post« spielt. Schnell weg also! Effizientes und sinnvolles Arbeiten sieht definitiv anders aus.

Für Sie dürfte an dieser Stelle des Buches sonnenklar sein, in welchem Unternehmen Ihr Job sicherer ist: in einem effizienten Unternehmen. Denn nur dort können Sie Ihren individuellen Mehrwert messbar beweisen und steigern. In den überfrachteten, absurden Unternehmen können Sie sich vielleicht eine Weile auf Ihrem Posten verstecken, aber sobald ein Trupp Unternehmensberater mit der großen Effizienzsteigerung im Sinn den Laden stürmt, brauchen auch Sie einen Plan B.

Arbeiten Sie am besten in effizienten Unternehmen mit klaren Strukturen und wenigen absurden Arbeitsplätzen. Dort können Sie Ihren Mehrwert am besten beweisen und steigern.

Tipp 39

Wem gehört der Laden hier?

Wie aber erkennt man effiziente Unternehmen von außen? Da gibt es eine Faustregel: Schauen Sie nach dem Eigentümer. Fragen Sie sich: Wem gehört der Laden hier eigentlich? Handelt es sich um ein inhabergeführtes Unternehmen mit einem ansprechbaren Eigentümer oder um einen anonymen Konzern? Steht an der Spitze ein Mensch, zu dessen persönlichem Vermögen die Firma gehört, ist das Interesse an Effizienz und sinnvoller Arbeit mit Sicherheit höher als in einem Unternehmen, dessen Eigentümer wiederum andere Unternehmen sind.

Bei Aktiengesellschaften schauen Sie in den Aufsichtsrat: Sitzen dort Leute, die mit ihrem persönlichen Vermögen an dem Unternehmen beteiligt sind? Dann haben Sie es vermutlich mit sinnvolleren Strukturen zu tun, weil die Leute mit ihrem Eigentum für Managementfehler geradestehen. Dumme Manager bekommen dort auch mal den Kopf gewaschen und fliegen raus. Bei einem Aufsichtsrat, in dem nur Vertreter anderer Unternehmen oder des Staates sitzen, ist das anders: Dort sind die Aufsichtsräte oft die besten Kumpels der Vorstände – der Selbstbedienungsladen eben, von dem hier schon die Rede war. Managementfehler haben für den persönlichen Geldbeutel der einzelnen Manager keine Konsequenz. Und weil man sich in so einem komplexen Geflecht kennt, verabschiedet man sich bei Dummheit gegenseitig mit sehr viel Geld. Der größte anzunehmende Unfall für solche Manager ist der Gesichtsverlust, und das gilt für alle Beteiligten in dem großen Spiel. Da sich Krähen nicht gegenseitig die Augen aushacken und die Versager vom Vorstand lieber in den Aufsichtsrat schieben, ist der Schaden durch Managementfehler in anonymen Konzernen wesentlich höher als in inhabergeführten Betrieben.

Tipp 40 — **Wenn Sie Zugang zu Unternehmen suchen, ziehen Sie solide Mittelständler vor.**

Betriebsrat und Gewerkschaft

In der Welt der Arbeitnehmer spielen selbstverständlich auch Betriebsräte und Gewerkschaften eine große Rolle. Möglicherweise denken Sie, ich hielte von Arbeitnehmervertretungen überhaupt nichts, da die Leute besser ihren persönlichen Weg suchen und ihr Ding machen sollten. Im Grunde denke ich das auch. Sie haben mich im Laufe dieses Buches zu Recht als jemanden kennen gelernt, der auf die Eigenständigkeit der Menschen und auf ihr eigenverantwortliches Handeln vertraut. Aber solange die Leute in bestimmten Lebenslagen der Willkür von Unternehmen ausgesetzt sind, ist es wichtig, dass jemand ihre Interessen gegenüber der Firmenleitung und auch gegenüber der Politik vertritt. Und das ist nun einmal keine eigennützige Sache.

Wissen Sie, was meine Utopie ist? Jeder Mensch weiß, wie er sich selbst auf die Spur bringt. Auf Dauer würde ich mir wünschen, dass jeder mithilfe des Wissens der Erfolgreichen seine persönlichen Fähigkeiten zu einer Positionierung ausarbeitet, die ihresgleichen sucht. In der Folge wäre es Unternehmen nicht mehr möglich, Menschen zu billig zu bezahlen. Sollten beispielsweise alle unterbezahlten Kassiererinnen plötzlich die Zeit und die Möglichkeit finden, sich auf ihre wahren Talente zu besinnen und dadurch zu ihrem Ziel zu gelangen, wäre es sehr schwer, noch Kassiererinnen zu finden, die für die gewohnten Dumpinglöhne arbeiten würden. Die Folge wäre: Die Nachfrage nach Kassiererinnen würde steigen, und damit die Löhne. Die Leute würden es sich dreimal überlegen, in einem Unternehmen für ein geringes Gehalt einen ungeliebten Job zu machen, wenn sie mit ein wenig Gewieftheit viel mehr Geld durch ein paar durchdachte Geschäfte im Internet verdienen könnten.

Doch bis es so weit ist, arbeiten viele nun einmal in Billigjobs. Laut der früheren DGB-Vorsitzenden Ursula Engelen-Kefer arbeiten 25 Prozent der Erwerbstätigen in Billigjobs oder prekären Arbeitsverhältnissen. Und wer jeden Tag Überstunden schrubbt und in Angst vor Fehlern lebt, tagsüber ständig von karrieristischen Filialleitern kontrolliert wird und abends mit Kleinkindern beschäftigt ist, der braucht für diesen Prozess eben möglicherweise ein wenig länger als ein gut verdienender Single mit Freizeit zum Bücherlesen und zu Kongressbesuchen. Man braucht Platz im Kopf. Und diesen gilt es auch bei den Geknechteten des Arbeitsmarktes zu schaffen. Einstweilen brauchen wir also Arbeitnehmervertretungen. Es geht um Unterdrückung, Schikane und so viele Überstunden, dass die Leute bestenfalls an Weihnachten zum Bücherlesen kommen. Betriebsräte und Gewerkschaften können dazu beitragen, dass Menschen mehr Platz im Kopf haben. Und solange Unternehmen Staaten im Staate sind, die die Grundrechte aushebeln, ist ein Kontergewicht auch im System der Auseinandersetzungen so lange nötig, wie Arbeitnehmer die Schwächeren sind. Auf einem wirklich freien Arbeitsmarkt dagegen würden sich nur noch gleichberechtigte Partner begegnen und auf Augenhöhe Deals abschließen – und das könnten wir erreichen, wenn alle Menschen die Fähigkeit zur Selbstbestimmung und Selbstverwirklichung nutzen würden, die bisher vor allem Selbstständigen und Führungskräften vorbehalten ist.

Gewerkschafter glauben ans Arbeitnehmer-Dogma

Generell also habe ich eine enorme Hochachtung vor den Leuten, die in menschenfeindlich agierenden Unternehmen einen Betriebsrat auf die Beine stellen und für die Rechte der Kolleginnen und Kollegen kämpfen, und das zumeist extrem unterbezahlt. Es sind Idealisten ähnlich wie Tierschützer oder Ehrenamtliche: Sie setzen sich für eine Sache ein, mit der unmittelbar kein Geld zu verdienen ist. Sie stellen auch der Unternehmensleitung eine Instanz und Ansprechpartner zur Verfügung.

Zugleich folgen Betriebsräte und Gewerkschafter oft einem bestimmten Denkmuster und entspringen vielleicht sogar bestimmten sozialen Milieus, zumindest die, denen wir im Alltag begegnen. Sie kommen nun einmal selten aus Unternehmerfamilien. Viele sind klassisch sozialdemokratisch, alternativ oder linksliberal geprägt und fest im Arbeitnehmer-Dogma verankert – wie der verkrachte Typ, der damals mein Existenzgründerseminar gab. Ihre Aufmerksamkeit gilt den Werktätigen. In Konfrontation mit der Denke der Jäger und Großbauern erklären sich viele Konflikte zwischen Managern und Betriebsrat plötzlich ganz einfach. Ähnlich wie bei der Konfrontation zwischen Selbstständigkeit und Staat sind auch hier die Denkmuster verschieden wie Hund und Katze. Insofern ist es wichtig, dass beide Seiten sinnvoll miteinander kommunizieren können.

Tipp 41

Beachten Sie, dass Arbeitnehmervertreter oft zu einem bestimmten Menschenschlag mit einer klaren sozialen Prägung gehören, der selten unternehmerisch denkt.

Die Selbstständigen

Anders als die Arbeitnehmer, die ihren Arbeitgebern ein Produkt exklusiv verkaufen und von ihm abhängen, dürfen Selbstständige aus mehreren Geldquellen schöpfen. Das ist ihr entscheidender Vorteil. Bricht ein Kunde weg, gibt es genügend andere, die zum Einkommen beitragen. Mein Plan für die Zeit nach meinem Dasein als Bauer war ein Mix aus unterschiedlichen Seminarthemen, durch den ich Coaching-Inhalte bei Organisationen verschiedenster Art unterbringen konnte, vor allem bei Unternehmen. War ein Thema nicht gewünscht, kam vielleicht ein anderes in Frage. Brach ein Kunde weg, gab es andere. In der Wirtschaft nennt sich dieses Vorgehen »Diversifikation«. Ich weiß, das ist ein fürchterliches MBA-Modewort, aber vielleicht lassen Sie sich deswegen nicht davon abhalten, den Sinn des Wortes zu sehen. Diversifikation ist einfach eine Risikoverteilung. Das Prinzip lautet Fehlertoleranz: Fällt das eine aus, zieht das andere.

Sie können Risiken in Ihrem Leben niemals ausschließen. Aber Sie können versuchen, sie mithilfe von Alternativen zu minimieren. *Tipp 42*

Damit ein Konzept nicht wie ein Bauchladen aussieht, können Sie sich thematisch auf ein Kerngeschäft konzentrieren: In den meisten meiner Seminare beispielsweise geht es darum, gewohnte Denk- und Kommunikationsmuster in Frage zu stellen und dadurch mehr Möglichkeiten zu sehen als zuvor. Umdenken und Perspektivenwechsel sind das Prinzip. Wobei Sie sich natürlich auch so aufstellen können, dass Sie grundverschiedene Dinge anbieten, ohne es als Bauchladen erscheinen zu lassen: Die Firma »Mars Deutschland« zum Beispiel stellt nicht nur Produkte wie »Mars«, »Twix« und »Amicelli« her, sondern auch »Whiskas« und »Chappi«. Auf der Internetseite[10] sehen Sie, wie man als Unternehmen diversifiziert arbeitet und sich zugleich innerhalb der Marken aufs Kerngeschäft konzentriert. Die Marken des Unternehmens sind fest im Denken der Menschen verankert, und ihre Botschaften sind deutlich. »Katzen würden Whiskas kaufen.«
Diversifikation heißt für Sie, dass Sie einen Plan B haben. Und

---

10 www.mars.de/Germany/de/Our+brands.htm

vielleicht auch einen Plan C und einen Plan D – so viele Alternativen, wie Sie wollen. Machen Sie es wie »Mars«: Hat Ihr Kunde genug von »Twix«, isst er eben ein »Balisto«. Sein Geld fließt immer noch in die gleiche Kasse.

Tipp 43 Überlegen Sie, inwieweit Sie Ihre Fähigkeiten diversifizieren können.

Genauso sollten Sie es auch machen: Je mehr Einkommensquellen Sie haben, desto sicherer leben Sie. Versiegt die eine, leben Sie noch immer von den anderen. Im Grunde ist das ganz einfach. Wer beim Roulette alles auf eine Zahl setzt, lebt mit einem höheren Risiko als jemand, der seine Einsätze verteilt. Im Alltag wenden die Menschen dieses Prinzip auch ohne zu murren an: Fährt die U-Bahn nicht, nehmen sie den Bus. Ist im Restaurant das Steak aus, essen sie eben eine Pizza. Ist kein Kaffee da, trinken sie Tee. Unser Leben ist vom ständigen Improvisieren geprägt, am laufenden Band finden wir uns mit Ersatzlösungen ab. Und wer sich nicht auf seine Erwartungen versteift und loslassen kann, lebt damit sehr gut.

Viele Trainer und Coachs beispielsweise leben von Seminaren und Vorträgen, Buchhonoraren, CD-Kursen, Beteiligungen an Seminarunternehmen, Lizenzen, Provisionen für vermittelte Aufträge, Online-Kursen, E-Books und kostenpflichtigen Abonnements. Die Einkommensverhältnisse mancher Selbstständiger durchschaut letzten Endes oft nur das Finanzamt. Aber das macht nichts, solange es funktioniert.

Freiheit und die Chance, das Einkommen zu erhöhen

Schließlich sind Sie in der Selbstständigkeit freier als in einem festen Job. Sie begegnen heute dem Menschen, mit dem Sie ein Projekt aufziehen. Morgen begegnen Sie jemandem, den Sie beraten. Übermorgen holen Sie denjenigen in Ihr Projekt. Die Kooperationsanfrage des Nächsten lehnen Sie ab, weil Sie ihn nicht leiden können oder für unsolide halten.

Als Selbstständiger sind Sie frei, zu tun und zu lassen, was Sie wollen. Das Ergebnis sind oft verwirrende Buchhaltungen und jede Menge über Kreuz geschriebene Rechnungen und Gutschriften, aber das sollte Sie nicht stören. Gewiefte Selbstständige leben durch die geschickte Multiplikation ihrer Leistungen, und die abrechnungstechnischen Folgen sind buchhalterischer und fiskalischer Kleinkram, den sie auslagern. Das scheinbare Chaos ist gar nichts im Vergleich zu den Verflechtungen zwischen Konzernen, in denen viele Leute angestellt sind – und das stört offenbar auch niemanden.

Gegenüber den meisten Arbeitnehmern genießen Selbstständige einen weiteren enormen Vorteil: Sie können, falls nötig, ihr Einkommen erhöhen. Das klingt unglaublich, aber es ist ein Vorteil des Systems der Selbstständigkeit, der wiederum auf einem Unterschied zwischen verschiedenen Denkmustern beruht. Während Arbeitnehmer meist fragen: »Wie hoch ist mein Einkommen, und was kann ich mir dafür leisten?«, fragen erfolgreiche Selbstständige genau andersherum: »Wie viel Geld brauche ich? Was will ich mir leisten, und wie viel Geld muss ich dazu einnehmen?«

Wenn Arbeitnehmer hingegen zum Chef gehen und sagen: »Hey, Boss, ich brauch' mehr Geld«, ist es logisch, dass sie sich eine Abfuhr holen. Und das ist aus mehreren Gründen auch klar: Erstens ist der Chef meist kein Jäger, sondern ein Großbauer, und lebt selbst von einem hart verhandelten Gehalt. Warum soll er jemandem etwas schenken? Zweitens sind die Bezüge von Arbeitnehmern Teil des Deals »Leistung gegen Geld«. Jäger und Unternehmen erhöhen zwar wie selbstverständlich die Preise auch bei laufenden Verträgen, aber im selben Unternehmen sorgen Großbauern dafür, dass das gleiche Handeln gegenüber dem Unternehmen als unverschämt gilt.

Nebenbeschäftigung als Sprungbrett

Sofern Sie nicht gleich sagen, Sie werfen Ihren Job hin, sondern sich für ein Dasein als Arbeitnehmer entscheiden – und eine solche Entscheidung ist ja kaum noch eine Entscheidung fürs ganze Leben –, können Sie selbst als Arbeitnehmer Ihr Einkommen einigermaßen diversifizieren. Es ist ein bisschen schwieriger, als selbstständig zu sein, weil Ihr Arbeitgeber Ihnen trotz der grundgesetzlich verbrieften Berufsfreiheit Grenzen setzt. Aber es ist machbar. Die Aufgabe lautet: Stellen Sie sich mit einer Nebentätigkeit so auf, dass Sie beim Verlust des Arbeitsplatzes nur geringe Einbußen haben. Ihre laufenden Kosten müssen gedeckt sein,

Sie müssen durchgängig liquide sein und Rücklagen bilden können. Und wenn Sie Ihren Hauptjob verlieren sollten, legen Sie noch in der Woche Ihrer Kündigung los und fahren ihre bisherige Nebentätigkeit auf hundert Prozent hoch.

Ich kenne einen Behördenmitarbeiter, der nebenberuflich auf Rechnung EDV-Systeme pflegt. In einem Zimmer seiner Wohnung türmt sich IT-Technik. Dieses Zimmer ist für den Mann das, was für andere der Bastelkeller ist – er liebt es. Mit einem bedeutenden Unterschied: Er bringt die Rechner vieler Leute in Ordnung und kassiert dafür. Und während die meisten Menschen in ihren Hobbys brotlose Dinge tun, kann er mit seiner Ausrüstung sofort ein Business aufmachen und loslegen. Er ist nun einmal IT-Crack, und auch noch einer der besten, die ich kenne. Im Falle eines Jobverlustes ist er hervorragend aufgestellt. Er liest die Computerpresse und saugt alles in sich auf, was neue Betriebssysteme, Software und anderen IT-Kram betrifft.

Auch Sie können sich neben Ihrem Beruf etwas aufbauen. Sie müssen nicht einmal jemanden um Erlaubnis bitten – in Ihrer Freizeit dürfen Sie Pläne schmieden, Kontakte knüpfen und Strategien entwickeln, wie Sie wollen. Sie müssen Ihre Freizeit nicht vor dem Fernseher verbringen, Sie dürfen auch Ihre Selbstständigkeit vorbereiten. Sie brauchen Ihren Chef nicht darum zu bitten, eine Nebentätigkeit zu genehmigen, wenn Sie still und heimlich zu Hause am Rechner oder in der Werkstatt Ihren Durchbruch vorbereiten – Bescheid sagen müssen Sie erst, wenn Sie ein Gewerbe anmelden oder Geld einnehmen. Und da vor jeder Geldeinnahme eine Phase der Planung und auch der Investitionen steht, können Sie als Arbeitnehmer schon jetzt loslegen.

Tipp 44   **Richten Sie schon während Ihres Daseins als Arbeitnehmer Ihren gedanklichen Hobbykeller so ein, dass Sie damit bei Arbeitsplatzverlust sofort Einnahmen generieren können.**

In der Zeit, in der Sie bisher nutzlosen und teuren Hobbys nachgegangen sind, können Sie mit dem gleichen Aufwand die Startrampe für Ihr Coming-out bauen. Sie können sich nach Feierabend kontinuierlich durchs Internet fräsen und alles zum Thema Online-Marketing aufsaugen. Sie können ein Blog zu Ihrem Thema schreiben und eine Community von Fans und potenziellen Kunden und Partnern aufbauen. Sie können als angestellter Rechtsanwalt Ihr persönliches Rechtsgebiet aufbauen und Ihre Positionierung im Internet dazu planen. Statt Romane und Comics zu lesen, können Sie alle Bücher aus dem Literaturverzeichnis hinten in diesem Buch fressen. Sie können Messen und Kongresse besuchen und Kontakte knüpfen. Hauptsache, Sie sitzen nicht untätig rum!

Wie die Arbeitswelt morgen aussieht

Inwieweit stimmen Sie folgenden Aussagen zu?	1 = trifft in jeder Hinsicht zu; 5 = trifft überhaupt nicht zu				
Die sozialversicherungspflichtigen Arbeitsplätze sind auf dem Rückzug.	①	②	③	④	⑤
Die politische Debatte über das Renteneintrittsalter ist sinnlos, weil eine heute festgelegte Zahl in dreißig Jahren kaum noch Bestand haben wird.	①	②	③	④	⑤
Industriejobs werden immer mehr ins Ausland abwandern.	①	②	③	④	⑤
Der Kostendruck, der auf Unternehmen lastet, wird in den nächsten Jahren zunehmen.	①	②	③	④	⑤
Der hohe Stress, dem Arbeitnehmer heute ausgesetzt sind, wird nicht nachlassen.	①	②	③	④	⑤
Die Gesellschaft wird nicht auf die Idee kommen, dass es ihr auf Dauer guttut, das Tempo ein wenig zu drosseln und Ansprüche und Bedürfnisse herunterzuschrauben.	①	②	③	④	⑤
Belegschaften von Unternehmen werden sich nicht stärker solidarisieren als bisher, sondern jeder wird nach seinem Glück schauen.	①	②	③	④	⑤
Die Gewerkschaften werden es nicht schaffen, dass Arbeitnehmer glücklich und erfolgreich arbeiten können und dabei sicher sind.	①	②	③	④	⑤

Wie Sie in Zukunft arbeiten werden, bestimmen in allererster Linie Sie selbst. Wenn Sie ehrlich zu sich sind und die Sicherheit verloren geben, die es in der Vergangenheit vielleicht einmal gab, dann haben Sie eine wichtige Erkenntnis für sich gewonnen. Nichts ist sicher. Aber Sie können in Ihrem Leben die bestmögliche Sicherheit erreichen, wenn Sie sich selbst darum kümmern. Verlassen Sie sich in erster Linie auf sich allein. Was mit Ihnen geschieht, hängt von Ihnen ab. Denn die einzige Konstante in dieser sich verändernden Welt sind Sie. Sie werden auch in ein paar Jahren noch ein Einkommen haben wollen.

Eine generelle Prognose für die Zukunft des Arbeitslebens abzugeben ist schwierig. Ken Robinson sagt zu Recht, dass wir nicht einmal fünf Jahre vorhersagen können. Wir könnten zunächst einmal die letzten Etappen der Vergangenheit betrachten und unterstellen, dass die Entwicklung so weitergeht. Was meinen Sie, was dabei in der Zukunft herauskommt?

- Unternehmen verlagern die Produktion immer mehr in Länder mit preiswerteren Arbeitskräften. Zuerst waren es Güter wie Kleidung und Spielzeug, dann waren es Dienstleistungen wie Hotline-Kundenbetreuung, und heute lassen Berliner Hotels ihre Wäsche in Polen waschen. Das bedeutet: Produktionsjobs und einfache Dienstleistungen spielen in Deutschland eine immer geringere Rolle. Die Abwanderung hat längst begonnen, und sie wird weitergehen. Aus Sicht der Unternehmen ist das ökonomisch vernünftig, und daher wird die Politik diese Entwicklung nicht stoppen können.

- Unternehmen verbünden sich, um Inhalte nicht mehrfach produzieren zu müssen, die man auch einmal produzieren und dann breiter multiplizieren kann. So werden Redaktionen zusammengelegt, und eine verringerte Truppe schreibt die gleichen Inhalte für mehrere Zeitungen mit einer insgesamt höheren Auflage. Das bedeutet: Arbeitsplätze in der Medien- und Musikindustrie sind nicht mehr sicher, auch wenn sie vor wenigen Jahren noch höchst schick waren.

- Viele Unternehmen gehen auf dem Zahnfleisch, obwohl sie Gewinne machen. Das Management steht unter Druck von oben – oft wollen Vorstände und Eigentümer nur nackte Zahlen sehen, der Rest interessiert sie nicht. Bricht die Nachfrage ein, soll das

Management die Personalkosten kürzen, aber die Gewinnmarge muss erhalten bleiben. Dass das Personal leidet und die Zahl der Reklamationen steigt, ist solchen Managern oft egal. Das muss das Personal aushalten – für den Stress werden sie schließlich mit ihren Gehältern entschädigt.

- Unternehmen bauen unter dem enormen Preisdruck Personal ab. Denn eigenes Personal ist teurer und durch Institutionen wie Betriebsräte nerviger als der Einkauf von Leistungen von außerhalb. Also kauft man Arbeit lieber bei externen Anbietern ein, die dann die Last und den Ärger mit den Beiträgen zur Sozialversicherung haben oder sie durch Lohndumping umgehen. Zugleich müssen immer weniger Leute, die in den Unternehmen verbleiben, immer mehr arbeiten. Die Führungsetagen verlangen von ihren Belegschaften per Salamitaktik bei jeder Veränderung mehr: Wenn bisher so viel ging, geht künftig auch mehr. Die Folge: Es macht immer weniger Spaß, in Unternehmen zu arbeiten. Die Menschen werden krank. Und auch wer sich diese Spirale nicht gefallen lässt, ist bald weg.

- Aufgrund des Preisdrucks, des Lohndumpings und der geringen Motivation der Beschäftigten sinkt die Qualität der Produkte. Die Kunden werden unzufriedener. Insgesamt arbeiten Unternehmen schlampiger und nachlässiger, viele Leute vermissen an Produkten und Kundenservice Liebe und Hingabe. Das bedeutet: Unternehmen überschwemmen uns mit immer minderwertigeren Produkten, und das Image der Unternehmen in der Öffentlichkeit sinkt.

- Zugleich stehen viele Unternehmen unter enormem Innovationsdruck, wie man vor allem in der IT-Branche sieht, die sich oft genug mit fehlerhaften Produkten auf den Markt traut. Hersteller entwickeln außerdem zunehmend Produkte, die die Menschen nicht brauchen, und erzeugen mithilfe eines geschickten Marketings und der provozierten Vergänglichkeit von Software eine künstliche Nachfrage. Das bedeutet: Unternehmen erhalten zunehmend Scheinmärkte aufrecht und produzieren Luftblasen.

- Je größer ein Unternehmen, desto stärker sind die Reibungsverluste durch die Kommunikation. Man spielt »Stille Post«, und zahlreiche Abteilungen arbeiten nicht im Sinne des Unternehmens. Die Effizienz der großen Unternehmen sinkt.

- Der Vertriebsweg Internet erlaubt, dass Konsumenten und Nutzer ihre Produkte weltweit einkaufen und damit oft die höheren Preise im Inland umgehen. Der Markt wird transparenter, und die Preise sinken, weil die Leute auf der Suche nach dem billigsten Angebot sind. Das wiederum treibt die Abwärtsspirale aus niedrigen Preisen und geringer Qualität noch weiter nach unten.

- Das Internet und seine Orientierung an Google fördert eine Platzhirschmentalität auf den Massenmärkten: Entweder man ist mit seiner Positionierung und seinem Produkt auf Platz eins oder kann einpacken. Was groß ist, wird nach der Logik des Internets größer; was klein ist, wird bald von einem Großen geschluckt oder versinkt in der Bedeutungslosigkeit. Die Folge: Am Ende dominieren wenige Global Player die Massenmärkte. Deren Nachteil: Sie sind groß und schwerfällig. Wenn es Veränderungen gibt, dann kommen sie plötzlich und heftig.

- Zugleich steigen die Chancen für Nischenprodukte, weil es für Nachfrager ausgefallener Angebote durch das Internet nun die Möglichkeit gibt, jedes passende Produkt zu finden.

Und jetzt fragen Sie sich, was Sie aus dieser Entwicklung machen. Sich darüber zu beklagen hat keinen Sinn – das bringt Sie nicht weiter. Wie sieht also die Arbeit der Zukunft aus?

Sicher ist es Unsinn, Prognosen abzugeben. Niemand weiß, wie sich die Märkte entwickeln werden. Aber aus der Liste der Horrornachrichten ergibt sich ebendieser eine, letzte Punkt: Das Internet gibt Nischenprodukten eine wesentlich größere Chance als jemals zuvor. Das Phänomen dahinter beschreibt die »Long-Tail«-Theorie von Chris Anderson. Sie besagt: In ihrer Summe können Nischenprodukte für die Platzhirsche zur Gefahr werden. Deswegen ist ein Unternehmen wie E-Bay so erfolgreich: Sie finden dort mit Sicherheit genau die Armbanduhr, die Sie sich wünschen. Es ist nur eine Frage der Zeit, die Sie vor dem Rechner verbringen. Bei E-Bay und auch bei Amazon tummeln sich mitunter die allerkleinsten Händler, aber indem sie mit ihren Angeboten Millionen von Menschen einfach erreichen, gefährden sie mit der Summe ihrer Umsätze die herkömmlichen großen Anbieter. Und jeder der kleinen Anbieter hat die Chance, durch die enorme Breitenwirkung größer zu werden und den Großen immer mehr Umsatz abzujagen. Für den einzelnen Händler können die Umsätze durchaus genügen, um komfortabel zu leben und seine Familie zu ernähren.

An vielen Arbeitnehmern geht diese Entwicklung geräuschlos vorbei. Sie sehen diese Chancen nicht, weil sie im Arbeitnehmer-Dogma gefangen sind und das Dogma den Blick nach außen ausschließt. Und das, obwohl diese Leute höchst unzufrieden sind und etwas verändern wollen: Sie arbeiten zu viel für zu wenig Geld in einem unsicheren Job. Sie machen sich Sorgen und schlafen schlecht. Sie meckern und jammern in ihrer Freizeit über den Beruf und die miese Laune ihrer ebenfalls unglücklichen Chefs, die unter Erfolgsdruck stehen. Sie haben letztlich keine Kontrolle mehr über ihr Arbeitsleben, denn sie wissen nie, wann der Personalchef zum Gespräch bittet. Es kann jederzeit sein. Deswegen ist es nicht nur nötig, sich einen Plan B zuzulegen, sondern sich auch in der Arbeitswelt von morgen umzuschauen. Nun geht es darum, dass Sie aus den neuen Verhältnissen etwas machen. Es geht darum, dass Sie sich Ihre Sicherheit selbst schaffen.

Arbeitnehmer haben keine Kontrolle mehr über ihr Berufsleben. Darum sollten Sie offen in die Zukunft blicken und schauen, was Sie anbieten können. *Tipp 45*

Das mittelalterliche Dorf

Der »Long Tail« beschreibt merkwürdigerweise trotz der rasanten Entwicklung von bisher ungekannten technischen Möglichkeiten einen Schritt in die Vergangenheit und verführt zu einer Art Retroblick. Wenn es sich heute lohnt, im Kleinen Geschäfte zu machen, und wir nicht mehr auf die Gnade von Unternehmen angewiesen sind, uns freundlicherweise zu beschäftigen, kommen wir zurück in einen ganz einfachen, entspannten und ruhigen Zustand, in dem wir von unseren Leistungen leben. Wir können uns eine Arbeitswelt schaffen, die viel weniger komplex ist als in der jüngsten Vergangenheit, und die so einfach ist wie weit vor der industrialisierten Zeit, etwa im Mittelalter. Stellen Sie sich eine möglichst simple Ökonomie vor, am besten ein Dorf, und zwar bevor irgendwelche bösen Feudalherren mithilfe von Soldaten der Bevölkerung Steuern abpressen. Mit dieser Reise in die Vergangenheit kommen wir der neueren Entwicklung am nächsten, die sich vom Industriegedanken ja bereits wieder verabschiedet hat.

Wir betrachten eine Ökonomie, in der es einzig darum geht, was das Individuum leisten kann.

Die Verhältnisse sind zunächst überschaubar: Die Menschen bieten an, was sie können. Es gibt einen Schmied, einen Müller, einen Bäcker, einen Bauern, einen Fleischer, einen Wirt, einen Jäger, einen Zimmermann, einen Stellmacher und noch einige andere Vertreter verschiedener Berufe. Selbstverständlich sind Bauer und Jäger nun echte Bauern und Jäger und keine Metaphern im Sinne von Hühnern und Adlern. Der Bürgermeister regelt Streitfälle. Traditionell hat man sich auf Geld als Zahlungsmittel geeinigt, also als Medium zum Tausch von Gütern und Dienstleistungen.

Im Dorf zählen Grundbedürfnisse und konkreter Nutzen

In diesem modellhaften mittelalterlichen Dorf wird im Wesentlichen nur mit Dingen gehandelt, die die Leute auch tatsächlich brauchen. Luxus ist selten. Es gibt zwar auch einen Sänger, der Lieder dichtet, diese beim Dorffest zum Besten gibt und einen Hut herumgehen lässt. Aber es ist nicht jeden Abend Dorffest. Der Künstler hungert also, wenn er sich aufs Künstlerdasein versteift. Daher hat er einen weiteren Erwerb: Er hilft dem Bauern bei der Ernte. Auch die Blumenfrau muss darben, wenn die Zeiten schlecht sind und die Menschen für einen Luxus wie Blumen kein Geld ausgeben. Also ist auch sie Tagelöhnerin oder hat einen festen Job als Magd beim Bauern, der die viele Arbeit ohnehin nicht allein erledigen kann. Getreide und Gemüse haben in schlechten Zeiten einen höheren Wert als Blumen, in guten Zeiten ist es umgekehrt, weil sich die Menschen Luxus leisten – und darum ist die Blumenfrau von der Konjunktur abhängig. Brot und Gemüse dagegen brauchen die Menschen immer. Der Gedanke unserer Eltern und Großeltern, wir sollten »etwas Ordentliches lernen«, entspringt oft dieser vereinfachten Sicht auf die wesentlichen Dinge des Lebens. Es geht um die Grundbedürfnisse.

Verstehen Sie, wie Arbeit wirklich funktioniert!

Kunde ist der, der dem anderen Geld für etwas gibt

Der Tagelöhner ist die einfachste Form des Arbeitnehmers. Weil ihm die Produktionsmittel des Bauern nicht gehören, hat er keinen Anspruch auf einen Gewinnanteil, sondern wird nach Arbeitseinheit bezahlt. Eine Arbeitseinheit kann aus Zeit bestehen – doch wer pro Stunde oder pro Tag bezahlt wird, neigt nach Erfahrung des Bauern gerne zum Herumsitzen. Also bezahlt der Bauer lieber nach Leistung – also beispielsweise pro erfolgreich auf den Hof bugsierten Kartoffelwagen. Mit dieser erfolgsorientierten Bezahlung hat der Bauer ein klares Ergebnis für sein Geld. Er denkt somit unternehmerisch: Er will einen möglichst hohen Nutzen für seine Investition, also zielt er auf Effizienz. Genauso denkt heute jeder Kunde, der für wenig Geld im Supermarkt möglichst viel gutes Gemüse kaufen will: Dabei ist es ihm meist egal, wie lange der Filialleiter und seine Mitarbeiter Kisten hin- und hergeschafft haben. Für ihn zählt das Ergebnis.

Das heißt: Der Tagelöhner ist im Grunde gar kein Arbeitnehmer, sondern ein Lieferant von Arbeitskraft. Also ist der Bauer der Kunde des Tagelöhners. Ob die beiden ein dauerhaftes Geschäftsverhältnis im Rahmen eines Exklusivvertrages haben oder nur von Fall zu Fall miteinander ein Geschäft machen, spielt dabei keine Rolle. Mein Mobilfunkanbieter beispielsweise hat mit mir auch einen dauerhaften Vertrag, aber ist dennoch nicht bei mir angestellt. Er ist Anbieter, ich bin Kunde. Kunde ist, wer dem anderen Geld gibt.

Machen Sie sich stets klar: Sie sind in jedem Fall Lieferant eines Produktes. Daraus folgt: Sie sollten anderen etwas anbieten, wofür eine Nachfrage besteht.  *Tipp 46*

Wie viel Geld verdienen wir?

Womit verdienen die Leute im mittelalterlichen Dorf ihren Lebensunterhalt? In erster Linie mit dem, was sie können und was andere brauchen. Das ist elementar: Nur weil der Sänger singen kann, wird er nicht gebucht. Sein Alleinstellungsmerkmal auf diesem Markt, dass er nämlich als Einziger singen kann, bringt ihm überhaupt nichts, wenn keiner danach fragt. Insofern ist die viel gepriesene »Unique Selling

Proposition« (USP) noch nicht die Antwort auf die Frage nach der Positionierung. Der Schmied steht gut da, denn fast alle im Dorf brauchen Werkzeuge aus Metall: Seine USP ist die Schmiedekunst, und hinzu kommt der Bedarf der Leute nach seinen Produkten. Auch dem Müller und dem Bäcker wird es gut gehen, solange Menschen Hunger haben. Und schon das Gerücht, feindliche Soldaten seien im Anmarsch, verhagelt dem Sänger vollends das Geschäft, weil nun keiner mehr Geld für Luxus ausgibt. Die Leute horten Getreide und konservieren so viel Gemüse, wie sie können.

Und wer bestimmt, wie viel Geld die Leute im Dorf verdienen? Nicht ein Tarifvertrag. Auch kein Gesetz vom Bürgermeister. Der Schmied wird sich stets dafür einsetzen, dass seine Arbeit wegen der zu leistenden Präzision und der Gefahr von Brandwunden höher zu dotieren ist als beispielsweise die Arbeit des Wirtes. Warum sollte der Schmied das Risiko einer Brandwunde für zu wenig Geld eingehen, wenn andere Leute bereit sind, ordentlich zu bezahlen? Und er wird es sich verbitten, wenn eine Bürgerbewegung oder eine Lobbygruppe versuchen sollten, seine Preise nach oben hin zu begrenzen. Wenn etwas gefragt ist, bezahlen die Menschen auch dafür.

Was die Leute verdienen, ist also genau der Gegenwert für ihre Leistung, der sich im konkreten Marktgeschehen herausbildet. Deswegen verdienen Menschen unterschiedlich viel Geld. Bezüge sind letztlich Preise, und deswegen gestalten sie sich auch entsprechend: Die Leute verdienen so viel Geld, wie die anderen Dorfbewohner zu bezahlen bereit sind – sofern sie die Leistung brauchen und auch in Anspruch nehmen. Wie sonst auch in Verhandlungen auf Märkten kommt es natürlich vor, dass ein Anbieter einer Leistung sich übers Ohr hauen lässt und unterbezahlt arbeitet, weil er Angst hat, sonst gar nichts zu verkaufen. Pricing ist also auch bei Löhnen, Gehältern und Honoraren eine Frage der Psychologie – und das ist in allen Ökonomien so.

Tipp 47   **Erkennen Sie an: Was Sie verdienen, ist der Preis für Ihre Leistung, mit dem Sie sich einverstanden erklären.**

Das Ziel der meisten Marktteilnehmer: Monopolisten zu werden

Richtig viel Geld verdienen Monopolisten. Ein Monopolist ist der einzige Anbieter einer bestimmten Leistung, auf die andere angewiesen sind. Sobald beispielsweise der Schmied im Dorf der einzige Schmied ist, weil er vielleicht als Einziger das Schmiedehandwerk beherrscht, kann er jeden Preis verlangen – bis hin zum Wucher. Damit ist der Schmied perfekt positioniert: Er bietet etwas an, was sonst keiner kann und was gefragt ist. Tritt ein zweiter Schmied auf den Plan, würde der erste Schmied diesen Konkurrenten gerne bei Nacht im Wald erschlagen – damit er das nicht tut, gibt es den Bürgermeister. Der Staat hat Gesetze, die den Wettbewerb regeln und die Menschen schützen sollen. Der Mord am Konkurrenten würde sanktioniert werden.

In einem Markt ein Monopol zu haben ist das Ziel der meisten Marktteilnehmer. Es ist hervorragend, wenn man keine Konkurrenz hat. Darum ist es wichtig, dass Menschen schauen, worin sie einzigartig sind und was andere davon in Anspruch nehmen. Viele machen das nicht: Sie bieten eine Leistung an, die viele andere auch anbieten, und reihen sich in eine Riege ersetzbarer und daher leicht herunterzuhandelnder Konkurrenten ein. Das Handeln dieser Me-too-Anbieter finden die Monopolisten zwar nicht klug, aber sie werden den Teufel tun und sagen, was sie denken. Denn wenn die Masse Me-too-Produkte anbietet, sichert sie automatisch und ohne es zu merken den Wettbewerbsvorteil der Monopolisten. Wenn andere es sich freiwillig schwer machen, reich zu werden, denken sie, weshalb sollte man sie daran hindern?

Hebt der Schmied seine Preise nun übermäßig, werden die Menschen bald nach billigeren Messern suchen. Und möglicherweise ist es für den Stellmacher auf Dauer preiswerter, mithilfe seines Sohnes eine eigene Schmiede zu eröffnen, als dem Schmied ständig seine Wucherpreise zu bezahlen, die der Stellmacher ja auch an seine Kunden weitergeben muss, wodurch bald das ganze Dorf leidet. Außerdem braucht der Stellmacher eine zuverlässige Geschäftsverbindung zu einem Schmied, mit dem man keine unliebsamen Überraschungen erlebt. Sofern alles zivilisiert zugeht, ist die Folge der zweiten Schmiede im Dorf: Der alte Schmied wird seine Preise senken. Wir haben eine Konkurrenzsituation. Und die Familie Stellmacher hat diversifiziert. Stellmachers haben jetzt zwei Profitcenter, und Vater und Sohn profitieren voneinander durch Synergien.

Jeder verdient, was er bringt

Wie viel Geld werden die Leute im Dorf jetzt verdienen? Familie Stellmacher verrechnet interne Arbeiten nur noch in den Büchern, da fließen lediglich virtuelle Buchungsbeträge. Der alte Schmied fürchtet die Konkurrenz, die ja vor allem dem Stellmacher dient, den er als Kunden verloren hat. Er führt diesen Kampf, wenn er klug ist, nicht über den Preis, sondern über Qualität und Service. Und plötzlich bezahlt er die Blumenfrau, um die alte Schmiede attraktiver zu machen. Und der Sänger soll ein Werbelied schreiben und beim Dorffest eine Hymne auf den alten Schmied singen. Dafür bekommen die Kunden des neuen Schmiedes plötzlich einen Pfefferminztee, wenn sie den Laden betreten. Daraufhin hat der Sänger die Idee, der alte Schmied könnte Stammkunden jedes zehnte Messer umsonst geben, und führt gegen eine Gewinnbeteiligung Rabattkarten ein. Das heißt: Sobald auf einem Markt mehrere Anbieter zueinander in Konkurrenz treten, ergeben sich neue Geschäftsideen, und man bemüht sich mehr um Kunden. Marketing und PR spielen plötzlich eine Rolle. Die Tochter der Blumenfrau kann zeichnen und entwirft Werbeplakate für die alte Schmiede, die der Wirt für einen dörflichen Tausender-Kontakt-Preis in der Dorfkneipe aufhängt. Der Markt wird komplexer, und beide Schmiede heben die Preise an, weil sie ja nun externe Dienstleister bezahlen müssen.

Nun können die Schmiede ihre Preise nicht mit ihren höheren Ausgaben rechtfertigen – ebenso wie kein Chef das Gehalt eines Angestellten erhöht, nur weil der mehr Geld braucht. Es ist Kunden egal, welche Ausgaben ihr Lieferant hat. Was interessiert sie einzig und allein? Ihr persönlicher, direkter Nutzen. Die Schmiede können ihre Preise nur damit begründen, dass sie Qualität bieten. Und so sitzen die verfeindeten Konkurrenten eines Abends im Hinterzimmer der Kneipe und vereinbaren eine Preisabsprache – das erste Kartell im Dorf. In der Folge vermuten die Dörfler zwar, dass die beiden sich abgesprochen haben, können es aber nicht beweisen. Für alle Fälle überzeugen sie den Bürgermeister, ein Gesetz gegen den unlauteren Wettbewerb zu erlassen. Als der Sohn des Jägers die Idee hat, gegen das Kartell eine

Verstehen Sie, wie Arbeit wirklich funktioniert!

weitere Schmiede mit Discountpreisen aufzubauen, haben die Schmiede plötzlich eine Innung gegründet, die es Newcomern verbietet, als Schmied zu arbeiten, wenn sie keine Meisterprüfung abgelegt haben – und selbstverständlich können nur die bisherigen Schmiede solche Prüfungen zertifizieren. Unter Verweis auf Qualität und Sicherheitsaspekte überzeugen sie den Bürgermeister von dieser Notwendigkeit und lassen ihn den Sohn des Jägers abmahnen, der angesichts der zunehmenden Konflikte den Beruf des Anwalts erfindet und dem Bürgermeister einflüstert, was er für Gesetze schreiben soll. Der Lobbyismus ist da. Und die PR-Agentur der Blumenfrau pustet im Auftrag des Bürgermeisters Verlautbarungen heraus, die die Dörfler überzeugen und ihnen einreden, sie sollten bei dem viel zu riskanten Spiel besser nicht mitspielen und lieber Tagelöhner bleiben.

Preise hängen nicht vom Aufwand, sondern vom Nutzen ab

Das Eisenwarengeschäft läuft hervorragend: Mit relativ wenig Aufwand können die Schmiede durch ihre Preisabsprache viel Geld verdienen. Und sie nutzen noch eine weitere Eigenart des Marktes: Kunden bezahlen nicht den Aufwand des Herstellers, sondern den Nutzen. Danach kann der Schmied streng genommen in der gleichen Zeit und mit dem gleichen Material zwei unterschiedlich wertvolle Bauteile schmieden: In Form eines Hellebardenkopfes kann er ein Kilogramm Eisen nach einer halben Stunde Arbeit teurer verkaufen als in Form eines Kochtopfs. Denn dass die Dorfwache funktioniert, ist dem Bürgermeister mehr wert als ein Topf, den man sich notfalls auch vom Nachbarn leihen kann. Auch der Sänger verdient beim Dorffest nicht nach Zeit, Kosten oder Aufwand, sondern nur nach seinem Nutzen: Ist er gut und amüsieren sich die Leute prächtig, werfen sie mehr Geld in seinen Hut, als wenn er keine so gute Show abliefert. Und auch die Tagelöhner verlangen mehr, wenn kurz vor der Getreideernte Sturm aufzieht. Die Ernte ist dringend, und der Markt hilft Anbietern, Notlagen von Nachfragern auszunutzen – darum reichen Preise für Hotelzimmer an Messetagen bis zum Wucher.

Spannend ist nun die Frage: Wie kann man in diesem mittelalterlichen Dorf aufsteigen? Wie entkommt man der Knechtschaft, ohne Produktionsmittel zu besitzen?

Wer keine Produktionsmittel hat, kann sich vorübergehend welche leihen. Man könnte in einem solchen Dorf vom Fischfang leben und damit dem Schäfer, dem Fleischer und dem Jäger Marktanteile auf dem Markt der tierischen Fette streitig machen. Allerdings braucht man dazu Angelhaken und Schnur. Nun habe ich zwei Möglichkeiten: Entweder ich gebe beim Schmied einen Angelhaken in Auftrag, kaufe beim Stellmacher Schnur und verspreche beiden, sie später dafür zu bezahlen. Oder aber ich leihe mir irgendwo Geld. Wie auch immer: Mit dem Angelhaken, der mir streng genommen nicht gehört, fange ich Fische. Die Fische verkaufe ich, bezahle mit dem Erlös den Kredit zurück und habe nun eine Angel und somit Produktionsmittel. Das ist Wertschöpfung. Die Angel zu erwirtschaften und dann zu weiterer Wertschöpfung einzusetzen ist eine Investition im besten Sinne.

Da es allerdings sehr einfach ist, auf solche Weise Fischer zu werden, könnte der Fluss bald voller Fischer sein – Konkurrenz entsteht wie zuvor beim Schmied. Damit sinken die Fischpreise. Weil das Dorf aufgrund der Preise nur noch Fisch isst, gehen auch der Fleischer, der Schäfer und der Jäger mit ihren Preisen runter. Doch wegen der großen Konkurrenz wird das Fischerdasein immer unattraktiver, und ein paar gute Schützen satteln mit einer kreditfinanzierten Armbrust zum Jäger um. Damit steigen die Preise im Fischfang wieder, und die Preise beim Wild sinken. Und weil der eine oder andere Newcomer unter den Jägern seine Armbrust dazu verwendet, Konkurrenten zu erledigen, erfindet ein pfiffiger Denker nicht nur eine Risikolebensversicherung für Jäger, sondern widmet sich lieber wieder dem beschaulichen Fischerdasein. Das damit verbundene Auf und Ab ist Konjunktur.

Letztlich zählt nur Qualität

Allerdings werden die Preise beim Wild vermutlich nicht so stark einbrechen wie im Fischfang. Warum nicht? Am Fluss sitzen und eine Schnur hineinhalten erfordert Fähigkeiten, die fast jeder hat. Mit Pfeil und Bogen oder einer Armbrust über fünfzig Meter Entfernung ein Reh zu treffen bedarf schon etwas mehr Geschick. Es versuchen sich vielleicht viele als Jäger, aber wer nicht trifft, geht insolvent. Das heißt: Weil das Fischen leichter ist als das Jagen, gibt es mehr Fischer als Jäger, und wegen der größeren Konkurrenz verdienen Fischer schlechter. Unser mittelalterliches Dorf merkt: Es gibt gering und hoch qualifizierte

Berufe und einen direkten Zusammenhang zum Verdienst. Und weil nur wenige Leute hoch qualifizierte Tätigkeiten beherrschen, verdienen sie mehr Geld als diejenigen mit weniger qualifizierten Fähigkeiten. Das ist nicht die Folge einer willkürlichen Arroganz, sondern eine Folge des Marktgeschehens. Was zählt, ist die Qualität.

Erfolgreich werden Sie auf Dauer nur, wenn die Qualität Ihrer Leistungen stimmt. *Tipp 48*

Warum sehen wir nicht, dass wir Marktteilnehmer sind?

Die Ökonomie des mittelalterlichen Dorfes finde ich deswegen so ansprechend, weil sie als Modell zeigt, dass in der einfachsten Betrachtung Leben und Arbeit eins sind. Sobald irgendwo ein Bedarf entsteht, findet sich jemand, der ihn deckt. Der Fantasie sind keine Grenzen gesetzt. Doch handeln die Menschen heute genauso? Mir scheint, die meisten Leute bleiben Fischer, weil sie immer Fischer waren. Warum reagieren sie nicht? Sehen sie nicht, dass sie Marktteilnehmer sind?

Die Industrialisierung ist ein Teil der Antwort. Als die Wirtschaft in die Massenproduktion ging und Arbeitskräfte in Fabriken schufteten, wurden die Tagelöhner zu Arbeitern und Angestellten – die Selbstständigkeit war irgendwann nicht mehr die Regel. Die Menschen wussten: Es gibt Fabriken, da kann man Geld verdienen – also bewirb dich. Das Arbeitnehmer-Dogma entstand. In der Fabrik merkten die Leute dann, dass sie härter schufteten als erwartet, also entstanden Gewerkschaften als Reaktion auf die Nachfrage an menschenwürdiger Behandlung. Zentrale Themen der Arbeitnehmervertreter waren seitdem stets zum einen die Arbeitszeit und zum anderen die Entlohnung – obwohl Unternehmer letztlich für Leistung bezahlen. Heute dagegen, wo die Industrie ihre Produkte vor allem in Niedriglohnländern produziert und wir einen Boom von Dienstleistungen, IT und Ideen haben, zeigt das mittelalterliche Dorf den Zustand, in dem wir uns momentan befinden. Wir sind in gewisser Weise zurück am Anfang.

Es ist an der Zeit, dass Sie sich fragen: Was würden Sie tun, wenn Sie in einer so einfachen Ökonomie leben würden wie in diesem mittelalterlichen Dorf? Unter heutigen Prämissen, mit Strom, Internet und der Möglichkeit, Menschen weltweit über Ihr Angebot zu informieren und mit Ihren Gedanken, Produkten und Leistungen zu versorgen? Womit können Sie zu den Märkten beitragen, auf denen Sie sich bewegen? Wie können Sie die Gesellschaft weiterbringen? Alles, was Sie sich ausdenken, können Sie innerhalb kürzester Zeit Millionen Menschen bekannt machen. Besinnen Sie sich darauf, dass das Arbeitnehmer-Dogma letztlich nur eine kollektive Konditionierung infolge der Industrialisierung ist, die heute keine Rolle mehr spielt. Ich bin sicher: Wenn Sie die Komplexität Ihrer konkreten Arbeitswelt für einen Moment vergessen und sich einfach nur auf den Märkten umsehen, an denen Sie als Arbeitnehmer längst indirekt teilnehmen und als Verbraucher und Internetnutzer direkt, kommen Sie weiter. Welche Angebote gibt es? Welche Bedürfnisse? Wer liefert wem was? Was ist im Kommen? Welche Produkte und Branchen gehen gerade ein?

Tipp 49   **Fragen Sie sich: Wenn Sie in einem Dorf mit simpelster Ökonomie und moderner Technik leben würden – was würden Sie tun?**

Das Freelancer-Netzwerk

Im Grunde war es immer mein Traum, in einer Art mittelalterlichem Dorf zu leben und zu arbeiten. Ich wusste: Eigentlich wünschst du dir einen Platz in einem Team aus guten Leuten, die immer wieder gemeinsam gewinnbringende Projekte machen und sich trotzdem Freiraum für die persönliche Entwicklung und die Verwirklichung eigener Ideen lassen. Kurz nachdem ich nicht mehr angestellt war, hat sich dieser Traum erfüllt. Ich bin in einem Netzwerk aus Spezialisten mit Weitsicht und Querdenkern, in dem keiner mehr angestellt ist. Alle bieten mit ihren Fähigkeiten etwas Besonderes an. Darunter sind Juristen, Verkaufsprofis, Grafiker, Programmierer, Leute mit Medien- und Unternehmenskontakten und eben ich als Seminarentwickler, Autor und Seminardramaturg. Man schreibt sich zwar gegenseitig ab und an Rechnungen, aber niemand rechnet auf, wer wem wann welchen Gefallen getan hat. Das Netz lebt von der Synergie. Gemeinsam sind wir ein kleines mittelalterliches Dorf. Und jeder in dem Team macht genau das, was er kann und gerne tut. Es gibt nur wenige feste Verträge und keine festen Rollen. Wenn ich heute Lust habe, einen Klang für die Podcasts eines Kollegen zu komponieren, dann mache ich das. Denn ich bin neben meinen Eigenschaften als Seminardesigner und Autor auch Musiker. Warum auch nicht? Ich will keine starren Rollen mehr, das habe ich vor ein paar Jahren beschlossen. Die Starrheit würde sowieso nicht in die Zeit passen. Ich mache, was ich will.

Unser lockeres Netz ist das Gegenteil der bisherigen Strukturen herkömmlicher Nine-to-five-Jobs. Es ähnelt in manchem der digitalen Bohème, wie Lobo und Friebe sie beschreiben, nur dass wir nicht prekär leben, weil wir etwas von Verkauf verstehen. Wir arbeiten hoch effizient und jammern nicht. Und wir hinterfragen alles. Darin besteht unsere Innovationskraft. Wir zweifeln an den Grundsätzen und immer da gewesenen Selbstverständlichkeiten der herkömmlichen Arbeitswelt, der etablierten Wissenschaft, der öffentlichen Meinung. Wir hinterfragen Regeln, Gesetze und Kartelle. Viele von uns hatten früher feste Jobs, aber keiner will mehr dahin zurück – und alle kennen die Erfahrung, dass man mit seiner Arbeits- und Lebensweise auf Vertreter des Arbeitnehmer-Dogmas in Unternehmen wie ein Marsmensch wirkt. Wir arbeiten freier, selbstbestimmter und produktiver als je zuvor, weil keiner mehr nur seine Zeit absitzt oder seine Aufgaben hasst. Infolge der höheren Produktivität und der klaren Ausrichtung am Nutzen für Kunden verkaufen wir Sinn statt heißer Luft und verdienen damit mehr Geld als zu Angestelltenzeiten.

Überlegen Sie, ob nicht ein Freelancer-Netzwerk Ihren Fähigkeiten besser entspricht als das starre Raster eines konventionellen Nine-to-five-Jobs. Inwiefern könnten Sie in einem solch lockeren Gefüge von Talenten Ihren Begabungen folgen?  *Tipp 50*

Auch wenn ich das vor einigen Jahren als Arbeitnehmer nicht so gesehen habe, weil ich es aufgrund meiner damaligen Sichtweise nicht konnte: Diese netzwerkartige Form der Arbeit wird die Zukunft bestimmen. Da bin ich mir sehr sicher. Menschen finden für Projekte zusammen, und was zählt, ist Professionalität in dem Augenblick, in dem es darauf ankommt. Niemand wird mehr fürs Herumsitzen bezahlt. Sondern da jedes Projekt als Deal zwischen gleichberechtigten Geschäftspartnern läuft, besinnt sich jeder Beteiligte auf ein möglichst gutes Ergebnis und eine möglichst hohe Effizienz. Die Leute tun nichts Sinnloses mehr. Sie arbeiten nicht mehr für den Papierkorb, sondern wissen vorher, was wichtig ist, und stellen genau das auf die Beine.

Bei der Gestaltung Ihrer Position in so einem Netz sind Sie völlig frei. Bei uns tut automatisch jeder das, was er gerne macht und kann. Wer gerne Bücher schreibt, schreibt Bücher. Wer Seminare verkaufen kann, verkauft Seminare. Wir haben zwar noch Büros, aber brauchen sie im Wesentlichen nicht mehr. Wenn Sie so wollen, ist mein Arbeitsplatz überall. Ich arbeite, wo mein Laptop ist. Denn wir arbeiten nicht mit Gütern, sondern mit Informationen. Für mich kann ich sagen, dass ich von allem Physischen, von allem Materiellen möglichst unabhängig sein will. So brauche ich keinen Lagerraum, und dank Internet, Telefon und Post ist es völlig egal, wo ich bin. Während die Masse der Arbeitnehmer nach wie vor morgens zur Arbeit fährt und abends nach Hause, ist der Gedanke an überfüllte Busse und eigens gemietete Büroflächen in einigen Branchen inzwischen absurd.

Vergessen Sie Hierarchien!

Und es gibt keinen Chef mehr, keine Hierarchie, keine Reibungsverluste durch Machtkämpfe. Es setzt sich nicht der durch, der qua Arbeitsvertrag der »Höchste« ist oder der den Oberaffen kennt. Sondern es setzt sich der sinnvollste Gedanke durch. Egal, von wem er kommt.

Je stärker die Arbeitswelt letztlich aus sich ständig neu bildenden Teams besteht, die projektweise zusammenarbeiten, desto leichter können Einzelne ihre Fähigkeiten individuell herausstellen. Chef wird in diesem Modell auf Dauer nicht mehr der, der durch Karriere oder Vitamin B eine bestimmte Stelle besetzt, sondern der, der ein Team am besten leitet und damit die besten Ergebnisse erzielt. So könnte sich langfristig die beste Idee im Sinne des Projektes durchsetzen – und das wäre eine Revolution im Vergleich zu der mitunter absurden Politik mancher Unternehmen, die ihre Entscheidungen nicht nach Maßgabe des Sinns treffen, sondern oft aufgrund von Befindlichkeiten, Eitelkeit oder gezielter Destruktion und Sabotage.

Wenn die Menschen die Nase voll haben von all diesen Reibungsverlusten und Dummheiten der klassischen Unternehmenswelt und auf die Idee kommen, dass sie ihr Ding machen könnten, dürfte das gesamte Arbeitnehmer-Dogma ins Wanken geraten. Ganz gleich, ob es dabei um Themen wie »Feierabend« und »Wochenende« geht, um die Dauer von Arbeitsverhältnissen oder um Unterschiede zwischen »Vorgesetzten« und »Untergebenen«. In einigen Branchen zeigt sich die Tendenz der flexiblen Teams schon länger: Keine Fernsehproduktionsfirma arbeitet mit langfristig Angestellten. Man bucht Redakteurinnen und Redakteure, Kamera- und Tonleute. Die Verträge sind Honorarverträge oder befristete Anstellungen. Ist ein Projekt vorbei, verteilen sich die Leute per Angebot und Nachfrage auf die nächsten Projekte. Die wenigsten in diesem Spiel wissen genau, wovon sie morgen leben, aber das ist nicht schlimm, weil sich in den bestimmten Situationen meist etwas bietet, wenn man gut ist, sich in seinem Metier bewegt und sein Ding macht. Immerhin ist diese Unsicherheit ehrlich und keine als Sicherheit verblümte Lüge.

Denken Sie daran: Den Ton gibt der Beste an, nicht der Höchste. Qualität wird nicht nur wichtiger als Qualifikation, sondern auch wichtiger als Position. *Tipp 51*

In meiner Laufbahn als angestellter Zeitungsredakteur habe ich die Ressortleiterebene übersprungen – ich rückte vom Lokalredakteur direkt zum Schlussredakteur auf, was der Ebene der Chefredaktion entsprach. Innerhalb unseres hierarchisch geführten Medienkonzerns alten Schlages hatte das eine irrwitzige psychologische Komponente. Den einen oder anderen Ressortleiter, der mir früher etwas zu sagen hatte, durfte ich nun bitten, eine neue Überschrift über diesen oder jenen Beitrag zu schreiben. Wer etwas zu sagen hatte, ergab sich klar aus der Position, aus der Hierarchie. So, wie wir als Kinder »Räuber und Gendarm« gespielt haben, spielen viele Erwachsene »Chef und Untergebener«, und es ist nicht gesagt, dass der Chef wirklich besser im Job ist als der Untergebene.

Damals hatten wir einen Volontär, nennen wir ihn Derek. Ich war als Schlussredakteur Dereks »Chef«, aber es war nie nötig, »Chef« zu sein. Denn Derek war einfach richtig gut. Er wusste, worum es ging, machte die richtigen Dinge, schrieb die richtigen Texte auf die richtige Weise. Waren wir unterschiedlicher Meinung, ließ ich mich von ihm gerne überzeugen. Und er hatte seinen Spaß mit dem Schreiben, weil er es konnte und weil es sein Ding war. Wir hätten dieses alberne Konzern-

Rollenspiel auch umdrehen können: Ich fahre raus in den Regen und hole O-Töne von Angehörigen von Verbrechensopfern oder Stars bei Galas, und Derek formuliert die Überschriften und bringt die Texte auf die richtige Länge. Derek war mindestens genauso gut wie ich. Weshalb sollte ich einem so begabten Kollegen Vorschriften machen, dessen Meinung mir wichtig war? Derek wusste einfach, worum es ging. Anders als andere Leute, die Anleitungen brauchten, arbeitete Derek rein ergebnisorientiert und daher automatisch richtig und mühelos. Er war schon immer ein divergenter und lösungsorientierter Denker und ein Adler. Heute ist dieser Ex-Volontär ein Projektpartner. Auch Derek ist längst nicht mehr angestellt, sondern selbstständig. Unter uns zählt auch heute stets nur die beste Idee.

Sie sehen: Die Welt ändert sich extrem. Erkennen Sie es an! Vergessen Sie Sprüche wie »Das trifft ja nicht auf alle zu«. Was auf Sie zutrifft, entscheiden nur Sie selbst – niemand anders. Es geht darum, wie Sie sich in dieser neuen Arbeitswelt zurechtfinden. Machen Sie etwas daraus!

Tipp 52 Bauen Sie Ihr Leben so auf, dass Sie das Beste aus der neuen Arbeitswelt machen.

Erkennen Sie an, dass ...
– die alten Arbeitsverhältnisse so gut wie ausgedient haben.
– sozialversicherungspflichtige Arbeitsverhältnisse zwar noch eine Möglichkeit, aber keine echte Perspektive für die Zukunft mehr sind.
– Menschen sich künftig in Netzwerken finden, um projektbezogen zu arbeiten.
– Sicherheit nicht mehr existiert, aber gute Leute mit guten Beziehungen und einer starken Positionierung doch sehr gut leben können.
– viel mehr als jemals zuvor der Anspruch besteht, dass Sie unternehmerisch denken, was auch immer Sie tun.
– Sie Ihren Kindern keine veralteten Denkmodelle in Bezug auf die Arbeitswelt mitgeben, sondern sie auf die echten Verhältnisse der künftigen Arbeitswelt vorbereiten sollten.
– mehr als jemals zuvor nur Ergebnisse statt Routinen zählen und dass man Sie künftig nur noch für Ergebnisse und nicht mehr für Routinen bezahlt.

Verstehen Sie, wie Arbeit wirklich funktioniert!

Sie können weiterhin nach den alten Mustern leben und sich gemäß dem Arbeitnehmer-Dogma bewegen. Sie dürfen aber auch der Gegenwart ins Gesicht schauen und projektorientierter, ergebnisorientierter, sporadischer und selbstbestimmter arbeiten.

Nehmen Sie Ihr Leben in die Hand!

Halten Sie sich noch einmal vor Augen: Ihre Zukunft ist das Ergebnis Ihres Handelns in der Gegenwart. Fahren Sie nicht weiter auf Autopilot und trauen Sie sich, Ihr Leben in die Hand zu nehmen. Wo Sie morgen stehen, hängt in allererster Linie von Ihnen selbst ab. Bis Sie sich zur Selbstbestimmung entscheiden und die Entscheidung in der Realität Widerhall findet, ist alles offen. Die Frage, wo auf dem großen Markt Sie landen werden, wird sich beantworten, wenn Sie wissen, was Sie können und wollen. Dass Sie eine Übergangszeit erwartet, ist kein Grund zur Beunruhigung – nur die Denkmuster der Vergangenheit lassen Sie rebellieren, weil Veränderungen im alten Denken Gefahr bedeuten. Wenn Sie selbst aus einer Krise Potenzial ziehen können, weil Sie wie der Zen-Meister nicht wissen, wofür eine schlechte Entwicklung letztlich gut sein kann, dann können Sie in jeder Veränderung das Positive erkennen.

Zudem sehen Sie jetzt die Zusammenhänge zwischen Arbeit als Produkt und einem Markt für Leistungen. Sie wissen, dass die Sicherheit der Arbeitnehmer trügerisch ist. Also können Sie die Phase des Übergangs auch als Abenteuer betrachten. Als die entscheidende Zeit, in der Sie selbst die Weichen für Ihr Leben stellen. Indem Sie Denkmuster, die sich als falsch erwiesen haben, über Bord werfen. Und stattdessen neue Denkmuster, die Sie zu Erfolg und Glück führen werden, in Ihr Leben integrieren.

Drücken Sie bitte mental die »Reset-Taste«. Gehen Sie zurück auf Los. Sie sind Bürger eines mittelalterlichen Dorfes mit Internetanschluss. Denken Sie vollständig neu und seien Sie bereit, alles Bisherige zu vergessen und abzubrechen, damit Sie Zeit, Energie und Platz im Kopf haben für das Neue. Das bedeutet nicht, dass Sie tatsächlich Ihr ganzes Leben umkrempeln und ans andere Ende der Welt ziehen müssen. Aber um herauszufinden, welcher Weg für Sie der richtige ist, sollten Sie Denkverbote aufheben und alles für möglich halten. Sie übernehmen die Regie!

Inwieweit stimmen Sie folgenden Aussagen zu?	1 = trifft in jeder Hinsicht zu; 5 = trifft überhaupt nicht zu				
Jeder ist seines Glückes Schmied.	①	②	③	④	⑤
Ich werde Sinn in meiner Arbeit finden und werde damit erfolgreich.	①	②	③	④	⑤
Die wenigsten Menschen sind auf dem richtigen Weg, wenn es darum geht, beruflich glücklich und erfolgreich zu werden.	①	②	③	④	⑤
Ich werde mir selbst stets sagen, dass ich Möglichkeiten suche, um mein Leben zu gestalten.	①	②	③	④	⑤
Ich selbst bin ein Vorbild, wenn es darum geht, selbstbestimmt zu denken und zu handeln.	①	②	③	④	⑤
Ich bin frei von Vorurteilen.	①	②	③	④	⑤
Meine Vorstellungskraft ist groß: Angesichts von neuen Ideen überlege ich erst, wie sie sich umsetzen lassen, statt Gründe zu finden, weshalb sie nicht machbar sind.	①	②	③	④	⑤
Ich bleibe mir in meinen Werten treu und lasse mich nicht von Miesmachern beirren.	①	②	③	④	⑤
Ich bin sowohl was meine Denkmuster als auch meine Fähigkeiten zur Umsetzung von Plänen anbelangt praxistauglich.	①	②	③	④	⑤
Ich höre konsequent nur auf Ratgeber, die in dem jeweiligen Lebensbereich selbst Erfolg haben.	①	②	③	④	⑤

Was Ihre Zukunft betrifft, hängt vieles davon ab, ob Sie sich erlauben, die Chancen zu sehen. In diesem Zusammenhang gibt es ein wundervolles Zitat von Henry Ford (1863–1947): »Egal, ob Sie sagen: ich schaffe das, oder ob Sie sagen: ich schaffe das nicht – Sie haben recht«, sagt Ford. Ich liebe diesen Aphorismus. Denn er gilt für nahezu jede Veränderung im Leben und bringt eine simple Wahrheit auf den Punkt. Ob Sie erfolgreich sind oder nicht, hängt von Ihrer Haltung ab und von den Konzepten, nach denen Sie handeln. Statt fatale Denkmuster zu pflegen, die Sie zum Misserfolg führen und die zum großen Teil falsch sind, ist es klüger – auch im Sinne Ihres Zieles eines erfüllten Berufslebens –, sinnvollen Denkmustern zu folgen, die Ihnen dabei helfen, Ihre Ziele zu erreichen.

Haben Sie keine Angst!

Eines der wichtigsten Konzepte ist es, Angst abzulehnen. Ebenso wie es keinen Sinn hat, sich Sorgen zu machen, ist Angst oft nicht klug. Sorgen sind negative Energie, die Ihnen die Gelegenheit nehmen, sich konstruktiv über Ihre Zukunft Gedanken zu machen und sie konkret zu planen und anzugehen. Meiner Erfahrung nach werden die allerwenigsten Dinge, die wir befürchten, Wirklichkeit: Sicher könnte es sein, dass Sie abblitzen, wenn Sie Ihren Traumpartner ansprechen. Es muss aber nicht sein. Und solange Sie sich von dieser Sorge vom Handeln abhalten lassen, liefern Sie sich wieder den »events« aus, statt im Sinne von »action« zu handeln und die Initiative selbst in die Hand zu nehmen.

Wie stehen Sie zur Angst? Lassen Sie sich von ihr lähmen, oder gehen Sie klug mit ihr um? Bitte entscheiden Sie sich bei der folgenden kleinen Geschichte für eine Antwort – nur für eine. Am Ende des Kapitels finden Sie eine Auflösung.

In einer Betriebsversammlung kündigt der Personalchef an, das Unternehmen komme nun leider nicht mehr um betriebsbedingte Kündigungen umhin. In den nächsten Tagen werde man entscheiden, welche Rationalisierungsmaßnahmen im Sinne der Unternehmensziele am besten geeignet seien. Zu welcher Reaktion tendieren Sie als Arbeitnehmer?

1. Sie versuchen, nicht an die Gefahr zu denken.
2. Sie stellen mit den Kollegen Spekulationen darüber an, wen es wohl erwischt.
3. Sie telefonieren in Ihrer Freizeit herum, um eine neue Stelle zu bekommen.
4. Sie setzen jede verfügbare Minute dafür ein, sich eine Alternative zu schaffen.

5. Sie haben schon vor diesem Ereignis zahlreiche Signale für diese Entwicklung gesehen und sind bei der Arbeit an Ihrem Plan B schon so weit, dass Sie locker bleiben.

Angst oder Unsicherheit?

Angst ist ein spannendes Gefühl. Wir können Angst vor etwas haben, was gewiss eintritt – beispielsweise vor einer Zahnwurzelbehandlung. Wir können aber auch Angst vor etwas haben, wovon wir gar nicht wissen, ob es eintritt – beispielsweise davor, dass es uns erwischt, wenn es um Kündigungen geht. Die Angst gleicht eher einer Ungewissheit: Wir wollen unseren Arbeitsplatz sicher wissen. Also meinen wir, wir könnten unsere Angst reduzieren und uns ein wenig locker machen, indem wir mit den Kollegen über die Kündigungen spekulieren. In gewisser Weise absurd: Schon kurz nach der Bürotratschpause könnten wir die schlechte Nachricht bekommen. Mit den Kollegen solche Angstgespräche zu führen, hat höchstens in psychologischer Hinsicht eine dezente narkotische Wirkung beim Kopf-in-den-Sand-Selbstbetrug.

Wie sieht es mit Ihrer beruflichen Neuorientierung aus? Haben Sie Angst vor dem, was sicher geschieht, oder vor dem, was geschehen könnte? Es ist bezeichnend für die Angst, dass wir sie vor allem vor dem Eventuellen haben. Wir könnten scheitern, wir könnten Geld verlieren, wir könnten sozial absteigen. Wir »könnten«! Warum sollten Sie vor so etwas Angst haben? Klüger ist es doch vielmehr zu schauen, was Sie unternehmen können, damit Sie keinen Grund für eine solche Angst haben. Angst müssen Sie im Wesentlichen nur dann haben, wenn die »events« Ihr Leben bestimmen und nicht Sie selbst im Sinne von »action«. Sobald Sie Ihr Leben in die Hand nehmen, entscheiden Sie, welche Situationen sich Ihnen bieten, und Sie sind den Ereignissen viel weniger ausgeliefert, als wenn Sie sich dazu entscheiden, nichts zu entscheiden.

Und wenn tatsächlich eine Veränderung ins Haus steht: Ist das Gefühl der Unsicherheit wirklich Angst? Vielleicht ist es ja auch freudige Erwartung! Beide Gefühle können einander ähneln – als Gefühle der Aufregung. Es kommt wieder darauf an, ob Sie das Glas halb leer oder halb voll sein lassen und ob Sie Henry Ford folgen, der sagt, dass es von Ihrem Denken abhängt, wo Sie landen.

Wie wandeln wir Angst in freudige Erwartung um? Dazu ist es zunächst nötig, das Phänomen der Angst zu verstehen. Angst ist ein uralter Mechanismus der Natur. Und sie ist einer der wichtigsten Gründe dafür, dass Menschen nicht handeln. Das Totstellen ist ein angeborener Reflex. Im Angesicht des Löwen bewegt sich das Kaninchen nicht mehr, der Strauß steckt bei Gefahr den Kopf in den Sand, und der Mensch macht seine Briefe nicht mehr auf. Angst in Form von Nicht-wahrhaben-Wollen ist in vielen Fällen gefährlich. Selten motiviert uns diese lähmende Angst zum Handeln, viel häufiger motiviert sie uns zum Unterlassen. Die Folge ist klar: Wir sind im Leben weiterhin den »events« ausgesetzt und legen nur die »action« an den Tag, die wirklich nötig ist – wir sind weiter »Reakteure«.

Reale oder irreale Angst?

Da Menschen Gewohnheitstiere sind und sich meist ganz wohl fühlen, wenn sie es sich einmal eingerichtet haben, verknüpfen sie den Gedanken an Neues gerne mit dem Risiko – auch wenn sich zugleich eine Chance bietet. Risiko und Chance sind eng miteinander verwandt: Ein Risiko ist die Wahrscheinlichkeit eines Misserfolgs; eine Chance ist die Wahrscheinlichkeit eines Erfolgs. Ungewohnte Dinge bergen meistens beides: Wenn Sie Ihren Job hinwerfen und Ihr Ding machen, birgt das Risiken und Chancen gleichermaßen. Da wir aber ständig dem Säbelzahntiger entfliehen, konzentrieren wir uns auf die Risiken, und wir haben im Sinne Henry Fords auch dann recht, wenn wir unser Scheitern vorhersagen – eine sich selbst erfüllende Prophezeiung. Die Risiken statt die Chancen zu fokussieren ist ein Denkmuster, das man uns nicht nur sozial vermittelt hat, sondern das sich auch seit Jahrmillionen durch die Menschheit zieht. Schmerzvermeidung ist ein stärkerer Motivator als Lustgewinn. Sobald Sie die Wahl haben, weiter Ihren leckeren Kuchen zu essen oder die Stechmücke auf Ihrem Handrücken zu erschlagen, ist der Kuchen unwichtiger als die Mücke.

Also ist Angst ein Wegweiser. Und wir sollten unterscheiden, ob es mehr Sinn hat, den Gefahrenblick einzunehmen oder den Chancenblick. Der Gefahrenblick ist gewiss sinnvoll, wenn tatsächlich existenzielle Gefahr droht, aber ansonsten lähmt er. Lassen Sie uns daher zwei Arten von Angst unterscheiden:

Nehmen Sie Ihr Leben in die Hand!

Reale Angst schützt uns. Reale Angst haben wir, wenn im Auto die Bremse versagt. Wir handeln, um zu überleben: Wir steuern das Auto an die Seite, sodass wir möglichst unbeschadet zum Stehen kommen und überleben. Kratzer im Lack sind uns in dem Moment egal – die Priorisierung funktioniert in aller Regel sofort, und wir handeln auch unmittelbar ohne große Diskussion. Reale, existenzielle Angst haben wir auch, wenn das Geld fehlt, um unsere Kinder zu ernähren. Angst ist insofern nicht nur ein Warnschuss dafür, dass wir bisherige Denkmuster ablegen, die uns in den Misserfolg geführt haben. Sondern sie ist auch eine starke Motivation, dass wir endlich etwas unternehmen, um morgen keine finanziellen Sorgen mehr zu haben. Reale Angst kann also auch ein Startsignal sein.

Irreale Angst lähmt uns. Die Angst davor, dass etwas Schlechtes geschieht, was eigentlich nicht besonders schlimm ist und mit hoher Wahrscheinlichkeit gar nicht eintritt, hält uns vom Handeln ab. Irreale Ängste sind Ängste vor Konventionsbrüchen: Was sagen die anderen? Wird jemand über uns lachen? Oder es sind Ängste vor Dingen, die möglicherweise gar nicht geschehen: Es könnte sein, dass unser Chef einen Wutanfall bekommt, also widersprechen wir ihm gar nicht erst. Das ist wie die Überlegung, unser Kind könnte vom Bus überfahren werden – da ist es sicherer, erst gar keine Kinder in die Welt zu setzen.

Machen Sie Angst zum Handlungssignal!

In Fällen realer Angst sollten wir uns keinesfalls den Angstgesprächen hingeben. Gerade reale Angst ist ein Signal zum Handeln. Dazu, die Geschehnisse durch »action« zu bestimmen und nicht mehr länger nur auf »events« zu reagieren.

Stellen Sie sich beispielsweise vor, Sie haben existenzielle Angst, weil Sie finanzielle Probleme haben. Sie können aber wunderbare Fotos machen und haben auch eine Kamera und einen Rechner mit Bildbearbeitungsprogramm – ein Potenzial, an das Sie unter Angst vielleicht nicht mehr denken, weil Sie sich nur auf die Gefahr der Pleite konzentrieren. Achtung: Wenn Sie das tun, wird die Pleite kommen, weil der Gedanke hieran in Ihrem Gehirn keinen Platz mehr lässt für Lösungen. Und macht Sie jemand darauf aufmerksam, dass Sie sich doch statt auf

Ihre Angst auf Ihre Potenziale konzentrieren sollten, würde sich eine typische angstgetriebene Reaktion in einem gedanklichen Misserfolgskonzept äußern, wenn Sie beispielsweise sagen: »Ich mache mich nicht selbstständig mit der Fotografie, weil man als selbstständiger Fotograf viel Konkurrenz hat und im schlimmsten Fall pleitegeht.« Erkennen Sie die Absurdität? Sie sind doch sowieso schon am Boden. Es kann kaum noch schlimmer kommen. Und die Angst vor eventuellen Gefahren in der Zukunft, die gar nicht eintreten müssen, würde Sie hier davon abhalten, das Richtige zu tun.

Der Schlüssel zum Abschied von der Angst ist eine einfache Erkenntnis: Unter Einfluss von Angst denken und handeln wir anders als ohne Angst. Mit Angst bestimmt der Fokus auf den möglichen Misserfolg unser Denken, und damit verschwenden wir unsere Energie und Aufmerksamkeit, die wir besser auf unseren möglichen Erfolg lenken sollten. Das Phänomen der sich selbst erfüllenden Prophezeiung sorgt dafür, dass die Dinge eintreten, auf die wir uns konzentrieren: Wir kleckern uns dann beim Essen auf das helle Sakko, wenn wir im Kopf die ganze Zeit das Mantra »Nur nicht kleckern!« pauken. Der Geist konzentriert sich auf das, was geschieht. Deswegen haben sorgenvolle Menschen eben viele Sorgen, und glückliche Menschen sind glücklich. Letztlich entscheiden sie sich dazu.

Wenn das Erleben unserer Wirklichkeit eine Frage der Sichtweise ist, ergibt sich ein ganz einfacher Trick: Handeln Sie stets so, als hätten Sie keine Angst. Was würden Sie tun, wie würden Sie sich verhalten, wenn Sie keine Angst hätten? Und genau so handeln Sie dann. Sie werden mit hoher Wahrscheinlichkeit etwas Richtiges tun. Fragen Sie also stets: Wie würden Sie handeln, wenn Sie keine Angst hätten?

Was die Betriebsversammlung und den angekündigten Stellenabbau betrifft, sagen Ihre Antworten etwas über Ihr Verständnis von Angst aus:

1. *Die Angst dominiert Sie so stark, dass sie Sie davon abhält, zu handeln. Damit geben Sie der Angst die Chance, dass die Gefahr Wirklichkeit wird.*

2. *Sie tun so, als könne es Sie nicht treffen. Sie wiegen sich durch die Kollegen in Sicherheit, machen sich etwas vor und belügen sich selbst.*

3. *Sie erkennen den Handlungsbedarf und versuchen halbherzig, etwas für Ihr gutes Gewissen zu tun. Tatsächlich sinnvoll handeln Sie nicht.*

4. *Sie erkennen das Signal und hören den Schuss. Sie tun vielleicht etwas spät das Richtige, aber Sie tun es immerhin. Damit sorgen Sie dafür, dass Sie gewappnet sind für den Fall, dass die befürchtete Situation Wirklichkeit wird.*

5. *Sie haben bereits gehandelt und haben keinen Grund, Angst zu haben.*

Wie verändert sich Ihre Antwort, wenn Sie handeln würden, als hätten Sie keine Angst?

Handeln Sie stets so, als hätten Sie keine Angst! | *Tipp 53*

Erkennen Sie, dass mehr möglich ist, als Sie denken!

Wenn Sie sich von Ängsten nicht mehr lähmen lassen, wächst Ihr Aktionsradius enorm. Viel mehr Dinge als zuvor sind denkbar. Und auch wenn Sie sich von Konventionen unabhängig machen und die üblichen Denkbahnen verlassen, steigt die Zahl Ihrer Handlungsmöglichkeiten. Vor allem im konvergenten Denken und als Vertreter des Arbeitnehmer-Dogmas hören wir oft Aussagen wie:»Mehr geht nicht«,»Hier ist Schluss«. Manches erscheint uns schlicht unmöglich – es geht einfach nicht! Oder?

Sie haben eine Erfindung gemacht, mit der Sie ein Problem der Menschheit einfach lösen können. Doch auf traditionellem Wege kommen Sie damit nicht durch, weil Industrien, Lobbyverbände und korrupte Wissenschaftler, deren Arbeit mit Ihrer Erfindung überflüssig würde, Sie bremsen und für unseriös erklären. Was tun Sie?

1. *Sie sagen: Die sind stärker als ich – und geben auf.*

2. *Sie versuchen, Ihre Gegner in freundlichen Briefen von Ihrer Erfindung zu überzeugen.*

3. *Sie versuchen, einzelne gegnerische Institutionen für sich zu gewinnen, um mit deren Hilfe die Lobbywand zu durchbrechen.*

4. *Sie wenden sich an die Regierung und bitten um Hilfe.*

5. *Sie zeigen, warum und wie Ihre Erfindung funktioniert, und dokumentieren das in einem YouTube-Video, das Sie über Ihr Blog, Ihre*

Podcasts, über Xing, Twitter und Facebook bekannt machen – und Sie schicken den Link Ihres Videos an alle erreichbaren Leute mit der Bitte, den Link ebenfalls über alle Kanäle weiterzugeben.

Das Denken in Grenzen scheint normal zu sein. Als man die Atome entdeckt hatte, hieß es: So, Leute, das war's jetzt aber auch – kleiner geht's nicht. Bis man die Elektronen und dann die Quarks fand. Ein Tunnel zwischen Frankreich und Großbritannien? Jahrelang undenkbar und in der Wahrnehmung vieler Menschen ein Symptom für Größenwahn und Hybris. Heute ist er ebenso Alltag wie die Öresundbrücke. Bis zum 6. Mai 1954 galt es als unmöglich, eine Meile unter vier Minuten zu laufen – Roger Bennister lief sie an diesem Tag in 3 Minuten und 59,4 Sekunden. Benchmark geknackt! Und schließlich hat es bis zum 9. November 1989 kaum jemand für möglich gehalten, dass die Mauer fällt. Doch sie fiel! Das Undenkbare und angeblich Unmögliche wurde Wirklichkeit. Und bei all diesen möglich gewordenen Unmöglichkeiten hatten die Menschen den neuen Zustand innerhalb kürzester Zeit akzeptiert.

Es ist, als würden wir geradezu nach Grenzen suchen, um sagen zu können, dass etwas nicht geht. Wir scheinen eine Sehnsucht zu haben nach dem »Irgendwann muss doch mal Schluss sein!«. Denn das »Bis hierher und nicht weiter« hat schließlich einen beruhigenden Effekt: Wir bleiben immer schön in unserer gewohnten Welt. Da kennen wir uns aus. Keine Überraschungen! Darum bestimmt dieses Grenzen-Suchen das Denken vieler Menschen – und auch, weil man es uns beigebracht, ja geradezu eingepaukt hat. Das Denken in Grenzen verdanken wir zu einem großen Teil der Schule und ihrer Konvergenz: Der Weg muss den bekannten Mustern entsprechen, und divergente Lösungsorientierung ist nicht gefragt.

Robinson kritisiert, dass die Schule uns die Kreativität wegerzieht. Und in der Tat sind wir vor der Einschulung in aller Regel divergentere Denker als nach Abschluss der Schule.

Als Kinder hatten wir Spaß daran, unsere Grenzen auszutesten. Auch Überraschungen empfanden wir meist als spannend und nicht als unwillkommenen Stress. Neue Dinge, wie beispielsweise Fahrradfahren, haben wir so lange probiert, bis sie geklappt haben. Wir haben einen Haufen origineller Dinge gemacht und waren divergent.

Robinson erzählt von einem Mädchen, dessen Lehrer fragte: »Was zeichnest du?« Das Kind antwortete: »Ich zeichne ein Bild von Gott.«

Nehmen Sie Ihr Leben in die Hand!

Der Lehrer antwortete:»Aber niemand weiß, wie Gott aussieht!«Das Mädchen antwortete:»In zehn Minuten werden sie es wissen.«»Diese Begegnung ist beispielhaft für die Kollision aus divergentem und konvergentem Denken – Kreativität kracht auf Musterabgleich.

Und so begann mit der Schule das Denken in Regeln und Rastern, und durch den ständigen Musterabgleich entstand unsere Geht-nicht!-Haltung gegenüber allem, wofür es keine Muster gab. Das innovationsfeindliche und unkreative Denken kam auf. Die Lehrer im traditionell konvergent denkenden Staatsdienst schärften unseren Blick für das Unmögliche statt für das Mögliche, und wir begannen, die Wirklichkeit mit den Schemata abzugleichen, die man uns beibrachte, statt selbst Wirklichkeiten zu erfinden. Ist eine Gleichung richtig oder falsch? Was will uns der Dichter mit seinem Gedicht sagen? Stimmt unsere Interpretation mit der irgendwelcher Philologen an irgendwelchen Germanistik-Instituten überein? Ein regelorientierter Typ Mensch gab uns das Denken vor und drehte unsere Perspektive um vom kreativen Kind zur erwachsenen Musterabgleich-Maschine. Denn dieser Musterabgleich wird im Arbeitnehmer-Dogma gebraucht – zumindest solange es Vollbeschäftigung gibt; in Zeiten der Arbeitslosigkeit wird das Dogma mit seinem Denken zur Falle. Dann ist etwas anderes gefragt: das Denken in Möglichkeiten statt in Unmöglichkeiten. Doch Freidenker waren in der industrialisierten und postindustrialisierten Welt nicht gefragt, und so beschnitt man über Jahrzehnte das freie Denken und förderte das konforme und konvergente Denken in für uns vorgesehenen Bahnen. Nur nicht übermütig werden!

Musik für Millionen made in Kinderzimmer

Und wenn Sie heute denken, Sie könnten nicht Ihr Ding machen, dann ist das vermutlich eine Folge dieser staatlich tolerierten, wenn nicht gewollten Propaganda der kollektiven Ohnmacht. Sie erklärt, warum nur Visionäre an die deutsche Einheit geglaubt haben. Und wer eine demotivierende Erziehung bremsender Eltern und Lehrer durchgestanden hat, hat als Erwachsener vielleicht mehr Grenzen im Kopf als jemand, der drauflosstürmen durfte.

Also: Es geht mehr, als wir denken und für möglich halten! In einem Seminar von wenigen Stunden zum Nichtraucher werden? Kann gar nicht gehen, sagen manche Wissenschaftler, weil ein Rauchstopp doch schwer sein muss und nach Meinung einiger Psychologen ein wochenlanger therapeutischer Prozess. Achtung, Konvergenz! Natürlich kann man in einem Kurzseminar mit dem Rauchen aufhören – jeder kennt jemanden, der es einfach und von jetzt auf gleich gelassen hat. Mit eigener Musik made in Kinderzimmer Millionen von Menschen erreichen? Kann gar nicht gehen, sagen uns die Konvergenzdenker, die unseren Traum mit dem Muster der alten Musikindustrie abgleichen: Plattenfirmen fördern schließlich nur den Mainstream, also ist es sinnlos, darauf auch nur den geringsten Gedanken zu verschwenden. Stopp, Konvergenz! Heute kann jeder seine Musik über iTunes ins Netz stellen und verkaufen, an Plattenfirmen und Mainstream hübsch vorbei.

Wir leben in einer Diktatur des »Geht nicht« und »Kann gar nicht gehen«, und das verdanken wir einigen Bewahrern alter Verhältnisse. Es scheint, als ginge es den Vertretern angestaubter Lehrmeinungen sogar um ein »Darf gar nicht gehen«. Es ist sicher kein Zufall, dass viele der »Geht nicht!«-Vertreter nichts akzeptieren, was nicht lückenlos bewiesen ist – sie wollen es einfach nicht. Dieser Typ Mensch verteidigt seine Grundsätze, rechtfertigt sie für sich und sucht die absurdesten Ausreden, damit sie zutreffen. Fragen Sie einen solchen Unmöglichkeitsfetischisten mal, ob Sie gemeinsam zum Schwimmen an den See fahren. Er wird antworten: »Nein, denn es gibt keine evidenzbasierten Studien darüber, dass das Spaß macht!«

Was »geht nicht«?

Welche Grenzen haben Sie im Kopf? Was bitte »geht nicht«? Überlegen Sie mal! Welche Dinge, die Sie schon immer tun wollten, tun Sie nicht, weil ein Denkmuster in Ihrem Kopf sagt: »Das kann gar nicht gehen!«? Schreiben Sie sie auf! Schreiben Sie die Dinge, die Sie schon immer tun wollten, ohne jede gedankliche Zensur auf. Nutzen Sie dazu einfach die folgende Tabelle. In der linken Spalte notieren Sie, was Sie irgendwann mal tun wollten. In der Mitte notieren Sie, was Sie bislang davon abgehalten hat. Die Meinung anderer Menschen? Ein Denkmuster? Der Glaube, es könne nicht gehen? Zur Orientierung gebe ich Ihnen ein möglichst deutliches Beispiel vor, damit Sie wissen, was ich meine.

Was wollten Sie schon immer tun?	Was hielt Sie bislang davon ab?
Auf dem Hochseil balancieren	*Die Angst, herunterzufallen*

Letztlich gehen sehr viele Dinge, von denen wir bisher gedacht haben, sie gingen nicht. Erinnern Sie sich daran, als Sie zum ersten Mal mit Stäbchen gegessen haben? Anfangs war es undenkbar, dann schwierig, dann wurde es leichter, und heute können Sie es. Wie waren Ihre ersten Versuche, im Auto Gas und Kupplung miteinander zu synchronisieren, ohne wie ein Hase herumzuhüpfen? Anfangs war es undenkbar, dann schwierig, dann wurde es leichter, und heute können Sie es. Als Sie das erste Mal Kontaktlinsen eingesetzt haben? Anfangs war es undenkbar, dann schwierig, dann wurde es leichter, und heute können Sie es. Als Sie das erste Mal mit Excel eine Kalkulation erstellt haben? Eine Krawatte gebunden? Mit einem schwierigen Kunden erfolgreich verhandelt? Anfangs war es undenkbar, dann schwierig, dann wurde es leichter, und heute können Sie es! Manche Menschen haben irgendwann in ihrem Leben erstmals eine Bombe entschärft, einen Panzer gesteuert, ein Herz operiert oder eine Boeing 747 geflogen – anfangs war es undenkbar, dann schwierig, dann wurde es leichter, und heute können sie es.

Wir können eine ganze Menge Dinge und haben doch oft Angst vor dem Versagen, wenn es darum geht, eine Entscheidung für eine neue Richtung zu treffen. Ich selbst dachte bis vor kurzem, es gehe nicht, einen violetten Anzug zu tragen. Eine innere Stimme fragte spießig: »Wie werden die Leute reagieren?« Sie werden es kaum glauben: Es geht! Nur weil die meisten Männer in Grau herumlaufen, muss ich das nicht auch tun. Und die Feedbacks sind positiv!

Was wir für möglich erklären, ist möglich

Es verhält sich mit den meisten Dingen im Leben sehr ähnlich: Neues ist zunächst ungewohnt und wird durchs Praktizieren normal. Durchs Praktizieren lernen wir neue Dinge nicht nur technisch. Sondern wir integrieren sie auch in unser Leben, sodass sie uns mit der Zeit immer weniger fremd sind. Indem wir etwas immer und immer wieder tun, verlieren wir die Vorbehalte. Und dabei ist es vollkommen gleichgültig, was es ist. Sie können in der Pornoindustrie anfangen und werden auch das nach einiger Zeit für normal halten. Und ebenso wie sich viele Leute an ihren aktuellen Job gewöhnt haben, obwohl auch der am Anfang neu war, können Sie an jeder Stelle Ihres Lebens etwas Neues beginnen. Sie müssen es nur tun! Erfolgreiche Menschen unterscheiden sich von erfolglosen Menschen nach dem US-Coach Anthony Robbins durchs Handeln – weg vom »Man sollte eigentlich mal« und hin zur »action«. Was als möglich gilt und was als unmöglich, entscheiden wir selbst.

Lassen Sie sich auch von den Leuten nicht demotivieren, die Ihnen einreden wollen, man könne ab dreißig nicht mehr Klavier spielen lernen – die behaupten einfach, es sei »zu spät«. Aber warum sollte es nicht gehen? Nur weil die Finger angeblich nicht mehr so flink sind? Na und? Wenn Sie sich wegen solcher Ausreden davon abhalten lassen, dann wollen Sie einfach nicht – wie die Blogleserin, die die Existenzgründung ablehnt, weil man dazu angeblich Kapital brauche. Im Grunde ist die Geht-nicht!-Ideologie nur ein Hinweis auf begrenzte Denkmuster und ein gigantisches Demotivationsprogramm.

Wissen Sie was? Es ist nie für etwas »zu spät«. Sicher gibt es Rückschläge und Misserfolge. Es gibt auch keine Garantie dafür, dass alles klappt, was Sie beginnen. Diese Garantie kann Ihnen niemand geben. Ein Erfolg kann sich auch später einstellen, als Sie hoffen. Sicher. Es kann auch sein, dass Sie zehn Projekte anleiern und nur zwei davon erfolgreich werden. Aber wenn Sie all diese Dinge erst gar nicht tun, weil Sie denken, sie könnten schiefgehen, geben Sie dem Erfolg erst gar keine Chance. Und nur wenn Sie die Dinge anpacken, schaffen Sie die Möglichkeit, dass Sie mit Ihrem Vorhaben Ihre Ziele erreichen. Selbst die acht gescheiterten Projekte können letztlich für etwas gut sein – denken Sie an den Zen-Meister.

Und jetzt nehmen Sie bitte Ihre Unterlassungen von vorhin und schreiben in die dritte Spalte, wie Sie Ihre Wunschvorhaben umsetzen können. Wer kann Ihnen dabei helfen? Welche Voraussetzungen sollten Sie schaffen? Suchen Sie also nicht nach Gründen, warum es nicht klappt, sondern nach Wegen, damit es klappt!

Was wollten Sie schon immer tun?	Was hielt Sie bislang davon ab?	Wie können Sie Ihr Vorhaben umsetzen?
Auf dem Hochseil balancieren	Die Angst, herunterzufallen	Zunächst auf einem Seil balancieren, das auf dem Boden liegt, dann auf einem gespannten Seil in zwanzig Zentimetern Höhe, und das übe ich so lange, bis ich nicht mehr stürze

Suchen Sie nicht nach Gründen, warum etwas nicht klappen könnte. Sondern suchen Sie nach Wegen, damit es klappt!  *Tipp 54*

Seien Sie »Matcher« statt »Mismatcher«!

Die Möglichkeiten statt der Unmöglichkeiten zu sehen setzt nicht nur voraus, dass Sie das Mögliche erkennen, sondern auch, dass Sie gewillt sind, sich auf neue Gedanken einzulassen. »Matching« heißt, dass etwas passt. »Mismatching« ist das Gegenteil – die Geht-nicht!-Haltung. Das Begriffspaar geht im Wesentlichen auf das Metaprogramm »Gleichheit/Unterschiede« im Neurolinguistischen Programmieren (NLP) zurück, wonach manche Menschen Veränderungen ablehnen und andere nicht. »Matcher« stellen sich auf neue Verhältnisse ein und suchen Möglichkeiten, während »Mismatcher« erkennen, dass das Neue nicht zu ihrem Denken passt, und es daher ablehnen. Also unterscheiden Sie künftig einfach zwischen »Matchern« und »Mismatchern«:

- Matcher suchen Dinge, die zueinander passen und funktionieren.
- Mismatcher suchen Dinge, die nicht zueinander passen und daher nicht funktionieren.

Matcher sein ist ein Lebensentwurf, eine Bereitschaft. Es ist eine Willenserklärung und das Gegenteil von sturer Inflexibilität. Matcher suchen nach Übereinstimmungen und Möglichkeiten. Sie prüfen ständig, was sie aus einer Situation oder aus neuen Informationen machen können – und sie weigern sich geradezu, sich auf Probleme zu konzentrieren, denn die werden sie sowieso irgendwie lösen. Sobald ein Matcher mit einer neuen Idee auf einen weiteren Matcher trifft, wird dieser die Idee wohlwollend prüfen und erst die Chancen suchen, bevor er urteilt. Matcher bringen Dinge in Übereinstimmung mit dem Machbaren. Sie lassen sich auf Modelle und Metaphern ein und erkennen deren Bedeutung. Sie sind offen für neue Gedanken. Mismatcher dagegen sind zu. Sie orientieren sich an dem, was nicht klappt, und sie sorgen auch dafür, dass die Dinge nicht klappen. Bekommt ein Matcher im Flugzeug mit Laptop auf den Knien einen Kaffee, schaut er, dass er ihn irgendwie trinkt. Der Mismatcher dagegen macht einen Aufstand und pfeift die Stewardess an, was sie glaube, wie man in so beengten Verhältnissen einen Kaffee trinken solle. Mismatcher suchen nach Fehlern und Unterschieden. Sobald etwas nicht passt, lehnen sie einen Gedanken ab. Das Mismatching ist eng verwandt mit dem konvergenten Denken. Wenn Sie so wollen, sind Mismatcher Miesmacher, Bedenkenträger und Schon-immer-gewusst-Haber. Kennen Sie Mismatcher? Viele meiner Lehrer waren es. Viele der Erwachsenen in meiner Kindheit und Jugend waren es auch, und ich kenne auch heute jede Menge Leute, unter deren gedanklicher Sabotage andere leiden, vor allem Kinder.

Ich bin überzeugt: Auch weil viele Erwachsene Mismatcher sind, wachsen junge Menschen ohne einen Sinn für ihre wirklichen Chancen auf. Stattdessen eicht man sie darauf, die Unmöglichkeiten zu suchen und diese natürlich auch zu finden. Unsere Weltbilder sind vor allem die Folge vieler sich selbst erfüllender Prophezeiungen aufgrund unserer Haltungen – nur darum erscheint ein und dieselbe Welt verschiedenen Menschen so unterschiedlich. Ist die Welt schlecht? Natürlich! Ist sie gut? Natürlich! Ganz wie wir wollen! Wieder Henry Ford, wieder das halb volle oder halb leere Glas. Und wenn Mismatcher Kinder erziehen, zwingen sie sie geradezu zu einer fatalen Sicht auf die Dinge: Jeder geringste Fehler in den Abläufen wertet den Erfolg ab – und wieder bin ich gedanklich in meiner Schulzeit.

Matcher glauben fest daran, dass die Dinge funktionieren. Mismatcher dagegen sind auf Fehler fokussiert. Was meinen Sie, welcher Typus wird auf Dauer erfolgreicher und glücklicher? Insofern: Seien Sie Matcher! Entscheiden Sie sich dazu.

Seien Sie Matcher! *Tipp 55*

Erkennen Sie Ihre Motive!

Ein Personalchef erzählte mir einmal die Geschichte vom Azubi Marc. Marc war am Freitag und am Montag krankgeschrieben. Am Montag las die Sekretärin in der Zeitung, Marc hatte am Samstag für seinen Fußballverein drei Tore geschossen. Am Dienstag zur Rede gestellt, rechtfertigte sich Marc gegenüber dem Personalchef: »Aber ich kann doch meinen Verein nicht im Stich lassen!«

Marc hat also durchaus Ehrgefühl, und auch Loyalität ist ihm nicht fremd. Doch leider legt er diese Werte nicht gegenüber seinem Arbeitgeber an den Tag, der ihm die Brötchen finanziert. Es ist leicht zu erkennen, dass Marc in seinem Job nicht so sehr sein Ding macht wie beim Fußball.

Wenn Sie etwas gerne tun, müssen Sie sich nicht dazu überwinden. Marc muss sich nicht dazu zwingen, Fußball zu spielen. Selbst wenn Marc wirklich krank gewesen wäre, hätte er sich gewiss auf den Fußballplatz geschleppt und gespielt. Das tut man, wenn man jemanden nicht im Stich lassen will. Der Sieg der Mannschaft ist wichtiger als eine Erkältung. Wer weiß, was das Richtige ist, quält sich nicht zur Arbeit. Kennen Sie dieses Gefühl?

Machen Sie den Gipstest!

Was Ihr Ding ist, bekommen Sie ganz einfach durch den Gipstest heraus. Versetzen Sie sich einfach in die Lage von Azubi Marc, nur dass Sie keine Erkältung haben, sondern von oben bis unten eingegipst sind und auch nicht sprechen oder lesen können. In so einem Fall können Sie sich entweder sagen:»Hurra, ich bin krank! Ich muss nicht zur Arbeit!« Oder Sie können sagen:»Mist, ich kann meinen Job nicht machen!«

Tendieren Sie zur ersten Antwort, machen Sie vermutlich nicht Ihr Ding. Sie neigen wahrscheinlich auch zum Blaumachen – vielleicht mit schlechtem Gewissen, aber das ändert an Ihrer grundsätzlichen Haltung nichts. Tendieren Sie zur zweiten Antwort, üben Sie Ihre Tätigkeit gern aus. Sie sind engagiert. Es könnte sein, dass Sie Ihr Ding machen, es ist aber noch nicht sicher. Der Gipstest ist zwar etwas extrem, aber das ist er nur deswegen, weil man auch mit einer Erkältung wie Marc noch eine Menge machen kann. Ich möchte in meinem Beispiel möglichst viele Tätigkeiten unmöglich machen, damit Sie sich entscheiden, worüber Sie froh und worüber Sie unglücklich sind. Probieren Sie es mit einem anderen Test, machen Sie meinetwegen den Erkältungstest oder den Stromausfalltest – je nachdem, was Ihre Arbeit am meisten stört. Hauptsache, die betreffenden Tätigkeiten sind dann wirklich unmöglich. So wie Schreiben, wenn man gefesselt ist.

Was glauben Sie, zu welchem Ergebnis die überwiegende Mehrheit von Deutschlands Arbeitnehmern beim Gipstest käme? Ich fürchte, es sieht übel aus. Die Deutschen wären eingegipst sehr glücklich, nicht arbeiten zu müssen. Nach dem jährlich erhobenen»Gallup Engagement Index« hatten im Jahr 2008 nur 13 Prozent der Arbeitnehmer in Deutschland eine loyale Bindung gegenüber ihrem Arbeitgeber. 67 Prozent hatten eine geringe Bindung und machten»Dienst nach Vorschrift«,

20 Prozent hatten »innerlich gekündigt«. Das bedeutet: 87 Prozent der Arbeitnehmer in Deutschland, also fast neun von zehn, fühlen sich mit ihrer Situation nicht wohl. Das ist in jedem Fall ein katastrophales Bild von unserer Arbeitswelt und erklärt auch die häufige Schlamperei im Dienst und den schlechten Kundenservice. Die Leute machen alle nicht ihr Ding. Es scheint, als sei es geradezu gesellschaftlicher Konsens, dass Arbeit keinen Spaß machen darf und man sich dazu zwingen muss. Möglicherweise macht ja auch Marc beruflich das Falsche. Er steht nicht hinter dem, was er im Job tut, wohl aber hinter seinem Verein. Und trotz Erkältung Fußball zu spielen ist wahres Engagement, das die Gallup-Studie meines Wissens nicht misst: Wo liegen die versteckten Loyalitäten? Was tun die Leute gern? Darum geht es doch. Die Antworten auf eine solche Studie könnten möglicherweise einen Ausweg aus der Misere zeigen.

Also richte ich die Frage an Sie: Wohinter stehen Sie? Bei welchen Tätigkeiten freuen Sie sich nicht, wenn Sie krank werden und zur Untätigkeit verdammt sind? Bei welchen Tätigkeiten ärgern Sie sich, wenn eine Störung Sie ablenkt? Bei welchen Tätigkeiten ärgern Sie sich, wenn das Mittagessen naht und Sie aufhören sollen? Wobei stört Sie der Gips, wovon hält er sie ab und nervt Sie damit? Das ist Ihre Spur. Welche Beschäftigung macht Sie glücklich? Das bekommen Sie heraus, wenn Sie die folgende Tabelle ausfüllen. Wieder gebe ich Ihnen eine Anregung vor.

Wenn ich eingegipst bin, freue ich mich, dass ich folgende Dinge nicht tun muss:	Wenn ich eingegipst bin, ärgere ich mich, dass ich folgende Dinge nicht tun kann:
Die Softwareprobleme der Firmenmitarbeiter lösen	*Konzentriert an Programmierungen für meine Computerspiele tüfteln*

Vermutlich werden Sie in der rechten Spalte ganz automatisch Dinge eintragen, die Ihnen vom Naturell eher liegen als andere. Wenn Sie gerne Musik oder Sport machen, werden Sie traurig sein, durch den Gips daran gehindert zu werden; haben Sie hingegen einen Job, den Sie nicht lieben, dürfte der in der linken Spalte stehen. Füllen Sie die Tabelle ruhig auch jenseits der klassischen Job-Überlegungen aus. Sind Sie froh oder traurig darüber, kein Konzert besuchen zu können? Oder nicht mit dem Hund rausgehen zu können? Wer sprachlich fit ist, bringt in der rechten Spalte sicher eher Tätigkeiten unter, die mit Sprechen, Schreiben und Argumentieren zu tun haben. Menschen mit einer Tendenz zum Körperlichen finden ihre Erfüllung dagegen vielleicht eher bei greifbaren Arbeiten mit den Händen und bei allem, was mit Bewegung zu tun hat.

Um herauszufinden, was Ihnen liegt, können Sie sich auch Fragen stellen, die im Berufsfindungscoaching üblich sind:

Wofür begeistern Sie sich? Mit dieser Frage finden Sie Hinweise darauf, womit Sie ohne jede Anstrengung Spaß haben können.	*– Bildbearbeitung und Filmschnitt* – – –
Worüber können Sie lange sprechen, ohne zu merken, wie die Zeit vergeht? Mit dieser Frage bekommen Sie heraus, wofür Sie sich interessieren.	*– Klimaschutz* – – –
Was tun Sie immer wieder von selbst ohne Aufforderung von außen? Mit dieser Frage erfahren Sie, welche Tätigkeiten Sie im Einklang mit Ihrer Intuition ausüben können.	– – – –
Was haben Sie als Kind oft aus eigener Initiative getan? Diese Frage führt Sie auf die Spur, welche Wesenszüge Sie früher ausleben konnten, die heute möglicherweise infolge Ihrer Sozialisation verschüttet sind.	– – – –
Welche Gaben sagen Menschen Ihnen nach? Diese Frage gibt Ihnen Hinweise auf Wesenszüge, die Sie infolge Ihrer Sozialisation vielleicht nicht mehr erkennen.	– – – –
Was regt Sie immer wieder auf? Diese Frage kann Ihnen helfen, Bereiche zu finden, in denen Sie etwas verändern wollen in der Welt.	– – – –

Nehmen Sie Ihr Leben in die Hand!

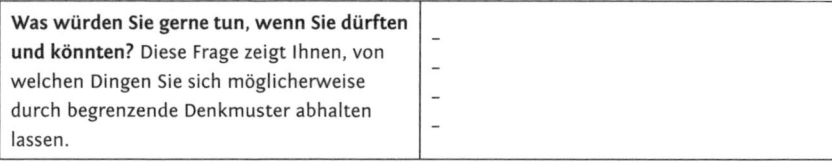

Was würden Sie gerne tun, wenn Sie dürften und könnten? Diese Frage zeigt Ihnen, von welchen Dingen Sie sich möglicherweise durch begrenzende Denkmuster abhalten lassen.	– – – –

Wodurch fühlen Sie sich letztlich erfüllt? Durch den Erfolg beim Mannschaftssport in der Freizeit? Durch das Glück anderer Menschen, wenn Sie ehrenamtlich im Altersheim im Chor singen? Durch Ihre Unabhängigkeit, wenn Sie am Wochenende mit dem Surfbrett Richtung Küste donnern oder mit Freunden am See ein Lagerfeuer machen? Möglicherweise spüren Sie ja schon bei diesem einfachen gedanklichen Test, dass es Ihnen nicht liegt, im Büro Routinearbeiten zu erledigen. Vielleicht sind Sie ja auch einfach der Falsche, um Pressemitteilungen zu schreiben, weil Sie eher ein Ingenieur sind und mathematisch denken. Oder Sie lieben gerade die Routine und schaffen in Büro-Unterlagen genauso gerne Ordnung wie zu Hause?

Schauen Sie in Ihrem Tages- und Wochenablauf, was Sie automatisch und mühelos tun, um glücklich zu sein. Dann sind Sie auf der richtigen Spur! *Tipp 56*

Was bewegt Sie im Kern Ihres Wesens?

Hinter den Dingen, die wir gerne tun, stehen Motive. Verschiedene Menschen haben verschiedene Motive. Unterschiedliche Dinge bewegen unterschiedliche Menschen dazu, unterschiedlich zu handeln. Der Azubi Marc macht deswegen blau, weil er sich nicht dabei wohl fühlt, für die Motive seines Chefs zu arbeiten. Lieber handelt er gemäß seinen eigenen Motiven. Motive sind die Dinge, die uns bewegen, sodass wir uns selbst nicht mehr bewegen müssen. Also stellt sich die Frage: Was bewegt Sie, sodass es Sie selbst keine Anstrengung mehr kostet? Was steht hinter den Dingen aus der Tabelle des Gipstests? Warum ärgern Sie sich, dass Sie diese Dinge nicht tun können, die Sie gerne tun würden?

In der Dramaturgie, in der Psychologie, in der Kriminalistik und sicher auch in vielen anderen Disziplinen gibt es den Begriff des »Motivs hinter dem Motiv«. Das ist, was Sie ursächlich bewegt und nicht nur vordergründig. So kann es beispielsweise sein, dass Marcs vordergründiges Motiv der sportliche Ehrgeiz ist, das Motiv dahinter aber ein Mädchen auf der Tribüne, das er beeindrucken will. Das Motiv hinter dem Motiv »finanzieller Erfolg« kann das Streben nach Status sein, es kann aber auch Angst vor Abhängigkeit sein. Es gibt verschiedene Möglichkeiten, Motive zu unterscheiden. Gängig sind die »Reiss-Motive« nach dem US-Forscher Steven Reiss oder auch die sogenannte »Motivstrukturanalyse« – es sind verschiedene kommerzielle Modelle fürs Coaching, mit denen man die Beweggründe der Menschen ermitteln, Konflikte am Arbeitsplatz lösen und Potenziale finden kann. In den Details sind die Modelle unterschiedlich, geben aber jeweils einen guten Überblick über die heutigen Grundmotive. Die Motivstrukturanalyse beispielsweise differenziert folgende Motive:

- **Wissen.** Möchten Sie die Dinge durchschauen und haben Sie Spaß an Logik und dem Verständnis von Zusammenhängen?
- **Prinzipientreue.** Lieben Sie es, Normen, Dogmen und Regeln zu entsprechen und selbst welche zu erlassen?
- **Macht.** Streben Sie nach Einfluss und übernehmen Sie die Verantwortung für die Situationen, die sich Ihnen eröffnen?
- **Status.** Streben Sie nach Geltung und Ruhm, möglicherweise in Abgrenzung zu anderen?
- **Ordnung.** Sind Sie ein Freund perfekter Planung und Organisation?
- **Materielle Sicherheit.** Geht es Ihnen darum, vorzusorgen und nicht sozial abzusteigen?
- **Freiheit.** Streben Sie nach Selbstbestimmung und Autonomie?
- **Beziehung.** Sind Sie ein Freund des sozialen Austausches und der menschlichen Nähe?
- **Hilfe/Fürsorge.** Neigen Sie zur Selbstlosigkeit und helfen Sie gerne anderen?
- **Familie.** Ist Ihnen das familiäre Dasein besonders wichtig?
- **Idealismus.** Setzen Sie sich für soziale oder politische Veränderungen ein, auch wenn andere diese Veränderungen als unrealistisch bezeichnen?
- **Anerkennung.** Leben Sie vom positiven Feedback Ihrer Umgebung?
- **Wettkampf.** Suchen Sie die Herausforderung und ist der Sieg für Sie ein Wert an sich?
- **Risiko.** Suchen Sie Aufregung und Thrill?

- **Essen.** Sind Sie das, was man einen Genießer nennt?
- **Körperliche Aktivität.** Bewegen Sie sich gerne und lieben Sie Sport?
- **Sinnlichkeit.** Suchen Sie Erotik und starke, ästhetische Empfindungen?
- **Spiritualität.** Streben Sie nach der Einheit mit einem höheren Selbst?

Sie sehen: Jemand mit einem hohen Ordnungssinn arbeitet vielleicht lieber bei einer Behörde als im Zirkus, ein freiheitsliebender Mensch wird kaum mit Routineaufgaben glücklich, und wer von Anerkennung lebt, muss sich diese in der Freizeit beschaffen, wenn er unter einem Job als Fließbandarbeiter leidet. Einen Menschen mit einer hohen Affinität zu Idealismus und Fürsorge plagt vielleicht ein schlechtes Gewissen, wenn es darum geht, mit Arbeit finanziell erfolgreich zu werden, und so lässt er sich wunderbar unterbezahlt in einem Krankenhausjob ausbeuten.

Um also herauszufinden, was Sie wirklich wollen, können Sie die Tabelle des Gipstests noch einmal darauf abklopfen, warum Sie sich darüber ärgern, dass Sie eingegipst, auf einer einsamen Insel oder bei Stromausfall bestimmte Dinge nicht tun können. Wovon hält Sie der Gips letzten Endes ab? Von welchem Ihrer Motive?

Suchen Sie das Motiv hinter dem Motiv! *Tipp 57*

Betrachten Sie sich von außen!

Auf der Suche nach den Motiven ist es auch hilfreich, sich von außen zu betrachten. Denn nur mit einem ehrlichen Urteil ohne jede Voreingenommenheit können Sie Ihre Situation einigermaßen objektivieren und erkennen, wie Sie am einfachsten das Beste daraus machen. Nur mit dem Blick von außen deaktivieren Sie Ihre bisherige Betriebsblindheit und Ihren eventuellen Tunnelblick. Es ist kein Wunder, dass jemand das Controlling für die einzige Job-Möglichkeit auf der Welt hält, wenn er die vergangenen Jahre im Controlling war. Wir gleichen die Wirklichkeit eben mit Mustern ab. Dabei verpassen wir vielleicht die Idee, unserem Traum zu folgen und in einer anderen Ecke des Landes oder der Welt ein kleines Hotel zu eröffnen.

Deshalb ist für Ihren Erfolg enorm wichtig: Betrachten Sie die Welt und sich selbst inklusive Ihrer Wirkung auf andere von außen. Stoppen Sie Ihre Binnensicht. Hören Sie ebenfalls auf zu glauben, der bisherige Gegenstand Ihrer Arbeit stünde auch bei Ihren Mitmenschen im Mittelpunkt. Die meisten arbeiten woanders und kennen die Details Ihrer Welt nicht. Ich kenne Nine-to-five-Worker, die schon seit Jahren über eine Selbstständigkeit nachdenken, aber immer noch bei jedem Treffen über den Ärger in ihrem Job sprechen. Die Leute sehen sich gerne als Nabel der Welt, und das ist auch natürlich, weil sie die Routinen durch ihre selektive Wahrnehmung für normal halten. Ganz egal, ob Sie in einem Café in einer Kleinstadt arbeiten, einen Bürojob machen oder am Fließband stehen: Die Pausengespräche mit den Kollegen bilden nur einen minimalen Teil der Realität ab.

Tipp 58 | **Betrachten Sie die Welt und sich selbst stets aus der Sicht Ihrer Mitmenschen.**

Was sagen andere über Sie?

Wenn Sie die Meinungen Ihrer Mitmenschen einbeziehen, stoßen Sie eher auf mögliche Irrtümer in Ihrer Selbstwahrnehmung, als wenn Sie sich nur selbst betrachten. Manchmal erkennt jemand nicht von allein, dass er seit Jahren die Leute mit seinem besänftigenden Wesen als Mediator beeindruckt – manche Fähigkeit fällt uns selbst nicht auf. Wer gut vor Gruppen sprechen kann oder gut vor der Kamera wirkt, sieht das oft nicht. Was also können Sie, worauf man Sie erst mit der Nase stoßen muss? Fragen Sie Ihre Mitmenschen!

Sobald Sie Ihre Umfrage allerdings auf den Kreis beschränken, in dem Sie sich sowieso in der jüngeren Vergangenheit bewegt haben, hören Sie nichts Neues. Vorsicht – hier besteht die Gefahr, dass Sie falsches Denken deswegen bestätigen, weil Opfer der gleichen falschen Denkhaltung ihre Gedanken recyceln. Im eigenen Saft herumzufragen ist kein Blick von außen. Die Abwesenheit von Andersdenkenden im Bekanntenkreis ist ein Alarmzeichen und ein Indiz für gedanklichen Inzest. Sobald es beispielsweise darum geht, sich aus Denkmustern Ihrer Erziehung zu lösen, hat es nur begrenzt Sinn, Eltern und Geschwister nach Alternativen zu fragen. Dabei kann zwar etwas herauskommen, aber der externe Blick ist mit Sicherheit hilfreicher.

Was sagen also Leute über Sie, die nicht in Ihren Mustern denken? Was sagen alte Schulfreunde? Was haben Sie immer wieder intuitiv getan? Wo lagen und liegen Ihre Stärken? Schulfreunde sind besser als Studienkollegen, weil schon die Wahl des Studiums den Blick eingrenzt und Sie hier bereits einen gedanklichen Filter einsetzen. Fragen Sie Fachfremde! Vertraute Nachbarn, Bekannte vom Sport, Schwiegereltern. Menschen, die anders ticken als Sie. Genau die Leute, die Ihrem Denken fremd sind, haben den externen Blick auf Sie. Wenn Sie von denen plötzlich hören, dass Sie eigentlich immer ganz gut gekocht haben, obwohl Ihre Familie für diese Fähigkeit keinen Sinn hatte, haben Sie einen deutlichen Hinweis auf eine Begabung, die durch Ihre Sozialisation verschüttet ist. Auch was die Menschen aus Ihrem gewohnten Umfeld herabgewürdigt haben, kann durch unbefangene Beobachter wieder zu Wert gelangen, weil sie es Ihnen ermöglichen, das Urteil abzustreifen.

Fragen Sie Außenstehende, die nichts mit Ihrem Fach und Ihrer Sozialisation zu tun haben: Was macht Sie aus? *Tipp 59*

Fragen Sie nicht länger die falschen Leute um Rat, sondern die richtigen!

Nicht nur hinsichtlich der Denkmuster und der damit drohenden Filterung durch selektive Wahrnehmung sollten Sie die richtigen Menschen fragen, sondern natürlich auch, was Ihre berufliche Richtung betrifft. Ihre Ratgeber sollten von der Sache schon etwas verstehen, über die sie sprechen. Wenn Sie wissen wollen, wie man einen Sauerteig anrührt, fragen Sie keinen Elektroingenieur, sondern einen Bäcker – das klingt logisch und ist einleuchtend. Und wenn Sie sich für eine Existenzgründung interessieren, fragen Sie keinen Angestellten, sondern einen Selbstständigen. Oder?

Hier lauert die gleiche Falle wie bei der Fremdbeurteilung der persönlichen Situation: Menschen fragen in aller Regel die Leute um Rat, die sie umgeben. Kennen Sie das? Wir fragen unsere Freunde, ob sie uns einen Steuerberater, Anwalt oder Zahnarzt empfehlen können, und wie durch ein Wunder landen wir genau bei den Steuerberatern, Anwälten und Zahnärzten unserer Freunde. So ein Zufall, dass ausgerechnet unsere Freunde die besten Experten kennen! Selbstverständlich ist es kein Zufall, und es sind auch nicht die besten Experten – aber die Leute fühlen sich eben gerne maßgeblich bei der Beurteilung der Dinge und erzählen uns daher jeden Mist.

Wenn Sie also Arbeitnehmer sind, werden Sie in Ihrem Umfeld zum Thema Selbstständigkeit jede Menge Pseudoexperten hören – wobei die betreffenden Ratgeber angestellt sind und sich noch nie selbstständig gemacht haben. Es sind die gleichen Leute, die mir damals gesagt haben, ich sei »mutig«. Ihre Aussagen sind gefiltert, und zwar genau durch den Filter, den Sie ja vielleicht ablegen wollen. Sie hören die ganze Logik des Arbeitnehmer-Dogmas: Existenzgründung sei viel zu riskant – die übliche demotivierende Litanei. Geradezu fatal ist es, die Leute im Warteraum der Agentur für Arbeit zum Thema Selbstständigkeit um Rat zu fragen: Man wird Ihnen vermutlich jede Menge Geschichten über gescheiterte Gründer und verkrachte Existenzen erzählen.

Kürzlich offenbarte sich mir dieses illusionäre Denken in Form eines pensionierten Lehrers: Seine Tochter hatte in einer Werbeagentur tatsächlich einen festen Vertrag als Layouterin bekommen. Darüber war die Familie glücklich, und der Vater ließ sich zu der Äußerung hinreißen, er halte diese Stelle für sicher. Es ist eine dieser Situationen, in denen man sich Einwände gut überlegen sollte. Denn schließlich könnte man ein eingebildetes Sicherheitsgefühl verletzen.

Warum fragen Menschen inkompetente Ratgeber?

Nur: Was weiß dieser Lehrer über die Auftragslage der Agentur seiner Tochter? Was weiß er über die Eigentümerverhältnisse? Über die Solidität der Geschäftsführung? Eine Werbeagentur ist nur dann erfolgreich, wenn Unternehmen Werbung beauftragen – was, wenn die Etats wegbrechen? Was, wenn der Chef vor einen Bus läuft und die Nachfolger den Laden ruinieren? Was soll daran sicher sein, und warum überhaupt erlaubt sich jemand die Anmaßung, zu behaupten, etwas sei sicher? Nichts ist sicher! Was weiß jemand vom Business, der nie Business gemacht hat, sondern sein Leben lang im Staatsdienst war, und das in einem Schulsystem, das Kindern nicht beibringt, Geschäftsideen zu entwickeln, sondern sie auf konvergentes Denken nach dem Arbeitnehmer-Dogma vorbereitet?

Dabei ist es ganz einfach: Wollen Sie eine Geschäftsidee oder die Sicherheit eines Arbeitsplatzes beurteilen, fragen Sie Unternehmensberater oder wenigstens Geschäftsleute. Interessieren Sie sich hingegen für die englische Grammatik oder für den Satz des Pythagoras, fragen Sie Lehrer.

Ich finde es seltsam, dass manche Menschen die Anmerkungen inkompetenter Ratgeber ernst nehmen. Denn wenn wir schwimmen oder Ski fahren lernen wollen, gehen wir auch selbstverständlich davon aus, dass der Schwimmlehrer schwimmen und der Skilehrer Ski fahren kann. Wer einigermaßen normal tickt, geht nicht zu einem Friseur mit schlechter Frisur oder zu einem Zahnarzt mit schlechten Zähnen. Wer zielorientiert denkt, nimmt keinen Psychologen als Ratgeber ernst, der selbst eine Störung hat. Bei allem Respekt gegenüber den Erfahrungen und dem Können und Wissen, das Menschen im Laufe ihres Lebens sammeln: Wenn es um erfolgreiche Konzepte zur Selbstständigkeit geht, ziehe ich die Gedanken erfolgreicher Selbstständiger vor. Mich sollten Sie beispielsweise nicht um Rat fragen, wenn es um Pflanzenzucht oder ums Zeichnen geht, denn von beidem habe ich keine Ahnung. Also ist die Formel klar und einfach: Wenn es um Brot geht, fragen Sie einen Bäcker!

> **Wenn Sie Brot backen wollen, fragen Sie einen Bäcker.**
> **Wenn Sie Ihr Ding machen wollen, fragen Sie jemanden,**
> **der erfolgreich sein Ding macht.**
>
> *Tipp 60*

Inwiefern fragen Sie bislang die falschen Ratgeber? Auf der nächsten Seite habe ich eine Tabelle für Sie.

In der linken Spalte tragen Sie ein, wen Sie alles um Rat fragen, wenn es um Entscheidungen im Leben geht. Wie zuvor gebe ich ein kleines Beispiel: Hier fragt jemand einen Journalisten in Sachen Markenrecht um Rat, weil Journalisten meistens von allem ein wenig wissen – sicher angeraten wäre aber ein Rechtsanwalt, der sich auf das Thema spezialisiert hat. In die mittlere Spalte schreiben Sie, in welchen Belangen Sie Ihre Ratgeber bislang um Rat gefragt haben. Dann überlegen Sie einmal, mit wem Sie es eigentlich zu tun haben – welcher Profession entstammen Ihre Ratgeber, welchen Denkmustern? Denken und handeln sie eigenständig oder fremdbestimmt? Machen sie ihr Ding oder nicht? Und dann leiten Sie daraus ab, auf welchen Gebieten diese

Ich frage bisher um Rat:	Ich frage sie/ihn bislang in folgenden Belangen um Rat:	Dabei ist sie/er eher eine Instanz für:
einen befreundeten Journalisten	*Marken- und Domainrecht*	*pressewirksame Storys*

Ratgeber wirklich gut sind – den Journalisten fragen Sie vor allem dann, wenn Sie mit Ihrem Thema in die Presse wollen.

Schließlich vergleichen Sie die zweite und die dritte Spalte. Finden Sie Unterschiede oder Widersprüche? Dann nehmen Sie sich die nächste Tabelle auf Seite 169 vor, in der Sie den Gedanken umkehren: Schließen Sie nicht von Ihrem Umfeld darauf, wer Ihre Ratgeber sind, sondern schließen Sie von Ihrem Vorhaben darauf, wen Sie um Rat fragen sollten – bestimmen Sie also den Weg anhand des Ziels! In der linken Spalte schreiben Sie auf, was Sie vorhaben und erreichen wollen. In der mittleren Spalte notieren Sie, welche Kompetenz Ihr Ratgeber haben sollte. Und dann machen Sie sich darüber Gedanken, wer als Ratgeber in Frage kommt. Es ist ganz egal, ob Sie die Menschen bereits persönlich kennen, die Ihnen da vorschweben – schreiben Sie die Namen erst einmal hin.

Der allerbeste Tipp ist ohnehin: Fragen Sie Ihre Vorbilder, auch wenn die berühmt sind und unerreichbar erscheinen. Wer hat erreicht, was Sie noch erreichen wollen? Solche Menschen sollten Sie nach ihrer Meinung fragen. Was würden Ihre Vorbilder Ihnen raten, was Sie konkret unternehmen sollten? In der rechten Spalte der Tabelle sollte es von Vorbildern nur so wimmeln. Auch wenn sie berühmt sind – schreiben Sie sie rein.

Folgendes Ziel will ich erreichen:	Diese Kompetenz sollte mein Ratgeber dazu haben:	Diese Ratgeber kommen in Frage:
eine unangreifbare Marke anmelden	Markenrecht	– RA Dr. Fritz Fratz – – –
in Hollywood Maskenbildnerin werden	Kontakte nach Los Angeles in die Filmindustrie haben	– der Nachbar von Annettes Bruder aus Hamburg – bestimmt einige Leute bei Xing – –
		– – – –
		– – – –
		– – – –
		– – – –
		– – – –
		– – – –
		– – – –

Dass Prominente unerreichbar sind, ist auch nur eine Denkgrenze. Setzen Sie es sich einfach zum Ziel, Ihre Vorbilder zu erreichen! Suchen Sie nicht nach Gründen, warum das nicht möglich sein sollte, sondern schauen Sie nach Wegen, wie Sie diese Menschen treffen und um Rat fragen können. Wenn Sie sich vornehmen, einen bestimmten Hollywood-Regisseur kennen zu lernen, dann werden Sie es schaffen. Sie müssen nur das Nötige dazu tun – einen Termin finden, einen Flug buchen, ein Hotel recherchieren. Erfolgreiche Menschen berichten meiner Erfahrung nach übrigens gerne, wie sie ihren Erfolg im Sinne von »action« geplant und erreicht haben – man muss sie nur fragen. Weil sich das nur wenige Menschen trauen, gibt es Chancen!

Fragen Sie erfahrene Menschen, nicht gebildete

Dass Sie Menschen vom Fach fragen, ist klar – aber auch innerhalb eines Faches gibt es Theoretiker und Praktiker. Ein weiterer wichtiger Tipp in Sachen Ratgeberqualität lautet daher: Fragen Sie nicht Gelehrte, sondern Erfahrene. Nicht wer das meiste theoretische Wissen hat und die unterschiedlichsten Studien kennt, kann Ihnen helfen, sondern wer mit seinen Entscheidungen und Handlungen seine Ziele bisher am besten erreicht hat. Qualität steht nicht nur bei Ihnen vor Qualifikation, sondern auch bei Ihren Ratgebern. Ein rauchender Psychologe kann in der Theorie der Verhaltenstherapie noch so versiert sein, doch er beweist der Welt an sich selbst, dass sein Modell nicht funktioniert. Und es ist völlig egal, wie viele Doktortitel er hat – solange er seinen Job nicht richtig macht, indem er mit gutem Beispiel vorangeht, handelt er schlicht unprofessionell. Für die Menschen außerhalb der wissenschaftlichen Institute zählen Praxisrelevanz und Nutzen.

Gerade in wissenschaftsgläubigen Kreisen findet sich oft ein erstaunlicher Mangel an Professionalität durch fehlende Praxisrelevanz: Viele Veröffentlichungen sind zwar wissenschaftlich perfekt, aber zugleich so exakt, erschöpfend und präzise in der Darstellung, dass das breite Publikum nicht mehr folgen kann und aussteigt. Der Preis für die Korrektheit ist, dass die Menschen die Botschaft gar nicht erst erfahren! Vielen Wissenschaftlern geht es so: Sie überstrapazieren ihr Sujet und ignorieren dessen Bedeutung für die Menschen. So sinnvoll es theoretisch auch sein mag, was sie zu sagen haben, ist es in der Praxis häufig nicht zu gebrauchen. Wenn Sie Ihren Elektroherd anschließen wollen, brauchen Sie kein theoretisches physikalisches Wissen, sondern das richtige Kabel. Daher empfehle ich Ihnen nicht den Physiker, sondern den Elektrotechniker. Und wenn Sie Ihr Ding machen wollen, dann brauchen Sie keine erschöpfenden sozialwissenschaftlichen Studien über Selbstbestimmung und Beruf, sondern schlicht jemanden, der sein Ding bereits macht und Ihnen zeigt, wie es geht.

Fragen Sie nicht Menschen mit Wissen um Rat, sondern Menschen mit Erfahrung. *Tipp 61*

Spielen Sie mit größeren Kindern!

Und wählen Sie auch die richtigen Ratgeber für Ihre persönliche Umgebung aus – denn Denkmuster färben ab. So wie Misserfolg und Demotivation ansteckend sind, sind auch Erfolg und Motivation ansteckend. Achten Sie also darauf, dass Ihre Umgebung Sie nicht frustriert, sondern fördert und Ihnen helfen kann. Im Grunde ist das ganz einfach. Wenn Sie sich selbstständig machen wollen, umgeben Sie sich mit Selbstständigen: Besuchen Sie Unternehmernetzwerke, Kongresse und Messen. Fragen Sie herum: Wer hat schon geschafft, was Sie vorhaben? Wer hat den Job, den Sie wollen? Wenn Sie Pilot werden wollen, sollten Sie schauen, dass Sie Piloten kennen lernen, die Vorbilder für Sie sein können. Wenn Sie zum Theater oder Film wollen, dann umgeben Sie sich nicht mit Kulturbanausen. Wenn Sie Spitzenkoch werden wollen, halten Sie sich von Tütensuppenköchen fern. Egal, was Sie tun – umgeben Sie sich mit erfolgreichen Menschen! So können Ihnen die Menschen in Ihrem direkten, persönlichen Umfeld dabei helfen, die Konzepte des Erfolgs zu kopieren und anzuwenden. Letztlich schärfen Sie damit nur Ihre Wahrnehmung und konzentrieren sich auf das Wesentliche: Da es andere Leute zum Piloten oder Spitzenkoch gebracht haben, scheint es möglich zu sein.

Suchen Sie also Menschen, die Ihnen helfen, Ihre Ziele zu erreichen – nicht nur um sie um Rat zu fragen, sondern auch um ihre Weltsicht und Lebensweise kennen zu lernen. Umgeben Sie sich mit Adlern! So stellen Sie rasch fest, dass deren Handeln zum Ziel führt, und Ihr Huhn-Anteil sinkt, indem Sie die Adler-Eigenschaften übernehmen. Damit suchen Sie sich nicht nur die Vorbilder, die bereits geschafft haben, was Sie noch vorhaben – sondern Sie orientieren sich auch gleich an der nächsthöheren Stufe. Lernen bedeutet, nach oben zu schauen! Wenn Sie ein Schachmeister werden wollen, sollten Sie seltener mit schwächeren Partnern spielen, sondern eher mit stärkeren. Wenn Sie zu den Top-Modedesignern gehören wollen, lassen Sie sich von einem Top-Modedesigner ausbilden. Schauen Sie also immer nach oben und spielen Sie mit größeren Kindern!

Tipp 62   **Wenn Sie an die Spitze wollen, gehen Sie in die Lehre bei Spitzenleuten.**

Xing und LinkedIn ja, Netzwerktreffen nein

Gute Partner finden Sie übrigens auch einfach durch gezielte Suche: Profile bei Xing, LinkedIn und Facebook sind Pflicht – egal ob als Arbeitnehmer oder Selbstständiger. Sofern Sie es noch nicht getan haben: Denken Sie sich in die Welt der Internet-Communitys rein und machen Sie mit. Erstellen Sie nicht erst dann ein realistisches und stimmiges Profil, wenn Ihr Unternehmen Sie feuert, sondern schon jetzt. Machen Sie es bis Ende der Woche fertig. Es ist wichtig. Über Netzwerke bekommen die Leute sofort einen Eindruck von Ihnen und erfahren, wer Sie sind und was Sie tun. Viele generieren über ihre Kontakte und zum Beispiel über die Themengruppen bei Xing einen Großteil ihres Umsatzes.

Eher abraten möchte ich Ihnen von sogenannten Netzwerktreffen. Die gibt es fast in jeder Stadt, veranstaltet von den unterschiedlichsten Gruppen: Selbstständige und Industrielle treffen sich, oft auf netten Veranstaltungen mit Redebeiträgen und Visitenkarten-Speed-Dating. Problem dabei: Bei solchen Netzwerktreffen tummeln sich fast nur Anbieter und keine Kunden. Dort treffen Sie eher Leute, die Geld brauchen, als solche, die Ihnen welches geben wollen. Zwar ist jeder Anbieter auch Kunde – aber warum soll ich meine Druckaufträge, die seit Jahren in besten Händen sind, jetzt dem netten Inhaber einer mir unbekannten Druckerei geben, nur weil das Visitenkarten-Shaking uns an einen Tisch spült? Aus Netzwerktreffen, die ich zu Beginn meiner Selbstständigkeit besucht habe, entstanden ein paar Freundschaften, und die eine oder andere Netzwerkbekanntschaft gehört mittlerweile zu meinem

»mittelalterlichen Dorf«. Aber wie viele sinnlose Gespräche fanden bis dahin statt! Die erfolgreichen Geschäftsleute, die ich inzwischen kenne, fünf Jahre nach Ende meiner Zeit als Angestellter, treiben sich nicht auf Netzwerktreffen herum – dafür haben sie keine Zeit. Es mag sein, dass manche Leute das anders sehen, aber wenn Sie mich fragen, rate ich Ihnen von Netzwerktreffen ab, auf denen Sie nicht wissen, wen Sie treffen. Oft sind das Zeit- und Energiegräber. Bauen Sie Ihr persönliches Netzwerk besser über Leute auf, die Sie schon kennen, beispielsweise über Xing, wo Sie anhand der Gästelisten von Events sehen, ob es Sinn hat, ein Treffen zu besuchen.

Vernetzen Sie sich in Internet-Communitys, aber seien Sie vorsichtig mit Netzwerktreffen. *Tipp 63*

Handeln Sie zielorientiert statt prozessorientiert!

Inwieweit stimmen Sie folgenden Aussagen zu?	1 = trifft in jeder Hinsicht zu; 5 = trifft überhaupt nicht zu				
Es ist immer wichtig, das Ziel im Auge zu behalten, weil man sich sonst im Kleinkram verlieren kann.	①	②	③	④	⑤
Wer seine Aufgaben macht, ohne ein Ziel im Blick zu haben, wird kaum ein größeres Ziel erreichen.	①	②	③	④	⑤
Ob jemand den Fokus auf seine Ziele richtet oder darauf, korrekt zu handeln, ist eine Frage der Geisteshaltung, die anerzogen oder ein Ergebnis der Sozialisation ist.	①	②	③	④	⑤
Die meisten Leute haben keine Ziele im Blick, sondern konzentrieren sich auf Arbeitsabläufe.	①	②	③	④	⑤
Wenn Menschen ziellos arbeiten und sich darauf konzentrieren, alles richtig zu machen, können die bestgemeinten Arbeiten ihren Zweck verfehlen.	①	②	③	④	⑤

Wenn Sie Ihr Ding machen wollen, sollten Sie wissen, was Ihr Ding ist. Was ist Ihr Ziel? Genau darauf arbeiten Sie hin. Sie haben es also mit zwei Dingen zu tun: Zum einen zählt das Ziel und zum anderen der Weg dorthin. Das klingt fürchterlich banal, ich weiß, es ist aber elementar für Ihren Erfolg. Unterscheiden Sie diese beiden Dinge wie Feuer und Wasser. Sie sind grundverschieden. Die Differenzierung zwischen Weg und Ziel wird Sie ein Leben lang begleiten, wenn Sie sich vornehmen, an Ihrem beruflichen Erfolg und Glück zu arbeiten. Sie werden diese Unterscheidung immer wieder brauchen, wenn es darum geht, die richtigen Entscheidungen zu treffen.

Die meisten Menschen finden eines von beiden wichtiger als das andere und konzentrieren sich ausschließlich auf eines. Die hundertprozentigen Zieldenker stampfen wie Nashörner durch den Dschungel geradewegs ins Ziel. Und die hundertprozentigen Prozessdenker stolpern zwar nicht und tun vielleicht auch niemandem weh, kommen aber auch nirgendwo an, weil sie jeden Schritt in einer perfekt berechneten Choreografie gehen und sich daran stören, wenn etwas einmal nicht korrekt ist. Es ist eine Frage der Denkweise, eine Geisteshaltung, ob Menschen ihren Blick auf das Ziel richten oder auf den Weg dahin. Was ist wichtiger? Das Ziel oder der Weg? Den Blick auf das Ziel nenne ich zielorientiert, den Blick auf den Weg prozessorientiert. Und wenn ich nun sage, Sie sollen zielorientiert statt prozessorientiert denken, dann meine ich das als Tendenz. Seien Sie tendenziell ein Zieldenker. Gehen Sie nicht vorrangig die bekannten Wege richtig, sondern gehen Sie die richtigen Wege! Wenn Sie ein bislang unbekanntes Ziel definieren und sich dann überlegen, welche neuartigen Wege dorthin führen, dann sind Sie originell, unbeirrbar und divergent im Denken.

Führen oder managen?

Managementexperten unterscheiden hinsichtlich der Ziel- und der Prozessorientierung auch zwischen verschiedenen Arten von Führungskräften: Führungsfiguren führen, sie führen das Unternehmen und die Mitarbeiter und Kunden – und zudem haben sie das Ziel im Blick. Manager dagegen managen und sorgen für reibungslose Abläufe. Zwei ziemlich verschiedene Dinge. Fällt Ihnen eine Analogie auf? Vielleicht erinnern Sie sich an den Satz »Die, die wissen, wie, arbeiten für die,

die wissen, warum«. Wir haben es wieder mit den Jägern und den Großbauern zu tun! Der Jäger jagt, er zielt. Der Großbauer hegt sein Gehöft und managt Kühe, Enten und Hühner. Zwischen Führung und Management besteht ein Unterschied: Visionen und Ziele sehen einerseits, die Wege dazu entwickeln andererseits. Der Jäger kennt immer den Sinn und den Zweck: Er will konkret diesen einen Auftrag, diesen einen Neukunden, oder er will einen Taschencomputer entwickeln, der komplett intuitiv bedienbar ist. Personalführung und Finanzbuchhaltung interessieren ihn nicht wirklich, dafür stellt er Manager ein. Und die sind meist Großbauern und daher oft prozessorientiert. Der Großbauer verliert Sinn und Zweck beim Wegebauen ab und zu aus dem Blick – Hauptsache, die Abläufe stimmen. Das erklärt den Missmut mancher Kunden oder auch einfacher Angestellter gegenüber schlechten Managern, die an der Realität und am Bedarf der Kunden vorbei entscheiden und nur den Fokus darauf haben, dass die Algorithmen den bisherigen Routinen entsprechen – denn schon leidet das neue Produkt unter den gewohnten Unzulänglichkeiten der Firma. Sinnvoll zu handeln ist daher Jägersache, und findet jenseits der üblichen Pfade statt. Darum ist es kaum glaubwürdig, wenn Großbauern in wuchtigen Reden die Belegschaft zum Umdenken auffordern oder Visionen verkaufen wollen. Jäger sind da wesentlich überzeugender, weil sie eher Divergenz demonstrieren als Konvergenz.

Die meisten Leute sind es gewohnt, in Prozessen statt in Ergebnissen zu denken – und sie führen das entsprechende Leben. Damit gehorchen sie wieder dem kulturellen Briefing, das unsere Gesellschaft uns schon in der Schule mitgibt: »Bring zu Ende, was du anfängst«, »Mach alles richtig«.

Wir sollten Kindern lieber möglichst früh vermitteln, dass es einen wesentlichen Unterschied gibt zwischen »alles richtig machen« und »das Richtige tun«. Aber auch hier haben wir es wieder mit dem Problem zu tun, dass die Macher von Bildungspolitik naturgemäß konvergente Denker und somit Prozessdenker sind. Kinder »durchlaufen« die Schule – das ist ein Verwaltungsvorgang, bei dem alles korrekt ablaufen muss. Was auf dem Lehrplan steht, müssen wir im Sinne der Konvergenz »richtig lernen«. Wenn der Schulabgänger kurze Zeit später feststellt, dass er die falschen Dinge gelernt hat, ist es zwar zu spät, aber vielleicht schwant ihm dann der Unterschied zwischen »alles richtig machen« und »das Richtige tun«.

Wenn man sich auf Prozesse konzentriert statt auf Ziele, können die verrücktesten Dinge dabei herauskommen: Ein Dokument mit einer fertigen Entscheidung liegt drei Tage in der Umlaufmappe auf einem Schreibtisch, weil ein Manager auf einem Kongress ist – der Prozess des Unterschreibens ist in der Routine bürokratischer Unternehmen eine Hürde, ohne den kein Vorgang sich seinem Ziel nähert. Die Vorstandsassistentin verkünstelt sich mit der Powerpoint-Präsentation in millimetergenauen Details und liefert sie dadurch zu spät ab. Ein Mitarbeiter stoppt seine Arbeit wegen einer Drucksache, weil ihm drei Dateien fehlen und niemand sie liefert – er sagt aber auch niemandem Bescheid, dass er diese Daten braucht, weil er sich nicht als Führungskraft versteht. Viele prozessorientiert denkende Menschen sabotieren Ziele mit ihrem Prozessdenken geradezu. Was verwunderlich ist, denn privat tun sie durchaus eine ganze Menge, um ihren Zug zu Tante Anneliese rechtzeitig zu erreichen. Sofern nicht eine rigide Unternehmenskultur das Mitdenken verbietet, darf man getrost von Absicht ausgehen.

Was ist also das Ziel Ihres Handelns? Hiernach sollten Sie sich richten, und Sie sollten sich dabei nicht blockieren. Ich vermute mal, Sie wollen beruflich erfolgreich, ausgeglichen und glücklich sein. Dann sollten Sie sich darauf konzentrieren. Oder ist Ihr Ziel, dass Sie Ihren Job behalten? Dann arbeiten Sie an den Zielen des Unternehmens mit. In jedem Fall sollten Sie erst Ihr Ziel definieren und dann schauen, welcher Weg dorthin führt. Bislang gehen Sie vielleicht definierte Wege, weil man Ihnen beigebracht hat, sie zu gehen. Sie sind ein hervorragender Buchhalter geworden, merken aber mit fünfunddreißig, dass Sie gar kein Buchhalter sein wollen. Nun hat es wenig Sinn, auf der Buchhalterschiene weiterzufahren in der Hoffnung, die richtige Abzweigung werde schon kommen. Wenn Sie ein anderes Ziel haben, kann der bisherige Weg komplett falsch sein. Also hinterfragen Sie den Weg! Und wenn das Ziel klar ist, wird sich der neue Weg schon zeigen.

 **Tipp 64** **Definieren Sie zuerst Ihr Ziel. Erst dann entscheiden Sie, welcher der richtige Weg dorthin ist. Und dann tun Sie nur noch, was Sie zum Ziel führt.**

Zielorientiert handeln durch das Eisenhower-Prinzip

Prozessorientiertes Denken ist sozialisiert. Wenn uns Eltern und Lehrer nicht beibringen, wie wir »die richtigen Dinge tun« können, sondern dass wir »alles richtig machen« sollen, ist es kein Wunder, dass wir nicht unser Ding machen, sondern ein halbherziges Arbeitsleben voller Kompromisse führen. Wer die Dinge nach dem Prinzip »eins nach dem anderen« abarbeitet statt nach dem Prinzip »Wichtiges zuerst«, der gelangt später oder gar nicht zum Ziel, weil die wichtigen Dinge nicht rechtzeitig fertig werden. Und das ist auch kein Wunder, denn durch diese Eins-nach-dem-anderen-Strategie geben wir den Nebensachen des Lebens viel zu viel Bedeutung. Mit dem Eisenhower-Prinzip können Sie das ändern. Möglicherweise kennen Sie dieses Prinzip schon, es ist eines der wichtigsten Prinzipien für die Selbstorganisation und fürs Zeitmanagement.

Wer jeden Morgen erst einmal die Nachrichten liest, ohne sie zunächst in einem Überblick nach »wichtig« und »unwichtig« zu ordnen, wer alle seine E-Mails und Netzwerk-Nachrichten ungeachtet ihres Inhalts mit jeweils der gleichen Priorität bearbeitet, verbrät eine Menge Energie: Die Nachrichten verleiten dazu, Kollegen zu informieren; die E-Mails und Netzwerk-Informationen verleiten dazu, den Schreibern in der Reihenfolge zu antworten, in der die Listendarstellung Nachrichten nach Eingangszeit ordnet. So führt der Weg der Routine automatisch zur Konzentration aufs Unwesentliche. Die »events« geben vor, was wir tun. Wir reagieren. Wesentlich klüger ist es, zuerst die wichtigen Dinge zu tun und sich dann, wenn diese erledigt sind, dem Kleinkram zu widmen. Wenn überhaupt.

Prozessdenken ist insofern ein gefährlicher Autopilot, der uns von Ergebnissen abhält, weil er die wichtigen Dinge nicht selektiert. Dass es möglicherweise viel wichtiger ist, die Broschüre mit unserem Produkt fertig zu machen, geht bei der routinemäßigen E-Mail-Bearbeitung unter. Sicher sollten wir unsere E-Mails checken – aber eine konkrete Auftragsanfrage ist tausendmal wichtiger als der neueste Büro-Cartoon von dem gelangweilten Kollegen, bei dessen E-Mails die Kollegen inzwischen alle denken: »Wahrscheinlich wieder ein Witz, darum irrelevant.« Ebenso nervig sind Fragen zu Nebensachen, die die Fragenden selbst kurz beantworten könnten. Mein Tipp: Beantworten Sie Nachrichten der Nichtssager nicht mehr – wenn Sie Glück haben, bekommen Sie bald weniger nichtssagende Nachrichten. Was wichtig ist, beantworten Sie natürlich sofort und behandeln Sie prioritär. Es geht darum, Informationen anders zu ordnen und zu bewerten als nur nach Eingang. Wesentlich ist aber die Schere im Kopf: Seien Sie frei zu entscheiden, was wichtig ist und was nicht. Wichtig ist, was Sie zu Ihrem Ziel führt.

Viele Leute, die Informationen nach Eingang und nicht nach Relevanz sortieren, haben am Ende des Tages den Eindruck, sie hätten überhaupt nichts geschafft. Und das stimmt auch. Sie haben ihre Zeit verschwendet und wurden ihrem Gehalt nicht gerecht. Sie haben streng genommen sogar ihren Arbeitgeber betrogen, weil sie die wichtigen Dinge den unwichtigen untergeordnet und damit die Prioritäten verkehrt gesetzt haben. Die Ergebnislosigkeit erleben sie fatalerweise nicht nur am Ende des Tages, sondern auch am Ende der Woche, am Ende eines Jahres und am Ende eines Lebens. Menschen, die sich dem Hamsterrad der unwichtigen Dinge verschreiben und stets tun, was aus jeder Kleinigkeit folgt, haben an Silvester und auf dem Sterbebett zu Recht das Gefühl, nichts auf die Reihe bekommen zu haben. Man kann ihnen nur sagen: Stimmt! Du hast nichts geschafft.

Wichtiges gehört also an den Anfang! Bei mir heißt »Anfang« schlicht »Tagesbeginn«: Die ersten Stunden des Tages verwende ich für die wichtigen, langfristigen Dinge. Was weggeschafft ist, ist weggeschafft! Für Nachrichten und E-Mails ist immer noch am Nachmittag Zeit. Mit dieser Strategie habe ich die Garantie dafür, dass die wichtigen Dinge fertig werden.

Mir hilft hier das Eisenhower-Prinzip. Mit ihm spare ich seit Jahren bei allen Tätigkeiten Zeit und Energie. Und dieses Prinzip ist auch für Sie sinnvoll, wenn Sie Ihr Ding machen und Ziele erreichen wollen. Der frühere US-Präsident Dwight D. Eisenhower (1890–1969) sortierte seine Aufgaben so:

A-Aufgaben sind wichtig und dringend – sie erledigt er sofort.

B-Aufgaben sind nicht dringend, aber wichtig – sie erledigt er danach.

C-Aufgaben sind dringend, aber unwichtig – sie delegiert er.

D-Aufgaben sind weder dringend noch wichtig – sie erledigt er gar nicht.

Nehmen Sie Ihr Leben in die Hand!

Aus dieser Priorisierung folgt automatisch, dass bald nichts mehr dringend ist – denn Sie erledigen die Dinge, bevor sie dringend werden. Das heißt: Ihre Arbeit ist insgesamt entspannter und stressfrei. »Wichtig« bedeutet bei Eisenhower stets »wichtig im Sinne Ihrer Sache«. Wenn Sie nicht Buchhalter sind, ist Buchhaltung nicht wichtig – sie ist kein Baustein auf Ihrem Weg zur Spitzenpositionierung. Buchhaltung ist lediglich dringend. Sie muss eben erledigt werden, und zwar ganz egal, von wem. Auch die Wohnung zu putzen ist nicht wichtig, sondern nur dringend, und auch hier müssen nicht Sie zupacken, sondern Sie können sich auf Ihre wichtigen Aufgaben konzentrieren, indem Sie das Putzen abgeben. Wichtig ist allerdings, dass Sie wie verabredet um 14.30 Uhr beim Termin mit Ihrem Kunden sind, und zwar ganz egal, ob bei Glatteis oder Stau.

Wichtig sind insgesamt die Dinge, die Sie am Leben erhalten und mit denen Sie etwas aufbauen können. Wenn Sie die wichtigen Dinge nicht tun, werden sie irgendwann dringend – das ist logisch, denn sonst wären die Dinge nicht wichtig.

Die Unterscheidung zwischen »wichtig« und »dringend« ist für Ihren Erfolg ebenso elementar wie die Unterscheidung zwischen Ziel und Prozess. Prüfen Sie mal, was Sie in Ihrem Leben so an unwichtigen Dingen tun, nur weil Sie dringende Dinge für wichtig halten. Und überlegen Sie, ob nicht folgende Tabelle zumindest in der Tendenz zutrifft:

	Einstellung	Sinnorientierung	Eisenhower-Prinzip	Perspektive
Jäger	Ziele sehen	wissen, wozu	Wichtiges tun	nach vorn: handeln
Bauern	Prozesse sehen	wissen, wie	Dringendes tun	zurück: jammern

Mit seinem Prinzip gelang es Eisenhower, dass er bald keinen Stress mehr hatte: Die dringenden Aufgaben verschwanden oder lagen in den Händen seines Stabes – und das macht das Modell so attraktiv. Und wenn Sie das Eisenhower-Prinzip wie ich konsequent anwenden, haben auch Sie bald keine dringenden Aufgaben mehr. Denn sobald Sie Wichtiges sofort erledigen, kann es nicht mehr dringend werden. Dringende unwichtige Dinge geben Sie ab – an Ihren Anwalt, Ihren Steuerberater. Es ist für Sie nicht wichtig, dass Sie Ihre Steuererklärung allein machen, wenn Sie nicht selbst Steuerberaterin oder Steuerberater sind. Es ist nur dringend, dass die Erklärung termingerecht beim Finanzamt landet. Ebenso wenig ist es für Sie wichtig, dass Sie zum zehnten Mal mit dem Kollegen sprechen, der schon wieder eine Diskussion über irgendwelche Befindlichkeiten vom Zaun bricht. Sondern es ist dringend, dass Sie sinnlose Diskussionen stoppen und Energiefresser loswerden. Wichtig für Sie ist vor allem, dass Sie Ihr Kerngeschäft und Ihre eigentliche Profession voranbringen und sich nicht weiter dabei stören oder behindern lassen. Und Sie erreichen eher dann ihr Ziel, wenn Sie die wichtigen Dinge tun und die dringenden auslagern.

In meinem Leben als Selbstständiger achte ich darauf, dass ich möglichst wenige, dafür aber große wichtige Aufgaben habe. Das halte ich nicht nur deshalb so, weil ich dadurch insgesamt produktiver bin, sondern weil ich Dringendes und Stress schlicht nicht mehr will. Dafür ist das Leben zu kurz und zu wertvoll. Angeblich dringende E-Mails (»bis morgen!«) in Angelegenheiten, die vor Wochen oder Monaten schon hätten eingetütet sein sollen, dulde ich nicht. Sie sind ein Zeichen dafür, dass andere Leute ihre Arbeit schlecht machen, nicht ich. Es ist also deren Film und nicht meiner. Viele der Stressmacher mit ihren irrelevanten E-Mails mit »Wichtig«-Kennzeichnung veranstalten schlichtweg Lärm um nichts. Die wenigsten wichtigen Dinge sind dringend, wenn Sie das Eisenhower-Prinzip konsequent anwenden und ziel- statt prozessorientiert arbeiten.

Schauen Sie sich einfach mal an, wie sich die A-, B-, C- und D-Aufgaben in meinem Leben als Trainer, Seminarentwickler und Autor verteilen:

A-Aufgaben: wichtig und dringend	Bücher mit Abgabefrist schreiben Seminarkonzepte mit Abgabefrist entwickeln Teilnehmerhandouts mit Abgabefrist entwickeln Seminare gut vorbereitet geben Webinare gut vorbereitet geben Zeitschriftenbeiträge schreiben
B-Aufgaben: wichtig und nicht dringend	Alle A-Aufgaben, mit denen ich so rechtzeitig beginne, dass sie nicht dringend werden können Kontakte zu Partnern und Teilnehmern pflegen Für Präsenz sorgen (Blog, Podcasts, Twitter, Xing) Überblick über die Nachrichtenlage behalten

Nehmen Sie Ihr Leben in die Hand!

C-Aufgaben: dringend und unwichtig	Datenbanken pflegen (Kollegin) Auf Anfragen mit Angeboten reagieren (Agentur) Buchhaltung (Steuerberater) Reiseplanung (Kollegin) Reinigungsarbeiten (Putzkolonne)
D-Aufgaben: weder dringend noch wichtig	Im Herbst oder Winter Felgen polieren (sieht nach 200 Kilometern sowieso niemand mehr) Spritpreise vergleichen (zu viel Aufwand für zu wenig Kostenersparnis) Stapelweise Versicherungsunterlagen lesen (es gibt sowieso keine Alternative, und welche Versicherung ist schon zu verstehen?) Schlechte Bücher, sinnlose Zeitschriften und Blogs von dummen Menschen lesen (sehr viel geschriebenes Zeug ist unbrauchbar)

Lagern Sie Aufgaben aus!

Aus dem Eisenhower-Prinzip ergibt sich eine einfache Erkenntnis: Legen Sie sich externe Dienstleister zu. Es ist gut und richtig, wenn Ihr Nachbar seinen Rasen nicht selbst mäht, sondern ihn mähen lässt – es sei denn natürlich, er betrachtet das Rasenmähen am Wochenende als Freizeitspaß. Solange ihm diese Aufgabe aber lästig ist, ist er besser beraten, jemanden dafür zu bezahlen: Die Kosten sind gering, und der Energie- und Zeitgewinn sind meist hoch.

Sie sollten sich natürlich nicht unbedingt einen Koch zulegen, wenn Sie selbst in Ihrer Freizeit für Ihr Leben gern kochen. Und wenn Sie Kinder haben, sollten Sie auch hin und wieder mal zu Putzeimer und Gartengeräten greifen, damit Ihre Kinder erkennen und lernen, wie diese Arbeiten funktionieren und wie sie sich anfühlen. Aber das Prinzip sollte Ihnen klar sein, und das sollten heute auch Kinder lernen: Was nur irgendwann dringend wird, aber nicht wichtig ist, lagern Sie aus. Erfolgreich werden Menschen dann, wenn sie sich auf das konzentrieren, was sie können, nicht wenn sie ihre Defizite kompensieren oder sich zu Dingen zwingen, die sie nicht wollen. Das erfordert etwas mehr zielorientiertes Denken, als es uns die Schule beibringt. Wer prozessorientiert denkt, missachtet in aller Regel auch das Eisenhower-Prinzip, vermutlich aufgrund von Unkenntnis.

Falls Sie angestellt sind und mehr aus Ihrem Leben machen wollen, sind Sie hier an einer zentralen Stelle gelandet: Der chronische Zeitmangel der Angestellten ist halb so schlimm, wenn Sie sich nicht auch noch Ihre Freizeit mit Wäschewaschen, Bügeln, Kücheaufräumen, Wohnungputzen, Autowaschen und Unkrautzupfen zukleistern. Lagern Sie diese Dinge aus! Die frei werdende Zeit nutzen Sie, um an Ihrem Plan B zu arbeiten.

| Tipp 65 | Halten Sie sich strikt ans Eisenhower-Prinzip. Dann haben Sie mehr Zeit und sind produktiver. |

Denken Sie langfristig statt kurzfristig!

Wenn Sie sich auf Ihre Ziele konzentrieren statt auf die zu erledigenden Prozesse, nehmen Sie nahezu automatisch einen langfristigen Blick ein. Das Eisenhower-Prinzip hilft Ihnen dabei, weil nichts mehr dringend wird und kurzfristig weg muss. Der Zustand ist großartig. Er ist das Gegenteil vom Hamsterrad.

Vielleicht haben Sie ja Lust, einmal über Ihre derzeitigen Aufgaben nachzudenken. Welche kurzfristigen und welche langfristigen Aufgaben haben Sie? Überlegen Sie dabei, ob Sie diese Aufgaben wirklich erledigen müssen – bringen sie Sie Ihren Zielen näher, oder stehen sie einfach nur auf irgendeiner Liste, deren Sinn Sie nie hinterfragt haben? Können Sie diese Aufgaben auslagern? Was davon müssen Sie wirklich selbst erledigen, damit Sie Ihren Zielen näher kommen?

Aufgabe	Lang- oder kurzfristig hinsichtlich Ihrer Ziele?	Angesichts Ihrer Ziele wichtig, dringend, unwichtig bzw. nicht dringend?	Auslagern oder selbst erledigen?
Steuererklärung endlich fertig machen	kurzfristig	dringend und unwichtig	auslagern an den Steuerberater
Wegen bevorstehender Kündigung eine alternative Einkommensquelle finden	langfristig	wichtig und dringend	sofort selbst einen Plan entwickeln, Ziele festlegen und die Wege dazu definieren

Nehmen Sie Ihr Leben in die Hand!

Ansprechendes und aussagekräftiges Xing-Profil einrichten	langfristig	wichtig	selbst erledigen

Wer kurzfristig denkt, setzt sich durchaus realistische Ziele wie »Ich will morgen möglichst früh Feierabend machen«, aber auch hin und wieder unrealistische wie »Ich will nächste Woche viel Geld verdienen«. Kurzfristige Ziele sind dringende Ziele, und wenn etwas dringend ist, dann deshalb, weil wir in der Vergangenheit nicht nach dem Eisenhower-Prinzip gehandelt haben. Es wird Sie nicht verwundern, dass vor allem Hühner kurzfristig denken: »Ich will morgen die Buchhaltung erledigen«, »Ich will morgen einkaufen gehen und die Bücher in die Bibliothek zurückbringen«. Hühner denken, sie hätten ein Ziel erreicht, wenn sie nach dem Prinzip »eins nach dem anderen« alles erledigt haben, »was anliegt« – ein ständiges Reagieren auf »events«. So hecheln sie der Realität hinterher und sind weit weg vom aktiven Handeln im Sinne von »action«. Wer sich mit kurzfristigen Zielen herumschlägt, gewinnt entweder gar nichts – denn um viel Geld zu verdienen, bedarf es meist etwas mehr Vorbereitung als nur eine Woche. Oder er bleibt entsprechend anspruchslos, macht Unterlagen fertig, geht einkaufen, bringt Bücher in die Bibliothek zurück und sagt sich am Abend, er habe etwas geschafft. Je nachdem, welche Ziele wir uns setzen, werden wir das entsprechende Leben führen. Wer sich kurzfristige Ziele setzt, wird es immer wieder mit kurzen Fristen zu tun haben und möglicherweise nie die große Linie seines Lebens finden.

Fragen Sie sich doch einfach, ob es auch langfristig Ihr Ziel ist, dem Leben hinterherzuhecheln und ständig nur Erfüllungsgehilfe der Umstände zu sein! Wollen Sie es wirklich als Ergebnis und Erfolg betrachten, wenn Sie nur die Notwendigkeiten abarbeiten? Oder wollen

Sie die Umstände bestimmen und langfristig etwas Größeres erreichen? Klar ist: Solange Sie sich in Ihrem kurzfristigen Denken befinden, erzielen Sie bestenfalls kurzfristige Erfolge. Sobald Sie Ihre Ziele aber nicht kurzfristig, sondern langfristig setzen und nach den richtigen Prioritäten gemäß Eisenhower handeln, dürften Sie automatisch sinnvoll und ergebnisorientiert arbeiten.

Fragen Sie: Was bringt es auf Dauer?

Langfristig ein Ziel im Auge zu haben bedeutet mitunter auch, Dinge zu tun, die kurzfristig keinen Gewinn einbringen. Ohne Honorar an Gesprächsrunden teilzunehmen bringt zwar kein Geld, aber vielleicht langfristig Bekanntheit. Eine Community im Internet aufzubauen kostet zwar jede Menge Zeit, führt aber langfristig möglicherweise zu einem festen Fanclub und Kundenstamm. Typisch sind auch Messebesuche und Kongresse: Erst einmal kostet so etwas Zeit und Geld. Man bucht ein Hotel, fährt hin, gibt vielleicht auch noch Geld für einen Stand aus – es ist eine klassische Investition. Der Erfolg stellt sich später ein, wenn durch den Anruf eines Menschen, den man dort kennen gelernt hat, plötzlich ein Auftrag hereinkommt – oder auch wenn jemand unsere Broschüre weitergegeben hat und jemand Fremdes anruft. Ebenso üblich sind Aktionen in Zusammenarbeit mit Partnern: Kurzfristig stellt man vielleicht unbezahlt Arbeitskraft zur Verfügung – langfristig zahlt sich der Einsatz aber durch eine dauerhaft gewinnbringende Kooperation aus. Fragen Sie sich also: Wenn Sie kurzfristig etwas investieren, was bringt es auf Dauer?

Einmal interessierte sich ein Vertriebsexperte für eines meiner Seminare. Er wollte mich dabei unterstützen, das Seminar als Inhouse-Angebot an Unternehmen zu verkaufen, und er wollte dabei natürlich Geld verdienen. Wir telefonierten, und alles schien klar. Natürlich musste er sich mein Seminar erst einmal anschauen, um einen Eindruck davon zu bekommen. Ich lud ihn hierzu nach Berlin ein. Doch dann fragte er, wer seine Fahrtkosten übernähme – dabei lebte er selbst in Berlin, und es ging nur um ein paar Kilometer. Und er fragte mich außerdem, wer ihm die Zeit ersetzte.

Ich stoppte die Aktion sofort und sagte ihm ab. Warum sollte ich seine Kosten übernehmen? Er übernahm doch meine auch nicht, und ich käme nie auf die Idee, ihn danach zu fragen. Niemand war hier der Arbeitgeber des anderen, sondern es ging um eine Kooperation auf Augenhöhe. Der Mann hatte die falsche Einstellung fürs Business, er vertrat eine kurzfristige Arbeitnehmerhaltung, und statt für sein Ziel des langfristigen Profits durch Kooperation zu arbeiten, wollte er sofort Ersatz für kurzfristige Ausgaben. Im Vertrieb wäre dieser Mann wohl eher lästig gewesen und hätte Probleme gemacht, wenn etwas nicht sofort klappte. Gerade hier geht es um langen Atem: Wer nicht bereit ist, kurzfristig zu investieren, und stattdessen gleich nach Ersatz für die Investition fragt, wird beim Verkauf Probleme bekommen und auch bei Kunden nicht besonders angenehm auffallen.

Es mag rigoros klingen, erspart aber eine Menge Ärger: Nach einigen solchen Erfahrungen lehne ich Menschen fürs Geschäftliche ab, bei denen sich auch nur die geringsten Zeichen von kurzfristigem Denken und arbeitnehmertypischer Anspruchshaltung zeigen. Sie gehen einem auf die Nerven mit ihren ständigen Fragen nach Geld und Entlohnung, statt einfach zu arbeiten und konkrete Aufträge an Land zu ziehen. Manche schieben sogar die Wertschöpfung, etwa in Form von bestimmten Telefonaten, monatelang vor sich her und verschwenden ihre Zeit mit einer ausufernden Vorbereitung – und so fließen die Tage mit unwichtigen Tätigkeiten dahin, statt dass echte Ergebnisse dabei herauskommen. Darum halte ich mich lieber an Menschen, die langfristig denken und im Blick haben, was eine Kooperation auf Dauer bringt – so wie auch jeder kluge Arbeitgeber danach schaut, ob Sie dem Unternehmen helfen, seine Ziele zu erreichen, oder Ihre Zeit vertrödeln. Es ist wie beim Eisenhower-Prinzip: Sobald Sie konsequent langfristig handeln, hecheln Sie bald keinen kurzfristigen Dingen mehr hinterher!

Denken Sie langfristig und halten Sie sich von Leuten fern, die nur kurzfristig denken und sofort einen Gewinn fordern. *Tipp 66*

Seien Sie Geber statt Nehmer!

Inwieweit stimmen Sie folgenden Aussagen zu?	1 = trifft in jeder Hinsicht zu; 5 = trifft überhaupt nicht zu				
Großzügige Menschen sind beliebter als geizige.	①	②	③	④	⑤
Erst geben, dann nehmen.	①	②	③	④	⑤
Wer zielorientiert und nach dem Eisenhower-Prinzip handelt, kann leichter in Vorleistung gehen als jemand, der kurzfristigen Zielen hinterherhechelt und ständig unter Stress wegen dringender Aufgaben steht.	①	②	③	④	⑤
Wer Geld in die Hand nimmt, um mit Partnern etwas Gemeinsames aufzuziehen, hat ein besseres Image als jemand, der schon bei den Investitionen auf Gerechtigkeit schaut.	①	②	③	④	⑤
Wer gibt, braucht sich gar nicht besonders anzustrengen, damit ein Nutzen zu ihm zurückfließt und sich seine Ausgaben gelohnt haben.	①	②	③	④	⑤

Eng verwandt mit dem kurzfristigen Denker ist der Nehmer. Nehmer achten in jedem Augenblick darauf, dass sie etwas bekommen – ob es ein Vorteil ist, ein Nutzen, Geld, Aufträge oder was auch immer. In Teams lassen sich Geber von Nehmern nach ein wenig Zuschauen meist leicht unterscheiden: Geber helfen anderen bereitwillig, Nehmer verlangen Erklärungen und reagieren auf Bitten mit Sprüchen wie »Was habe ich davon?« und »Warum soll ich mich beeilen? Der will doch was von mir!«. Geber lassen andere an ihrem Erfolg teilhaben, Nehmer dagegen sind neidisch und missgünstig. Geber vergessen es, wenn sie jemandem Geld geliehen haben. Nehmer vergessen es, wenn man ihnen Geld geliehen hat. Geber geben eben, und Nehmer nehmen.

Der Unterschied zwischen Gebern und Nehmern besteht nicht nur hinsichtlich der Handlungskonzepte, sondern auch in Bezug auf den Charakter. Geber geben nicht nur Geld, Zeit und Energie, sondern auch Zuversicht, Anerkennung und Menschlichkeit. Geber erkennen es an, wenn sie einen Fehler gemacht haben, stehen dafür gerade und entschuldigen sich. Nehmer stellen sich eher naiv und dumm, sie spielen Spielchen und tun so, als wüssten sie nicht, worum es geht, um nicht plötzlich etwas geben zu müssen. Da viele Geber klug sind, durchschauen sie die Strategie der Nehmer und geben den Nehmern nicht mehr so gerne. Und so erscheinen die Welt und die Menschen in der Wahrnehmung der Nehmer mit der Zeit als sehr böse, weil sie ihnen auf Dauer nur ungern etwas geben. Da Nehmer allerdings meist kurzfristig denken, ist ihnen diese langfristige Dimension nicht bewusst.

Psychologisch gesehen mag es sein, dass Nehmer armselige Kreaturen sind, die zu massiven Verlustängsten neigen und die aus lauter Angst vor sozialer Ächtung die Legende pflegen, sie würden keine Fehler machen. Aber so hart es auch klingt – die psychischen Probleme anderer Menschen sind deren Film und nicht Ihrer. Sie können den Menschen natürlich gerne immer wieder eine Chance geben und auch den einen oder anderen Nehmer durchschleppen, vielleicht tut sich was. Aber machen Sie sich klar, dass Sie damit letztlich einen Sozialjob machen und kein Business, und möglicherweise kommen Sie sogar unter die Räder, weil Sie es darüber vernachlässigen, sich um die Wertschöpfung zu kümmern. Wenn Sie Ihr Ding machen und damit erfolgreich sein wollen, sollten Sie schauen, dass Sie an Ihrem Ziel arbeiten. Stricken Sie sich also ein Team aus Gebern!

Geberteams arbeiten am besten

Gute Teams bestehen nur aus Gebern. Man hilft sich ebenso wie in einer guten Beziehung oder Nachbarschaft. Man rechnet nicht auf, sondern vertraut darauf, dass am Ende Ergebnisse stehen, und man freut sich, wenn das Miteinander funktioniert. Wenn der Michael den Karlheinz um die Telefonnummer einer ihm bekannten Journalistin bittet und der Karlheinz gerne hilft, ist der Karlheinz ein Geber. Fragt der Karlheinz dann den Martin, wie er an eine Textvorlage für ein Projekt kommt, und der Martin im Kopf hat, dass der Michael so eine Textvorlage besitzt, dann ist der Martin ein Geber. Meckert dann aber der Michael, wer denn dieser Karlheinz überhaupt sei und was er genau vorhabe, obwohl der Martin sein Chef ist, dann ist er ein Nehmer und höchst gefährdet, aus dem Team ausgeschlossen zu werden.

Das Verhältnis zwischen Gebern und Nehmern ist vergleichbar mit dem Unterschied zwischen erfolgreichen und erfolglosen Menschen: Die meisten erfolgreichen Menschen sind durchaus bereit, den Erfolglosen Tipps zu geben. Erfolgsmenschen sind sehr oft Geber. Machen die Erfolglosen aber immer wieder die gleichen Fehler und entscheiden sie sich trotz ständiger Impulse nicht zum Handeln, fragen sich die Erfolgreichen bald, warum sie sich den Mund fusselig reden, und halten sich eher zurück. Vor allem wenn man sie beschimpft und beleidigt, stoppen erfolgreiche Menschen gerne ihre karitativen Neigungen. Das geschieht vermutlich öfter, als wir denken. Und so wie manche Geber besonders großzügig sind, sind manche Nehmer geradezu Raffer. Bekommen sie nicht, was sie wollen, nehmen sie es sich einfach – und das lässt die Geber noch zurückhaltender werden.

Nehmer sind unter Gebern entsprechend unbeliebt – auch in Unternehmen. Je größer und komplexer ein Unternehmen ist, desto schwieriger ist zu erkennen, welche greifbaren Ergebnisse ein Einzelner mit seiner Arbeit bewirkt, und umso besser können sich Nehmer verstecken und so tun, als seien sie Geber. Sind die Leute ihr Geld aber wirklich wert? Bringt jeder einzelne Arbeitnehmer dem Unternehmen mehr, als er es kostet? Darüber denken Unternehmen nach. Ihr Unternehmen, sofern Sie einen Job haben, mit Sicherheit auch. Die Unternehmen suchen unter Mitarbeitern und anderen Zulieferern von Leistungen nach denen, die sich durchmogeln und deren Bezüge letzten Endes überhöht und damit Verschwendung sind. Das machen Sie bestimmt auch: Sie prüfen Telefon- und Stromrechnungen hin und wieder ganz genau, um zu checken, ob Sie nicht einer fiesen Nehmerbande aufsitzen. Und stimmt der Preis an der Kasse auch wirklich mit dem auf dem Schild überein? Wir Menschen sind sehr wachsam, wenn wir Abzocke wittern, aber von unseren Chefs verlangen wir selbstverständlich, dass das Geld auch dann fließt, wenn wir nichts Sinnvolles fürs Unternehmen tun.

Wir hatten einmal einen Nehmer in unserem Selbstständigen-Netzwerk: Ständig lag er uns in den Ohren, er brauche Geld und müsse seine Rechnungen bezahlen. Nun war das nicht das Problem der Geber im Team, sondern seines, weil er seine heutige Geldnot seinem miserablen Geldmanagement in der Vergangenheit verdankte. Dieser Kollege hatte nun die Freiheit, in Absprache mit uns Aufträge für sich zu akquirieren. Leider tat er es nicht, und aus den zahlreichen von uns vorbereiteten Kooperationsmöglichkeiten wurde nichts. Sein Anspruch, wir müssten ihn mit Aufträgen versorgen, während wir anderen täglich unbeirrt an unserer Positionierung, unserem Marketing und unseren eigenen Aufträgen arbeiteten, wirkte fatal auf die Stimmung im Netzwerk. Dieser Nehmer hatte jede Menge Chancen, doch seine Anspruchshaltung zerstörte die Atmosphäre. Er nervte alle Geber im Team, die konsequent mit Zielorientierung, langfristigem Denken und dem Eisenhower-Prinzip arbeiteten und damit produktiv waren. Unmengen von Gesprächen führten zu nichts. Und so ist der Nehmer heute nicht mehr dabei.

Verabschieden Sie sich von Nehmern!

Ein wichtiger Tipp für Sie also: Trennen Sie sich möglichst früh von Nehmern. Wenn Sie mich fragen: Vergessen Sie es, sie zu ändern. Es ist nicht Ihre Aufgabe, die Leute zu Gebern zu machen, und es wird Ihnen auch nur sehr selten gelingen. Menschen können nur selbst lernen und umdenken, und wenn jemand nicht eigens auf die Idee kommt, dass er besser zum Geber mutieren sollte, ist das eben Pech. Erschreckend viele Nehmer bleiben Nehmer, egal, wie Sie sie coachen und zu überzeugen versuchen. Vielleicht wird es Nehmern auch nicht gelingen, ihr Ding zu machen, weil sie bei anderen immer wieder auf die Schnauze fallen. Ihr Problem sollte das nicht sein: Sobald Sie merken, dass Ihnen jemand den letzten Nerv raubt und Sie mit seinen Ansprüchen ständig davon abhält, gemäß Ihrer Eisenhower-Priorisierung die wichtigen Dinge zu tun, schießen Sie ihn ab. Nehmer nehmen nicht nur ständig, sondern rauben Ihnen auch Zeit und Kraft.

Trennen Sie sich von Nehmern und seien Sie Geber. *Tipp 67*

Seien Sie auf Zack!

Inwieweit stimmen Sie folgenden Aussagen zu?	1 = trifft in jeder Hinsicht zu; 5 = trifft überhaupt nicht zu				
Wenn sich die Umstände ändern, reagiere ich sofort angemessen, ohne mein Ziel aus den Augen oder Zeit zu verlieren.	①	②	③	④	⑤
Das Leben ist kaum planbar. Darum ist es wichtig, sich schnell auf Veränderungen einstellen zu können.	①	②	③	④	⑤
Die Menschen, die mein Leben und meine Entscheidungen maßgeblich beeinflussen, sind flink und flexibel, wenn es darum geht, dass sie ihre Ziele erreichen.	①	②	③	④	⑤
Ich handele zielorientiert, ordne den Weg stets dem Ziel unter und bin jederzeit bereit, den Weg zu korrigieren, falls das nötig wird.	①	②	③	④	⑤
Ich bin immer auf der Suche nach dem Besonderen und dazu bereit, unkonventionelle und neue Wege zu gehen.	①	②	③	④	⑤

Der amerikanische Ölmilliardär Jean Paul Getty antwortete auf die Frage nach einem Rezept für Erfolg: »Steh früh auf, arbeite hart und finde Öl!« Das klingt nach Pioniergeist, und in der Tat gehört ein wenig Pioniergeist dazu, wenn Sie Ihr Ding machen wollen. Wenn Ihr Ziel nicht der siebenundzwanzigste Aufguss eines alten Konzeptes ist, sondern Sie etwas Neues schaffen wollen, sind Sie Pionier. Auf irgendeinem Gebiet sind Sie der Erste. Und solange Sie dabei sind, Ihr Ding zu planen, stellt sich nach Getty eine ganz einfache Frage: Was ist Ihr Öl, und wie finden Sie es? Damit Ihnen das gelingt, sollten Sie Augen und Ohren aufmachen, Strömungen erkennen und andere Menschen beobachten, die erfolgreich sind. Sie sollten auf Zack sein!

Was es bedeutet, »auf Zack« zu sein, ist ganz einfach zu beschreiben: Wenn ich in der Küche mit Schüsseln klappere, ist unsere Katze sofort zur Stelle – ganz egal, ob Feierabend ist oder Wochenende. Die Katze ist da, selbst wenn sie soeben noch schlafend auf der Ofenbank lag. Die Katze ist auf Zack, ihre Zielorientierung funktioniert perfekt. Sie reagiert sofort, wenn sie eine Chance wittert. Sie sagt nicht: Da bleibe ich mal besser liegen, weil ich noch nicht sicher weiß, ob es wirklich

Futter gibt. Nein! Sie weiß, dass sie die Chance auf Futter erhöht, wenn sie zur Stelle ist. Es ist für die Katze selbstverständlich und steht außer Frage, dass sie sofort in die Küche kommt und sich sowohl miauend als auch um die Beine streichend bemerkbar macht. Wie sieht es bei Ihnen aus? Sind Sie auf Zack? Machen Sie sich bemerkbar, wenn es darauf ankommt?

Wechseln Sie – wenn nötig – den Weg zum Ziel

Geistesgegenwart ist eine der wichtigsten Eigenschaften, um erfolgreich zu sein. Es geht darum, sofort richtig zu reagieren, wenn es darauf ankommt. Und das gilt nicht nur für die Bereitschaft, kurzfristig zu verreisen, wenn das wichtig ist. In vielen Lebensbereichen und Branchen verändern sich Erfordernisse ständig. Stellen Sie sich eine Polizeistreife vor, die von der Leitstelle in die Schillerstraße geschickt wird. Ziel: Täter fassen. Kurz vor dem Ziel ändert die Leitstelle die Ansage und erklärt: Der Täter ist jetzt in der Goethestraße. Der Polizeiwagen macht kehrt. Zehn Minuten später heißt es: Kurswechsel! Der Täter ist in der Lessingstraße. Was machen die Polizisten? Fahren sie nun trotzig in die Goethestraße und funken die Leitstelle an mit dem Spruch: »Könnt ihr euch endlich mal entscheiden?« Nein, die Polizisten sind flexibel und reagieren innerhalb kürzester Zeit auf die neue Situation. Es gehört zu ihrer Professionalität, zu wissen, dass sich die Realität sehr schnell ändern kann und dass sie darauf ebenso schnell reagieren müssen. Denn sie ordnen ihr gesamtes Handeln einem Ziel unter: den Täter zu fassen. Sie sind jederzeit bereit, den Weg zu diesem Ziel zu korrigieren.

Und das ganze Leben ist eine solche Schnitzeljagd, eine Navigation durch Ereignisse und Entscheidungen. Einmal beschlossene Dinge zu verändern mag der Horror für Routinetiere sein. Diese geben sich dann lieber dem Arbeitnehmer-Dogma hin in der Illusion, dort außer Gefahr zu sein und ihr Business as usual machen zu können – und sobald sie in ihrer Angestelltenwelt etwas vom stürmischen Dschungel merken, beschweren sie sich über mangelnde »klare Ansagen«. Doch so ist das Leben. Wege, Taktiken, Strategien und auch Termine – sämtliche Gegebenheiten ändern sich, sie tun es die ganze Zeit. Sich wie die *Spiegel*-Leserbriefschreiberin vom Anfang dieses Buches davon abzuschirmen bedeutet, sich mutwillig der Realität zu verschließen und handlungsunfähig zu sein, weil die Wirklichkeit nicht mehr den gelernten Mustern entspricht. Oft grenzt diese Mentalität geradezu an autistische Sturheit.

Damit Sie sinnvoll mit veränderten Zuständen umgehen können, sollten Sie akzeptieren, dass die Welt sich ständig rasant wandelt. Gedanklich beweglich zu sein ist nicht nur für Ihren Erfolg wichtig, sondern eine der wichtigsten Voraussetzungen für zielorientiertes Handeln überhaupt. Denn wenn Sie ein Ziel haben, die Umstände sich aber laufend ändern, müssen Sie den Weg immer wieder neu anpassen! Das zu können bedarf einiger Offenheit, und Sie sollten eben Matcher sein, um die Möglichkeiten zu erkennen und nicht gleich abzulehnen. Sinnvoll ist die Bereitschaft, sich mal auf einen Job in Norwegen einzulassen, wenn man dort schon Arbeitskräfte sucht, die in Deutschland auf der Straße sitzen. Warum auch nicht? Es muss ja nicht für immer sein! Und niemand weiß, wie die Lage hierzulande in ein paar Jahren aussieht. Wenn es momentan schlecht steht, spricht doch nichts dagegen, woanders zu überwintern – vielleicht sieht es morgen viel besser aus. Wenn wir verreist sind, frisst sich die Katze eben beim Nachbarn durch oder fängt Mäuse in der Scheune.

Beweglichkeit im Kopf führt zu Proaktivität

Die Grundlage für jede äußere Flexibilität ist innere Flexibilität. Wie beweglich sind Sie im Kopf? Wie starr halten Sie am gegenwärtigen Zustand fest und verweigern sich Veränderungen? Sind Sie der felsenfesten Überzeugung, am Wochenende habe man frei zu haben, weil das schon immer so war? Achtung: Sie handeln nicht danach, was wichtig ist, sondern nach einer Konvention. Tageszeitungsjournalisten arbeiten sonntags, damit am Montag eine Zeitung erscheint. Busse fahren sonntags. Das Wochenenddenken könnte Sie davon abhalten, am Samstagnachmittag im entscheidenden Moment auf Zack zu sein. Wer weiß? Vielleicht will Sie da ein spannender Mensch zum Kaffee treffen und Ihr Handy ist aus? Das wäre schade!

Beweglichkeit im Kopf bedeutet erkennen zu können, was im Augenblick wichtig ist, damit sich die Zukunft so gestaltet wie gedacht. Beweglichkeit im Kopf bedeutet die Fähigkeit, jederzeit die Strategie neu auszurichten, und die Bereitschaft, das auch zu entscheiden und durchzuziehen. Beweglichkeit im Kopf bedeutet, das Wochenende über Bord zu werfen und beispielsweise im internationalen Business zu beachten, dass die gesamte islamische Welt samstags und sonntags arbeitet. Viele halten zwar an dem Setting ihrer Gewohnheiten fest, wie sie es sich eben eingerichtet und sich daran gewöhnt haben. Aber letzten Endes ist das nur Faulheit.

In jeder Situation den Schneid zu haben, das Richtige zu entscheiden und zu tun, ist eine Praxis, für die es viele Wörter gibt. »Eigeninitiative« ist eines davon – darauf stehen viele Arbeitgeber. »Proaktivität« ist ein anderes – es bezeichnet nicht nur Aktivität, sondern auch bereits den Zustand davor, die Bereitschaft zu handeln und die Aufgeschlossenheit dafür. Wer proaktiv ist, mäkelt nicht herum, ziert sich nicht und rollt nicht mit den Augen. Proaktive Menschen sind Matcher, die das Ziel sehen und sich von Widrigkeiten nicht beirren lassen. Sie sind Geber. Sie denken divergent. Proaktive Menschen handeln gemäß der Situation und nicht gemäß ihren Vorurteilen. Wenn es beim Telefonieren wichtig wird, während des Gespräches Notizen zu machen, setzen sich proaktive Menschen dazu nötigenfalls auch auf der Straße auf den Boden. Es ist ihnen komplett egal, was die Leute denken.

Die Proaktivität ist noch mit einem weiteren Gedanken verwandt: mit der Zivilcourage. Proaktive Menschen haben durch ihre Zielorientierung ohnehin nur selten etwas für Regeln übrig, die um ihrer selbst willen existieren. Sie fürchten weder das unmaßgebliche Urteil anderer noch Sanktionen. Proaktive Menschen brechen Regeln und soziale Standards, wenn das nötig ist. Sie greifen ein, wenn jemand misshandelt wird – und machen sich damit zu den Regisseuren der Situation. Proaktive Menschen wissen, dass sie selbst die Realität verändern können – denn wer, wenn nicht sie? Proaktive Menschen sind auf Zack. Sie haben keine Berührungsängste, sondern sprechen die Leute an und suchen sich Kontakte zusammen, um etwas auf die Beine zu stellen. Sie bleiben dran und setzen gemeinsame Projekte tatsächlich auch um und reden nicht nur darüber. Proaktivität heißt, stets die richtigen Dinge zu tun und zu handeln, statt zu unterlassen. Sind Sie proaktiv? Wenn nicht, dann werden Sie es!

Stellen Sie sich einfach vor, Sie führten bei allem, was um Sie herum geschieht, die Regie. Als wären Sie derjenige, der am Ende dafür geradezustehen hätte. Stirbt neben Ihnen ein Mensch, ist das Ihre Sache, weil Sie ihm helfen könnten. Steht neben Ihnen der Hollywood-

Regisseur, den Sie seit Ihrer Kindheit kennen lernen wollen, ist es Ihre Sache, ihn jetzt anzusprechen und zum Kaffee einzuladen. Mehr als abblitzen können Sie nicht! Wichtig ist nur, dass Sie jetzt sofort den Augenblick nutzen. Es ist Ihr Moment. Niemand entscheidet für Sie außer Ihnen selbst.

In dem Moment, in dem Sie verstanden haben, dass Ihre jetzige Lage das Ergebnis Ihres gestrigen Handelns ist, erkennen Sie sich sowieso permanent als den Regisseur aller Situationen an, in denen Sie sich wiederfinden. Es hängt von Ihnen ab, was Sie erleben und wie Sie damit umgehen. Es hängt also auch von Ihnen ab, wie erfolgreich Sie sind in dem, was Sie tun. Und dieses Umschalten im Denken weg von der Konvention hin zur Eigenregie macht Sie sehr schnell viel gelassener und bringt Sie Ihrem Erfolg näher.

Um jederzeit das Richtige entscheiden zu können, sollten Sie wissen, was um Sie herum geschieht und in anderen vorgeht. Geistesgegenwart erfordert Mitdenken – eine Fähigkeit, die kurzfristig und konvergent denkenden Nehmer-Mismatchern selten gegeben ist. Seien Sie also Geber, indem Sie mitdenken! Arbeitet Ihr Partner gerade an einem Projekt über Großkatzen und Ihnen fällt dazu eine neue Studie über Schneeleoparden in die Hände? Mailen Sie sie ihm. Haben Sie endlich einen Steuerberater gefunden, der sorgfältig und zuverlässig arbeitet? Empfehlen Sie ihn weiter. Natürlich sollte Sie das nicht von Ihren Aufgaben abhalten, aber wenn Sie sich angewöhnen, ständig im Hintergrund für die anderen mitzudenken, sind Sie ein Geber par excellence und werden für Ihre Mitmenschen bald ein sehr wichtiger Partner sein.

Richtig zu handeln macht erfolgreich

Richtige Proaktivitätsgewitter finden Sie auf Kongressen und Messen: Wenn Sie ein Thema, ein Produkt oder eine Idee haben und herausfinden wollen, wer in der Branche der wichtigste Multiplikator in einer bestimmten Region ist, dann finden Sie ihn auf dem entsprechenden Kongress. Machen Sie ihn ausfindig und sprechen Sie ihn an! Wichtig dabei ist, dass Sie es auch wirklich tun. Sie umgehen sämtliche Vorzimmerdamen, die ihre Chefs vor den Belästigungen der vielen Luftpumpen bewahren sollen, die täglich anrufen. Wenn Sie etwas Wichtiges zu sagen haben, laufen Sie beim Telefonieren über die Vorzimmer Gefahr, dass Ihre möglicherweise tatsächlich interessante Idee nicht durch-dringt – und Ihr künftiger Partner weiß genau, dass er auf einem Kon-gress mit geringerer Wahrscheinlichkeit an einen Schwätzer gerät als am Telefon.

Proaktivität heißt auch, beim Galadinner und in Workshops die Nähe der Leute zu suchen, die wichtig für Sie sind – und dabei geht es auch um einen Perspektivenwechsel vom Nehmer zum Geber: Über-legen Sie nicht zuerst, was die Leute Ihnen bringen können. Sondern überlegen Sie, was Sie ihnen geben können. Proaktivität heißt: geben, geben, geben! Verschenken Sie Produktproben. Stellen Sie kostenlose Podcast-Episoden mit Ihren Gedanken ins Netz. Haben Sie etwas, was die Leute brauchen, werden Sie damit erfolgreich sein – sofern Sie pro-aktiv, auf Zack und ein Geber sind. Wenn Sie dann die Visitenkarte Ihres erwünschten Partners haben, geht es weiter: Pflegen Sie die Beziehung, bauen Sie mit ihm ein Projekt auf. Fordern Sie nie – wenn Sie proaktiv sind, kommen die Erfolge von allein auf Sie zu.

Suchen Sie die Nähe der Menschen, die Ihnen etwas bringen können. Aber überlegen Sie nicht, was Sie von ihnen fordern, sondern was Sie ihnen anbieten.  *Tipp 68*

Proaktivität bringt Sie übrigens besonders weit, wenn Sie über den gewohnten Handlungsradius hinaus arbeiten. Haben Sie keine Angst vor Kompetenzüberschreitung! Auch, falls Sie Ihr Ding im Rahmen einer Anstellung machen. Machen Sie immer ein wenig mehr, als Ihr Arbeitsbereich vorsieht – solange Sie dabei höflich bleiben, niemanden kompromittieren oder bei der Arbeit stören, bereiten Sie sich damit im besten Falle den Weg für Beförderungen und für spannende neue Part-nerschaften. Wenn Ihr Chef oder Partner Sie wegen einer guten Sache zurechtstutzt oder im Unternehmen nur die Idioten aufsteigen, haben Sie sowieso den falschen Arbeitsplatz, und der Jobverlust ist in Wahrheit Ihre Chance für den Neustart.

Ansonsten bin ich überzeugt: Wenn Sie kontinuierlich und in jeder Phase Ihres Lebens proaktiv sind und die richtigen Dinge tun, werden sich widrige Umstände von allein erledigen. Wenn Sie sich die richtige Umgebung und die richtigen Menschen suchen, in deren Weltbild Pro-aktivität eine Rolle spielt, kommen Sie durch konsequentes proaktives Handeln ganz mühelos weiter.

Seien Sie auf Zack!

Tipp 69

Seien Sie proaktiv und umgeben Sie sich mit Menschen, in deren Weltbild Proaktivität eine Rolle spielt. So werden Sie von ganz allein erfolgreich.

Suchen und finden Sie Sinn!

Inwieweit stimmen Sie folgenden Aussagen zu?	1 = trifft in jeder Hinsicht zu; 5 = trifft überhaupt nicht zu				
Ich möchte eine Arbeit machen, die über das reine Geldverdienen hinaus sinnvoll ist.	①	②	③	④	⑤
Es wäre schön, wenn ich etwas tun könnte, was der Welt und der Menschheit weiterhilft.	①	②	③	④	⑤
Die wenigsten Menschen haben eine Aufgabe, die einem höheren Zweck oder einer großen Sache dient.	①	②	③	④	⑤
Arbeit sollte eine Möglichkeit sein, individuelle Fähigkeiten mit der Verbesserung der Welt zu verknüpfen.	①	②	③	④	⑤
Sinn motiviert mehr als Geld allein.	①	②	③	④	⑤

Proaktivität kommt nicht von ungefähr. Hinter proaktivem Handeln steht eine Haltung. Wenn ein Mensch tut, was er nicht muss, weil er weiß, dass er damit helfen kann, dann ist Proaktivität sogar etwas ethisch höchst Wertvolles. Warum handeln Menschen altruistisch? Weil sie einen Sinn in ihrem Handeln sehen, den sie über ihren persönlichen, sofortigen Profit stellen. Proaktive Menschen sind daher fast immer automatisch Geber: Sie handeln im Sinne der anderen und bekommen dadurch von allein etwas zurück.

Auf die Frage, was die Leute wollen, antworten viele unterm Strich: »Geld!« Natürlich, denn von Geld leben wir, damit ernähren wir unsere Familien. Wir wollen Geld, damit wir uns keine Sorgen mehr machen müssen. Sicher ist das nachvollziehbar, denn ohne Moos nix los. Aber die Fixierung aufs Geld ist in meinen Augen falsch. Sie selbst sind, ob angestellt oder selbstständig, ein Unternehmen – Sie erbringen eine Leistung und verdienen damit Geld. Und auch für Sie gilt, was der dm-Gründer Götz Werner über Unternehmen sagt:»Gewinn ist nie das Ziel eines Unternehmens, sondern seine Bedingung.« Sie können nur dann sinnvoll handeln, wenn Sie nicht dem Geld hinterherlaufen müssen. Und wie kommen Sie zu dem finanziellen Polster? Indem Sie nicht kurzfristig nach Fahrtkostenerstattung fragen, sondern Geber sind, langfristig und im Sinne der anderen denken und insgesamt eine sinnvolle Sache vorantreiben. Ich bin sicher: Wenn Sie stets nur dem Geld hinterherhecheln, werden Sie nicht allzu viel verdienen – und es wird ein recht steiniger Weg. Wenn Sie dagegen Ihr Handeln einem Sinn unterwerfen, dürfte sich der finanzielle Erfolg bald wie von selbst einstellen – und das entsprechend mühelos.

Die beiden Business-Autoren Anja Förster und Peter Kreuz erklären in ihrem wunderbaren Buch *Spuren statt Staub. Wie Wirtschaft Sinn macht*:»Die wichtigste Aufgabe von Unternehmen und Führungskräften ist es, Mitarbeitern zu ermöglichen, in ihrer Arbeit einen persönlichen Sinn zu finden.« Und Microsoft-Chef Steve Ballmer antwortete auf die Frage des *Focus*, warum er angesichts von 13 Milliarden US-Dollar Vermögen noch immer arbeitet:»Was wir bei Microsoft tun, prägt die Welt. Das gefällt mir.«[11]

Natürlich können Sie als Millionär auch am Strand sitzen, bis es Ihnen zum Hals heraushängt. Super, Sie haben Geld. Na und? Ihr Leben kann trotzdem sehr leer sein, weil Sie auch als reicher Mensch möglicherweise unter dem Mangel an Sinn leiden.

Was ist das also für eine Haltung, die die Menschen nicht aufhören lässt zu arbeiten, obwohl sie ausgesorgt haben? Das Geld scheint offenkundig nicht das Wichtigste zu sein, ja es scheint nicht einmal das Ziel zu sein, denn sonst würden sich solche reichen Menschen nicht mehr im Büro blicken lassen. Es ist die Haltung derer, die den Sinn ihres Handelns über das Geld stellen. Sie wollen die Welt gestalten, sie wollen etwas zur Entwicklung der Menschheit beitragen. Sie haben vielleicht auch einfach Spaß am Arbeiten.

Auch der französische Schriftsteller Gustave Flaubert (1821–1880) sagte:»Der Erfolg ist eine Folgeerscheinung. Niemals darf er zum Ziel werden.« Flaubert formulierte damit den Effekt, dass sich der Erfolg von allein einstellt, wenn Menschen sinnvolle Arbeit tun und sich dabei zu-

---

11 *Focus* Nr. 42/2009, Seite 159

gleich als Geber erweisen. Wer mit seinen Taten in Vorleistung geht und dabei etwas im Dienste einer höheren Sache tut, auf den kommt der Erfolg unweigerlich von selbst zurück – wenn er mit seinem Handeln etwas bietet, was den anderen Menschen dient und wofür sie bereit sind, etwas zu bezahlen.

Diese sinnorientierte Geberhaltung ist so ziemlich das Gegenteil der Verbissenheit, mit der viele Zeitgenossen dem Geld oder ihrer Karriere hinterherlaufen und dabei stets zuerst an sich selbst denken. Sie bezeichnet ein völlig anderes Denken als das Denken jener, die fünfzig Bewerbungen an Unternehmen schreiben, dabei komplett deren Bedarf ignorieren, zugleich darüber jammern, dass niemand ihnen Geld schenkt, und später Ansprüche an den Staat stellen, obwohl es die Menschen selbst sind, die über Jahre in Scharen das Falsche tun und konsequent nur die Grundsteine für Misserfolge legen. Das sinnorientierte Handeln ist das Gegenteil des Anspruches, Unternehmen müssten ihnen gefälligst einen Arbeitsplatz bieten, und wenn das nicht klappt, müsste der Staat sie fürs Nichtstun bezahlen.

Was ist Ihre Mission?

Überlegen Sie also: Was ist Ihnen mehr wert als Geld allein? Wodurch empfinden Sie Sinn? Was wollen Sie am Ende Ihres Lebens erreicht haben? Was wollen Sie verändert haben? Was ist Ihre Mission, Ihr Vermächtnis?

Lassen Sie sich nicht vom Denken abhalten durch eine innere Stimme, die Ihnen einredet: »Träume sind Schäume.« Das sind nur unsinnige Nachbeben Ihrer Sozialisation. Seien Sie »Matcher« und wagen Sie es, zu träumen. Was wollen Sie? Wollen Sie etwas Gutes bewirken? Dann könnten Sie einmal überlegen, wie Sie den Kinderschutz, den Verbraucherschutz oder den Tierschutz auf kommerzielle Beine stellen, denn ohne finanziellen Rückhalt sind alle diese Nichtregierungsorganisationen zahnlose Tiger, die die Industrie belächelt. Nehmen Sie sich die Leute von Greenpeace als Vorbild, die wie ein Unternehmen aufgestellt sind. Mit welchem Dreh, welchem besonderen Produkt, welcher Multiplikation im Internet bekommen Sie es hin, dass bislang ehrenamtliche Altersheim-Sänger durch ihre guten Taten in Lohn und Brot kommen? Hier ist unternehmerisches Denken gefragt, gewitzte Überlegungen und vor allem die Offenheit, bisherige Denkmuster über Bord zu werfen, wonach Gutmenschen stets nur für ein »Vergelt's Gott!« arbeiten oder sich bereitwillig schlecht für diese wichtigen Tätigkeiten bezahlen lassen. Überlegen Sie, falls Sie ein Gutmensch sind: Selbst Ärzte und Sanitäter arbeiten für Geld!

Wenn das Ziel ein wirklich großes Ziel ist, das man sich gerne zu eigen macht, ist es eine wunderbare Sache, sich damit auch wohl zu fühlen. Vielleicht haben Sie ja einen Angestelltenjob in einem Unternehmen, das etwas richtig Gutes bewirkt und das Ihnen daher den Rahmen bietet, Ihr Ding zu machen? Beispielsweise hätte ich keine Identifizierungsprobleme, wenn ich bei Greenpeace oder Foodwatch angestellt wäre, weil ich gemeinsam mit vielen anderen für eine gute Sache kämpfen würde. Aber ich hätte ein großes Problem und würde den Zustand schleunigst ändern wollen, wenn ich beispielsweise in einem Tabakkonzern angestellt wäre. Ich will mit meiner Arbeit nicht dazu beitragen, dass ein Produkt Verbreitung findet, an dem jeder vierte Kunde stirbt. Stattdessen tue ich lieber etwas dafür, dass die Menschheit vorankommt.

Leider fußen viele Jobs in Unternehmen nur auf kurzfristigem Profit, selbst wenn es den Leuten schadet. Das ist auch klar, denn in der Unternehmenswelt hat ein Typ Manager das Ruder übernommen, der alle paar Jahre den Wirt wechselt, um dann aus dem nächsten Unternehmen möglichst viel für sich herauszuholen. Viele Manager treten jede Ethik mit Füßen und haben in ihrer kurzfristig denkenden Begrenztheit gar kein Gespür dafür, dass Arbeit einen höheren Sinn haben kann. Nicht, dass ihre Arbeit für das Unternehmen keinen Zweck hätte: Die Mitarbeiter eines Elektromarktes steigern den Umsatz, wenn sie den Kunden schlampig entwickelte IT-Produkte aufquatschen, die dann doch nicht kompatibel sind oder bei nächster Gelegenheit den Geist aufgeben. Mit Sinn aber hat das nur wenig zu tun: Die Verkäufer verschwenden die Zeit und die Energie der Menschheit; ihre Arbeit ist volkswirtschaftlich sogar schädlich – so wie viele Jobs gesellschaftlich einen höheren Schaden anrichten, als sie einen Nutzen bringen, wie die britische Studie »A Bit Rich. Calculating the real value to society of different professions« zeigt.[12] Ich hatte in meinem Leben als Konsument schon mit vielen geistig stumpfen Managern und Servicemitarbeitern

12 http://www.neweconomics.org/sites/neweconomics.org/files/A_Bit_Rich.pdf

zu tun, aber ich kann es mir beim besten Willen nicht vorstellen, dass es die Leute erfüllt, wenn sie durch ihren Job anderen vor allem schaden.

Die Frage nach dem Sinn liegt also auf der Hand: Wollen Sie eine Arbeit machen, in die Sie qua regionaler und sozialer Herkunft reinrutschen, wenn Sie im Leben den Autopiloten anschalten? Wollen Sie den Job machen, der sich Ihnen eben anbietet? Oder wollen Sie nicht gleich schauen, dass Sie etwas tun, was zu Ihnen passt, Spaß macht, die Welt weiterbringt und Sie mit Sinn erfüllt?

Der Sinn verbindet Ihr Leben mit Ihrer Arbeit

Die höchste Vollendung einer sinnorientierten Geberhaltung mit langfristiger Perspektive besteht darin, auf den Rückfluss irgendeines Vorteiles keinen Anspruch zu erheben und trotzdem infolge des Geberdaseins ausreichend Gelegenheiten zu bekommen, vom eigenen Handeln zu leben. Tun Sie einfach jetzt die richtigen Dinge, die anderen nützen und die später dafür sorgen, dass Sie Geld verdienen. Es ist eine Art zu arbeiten, die frei ist von allen Zwängen und jedem Druck. Indem Sie etwas Sinnvolles tun, vereinen Sie automatisch Ihr Leben mit Ihrer Arbeit – und es ist Ihnen egal, ob Wochenende ist.

Wenn Sie sich ans mittelalterliche Dorf erinnern, haben die Menschen dort ihre Arbeit ganz natürlich und organisch aus ihren Bedürfnissen und Fähigkeiten heraus entwickelt. Kalbt nachts die Kuh, steht der Bauer auf und hilft – er sagt der Kuh nicht, dass er frei hat und sie gefälligst ein Fax mit einem Antrag auf Hilfe schicken soll. Sondern er reagiert sofort und unbürokratisch auf die Erfordernisse des Lebens. Und wenn sich der Bauer nicht irre machen will, flucht er auch nicht darüber, dass die Kuh sich zum Kalben die Nacht ausgesucht hat oder den Samstag. Denn der Ärger bringt überhaupt nichts. Zudem hat er sich zu diesem Leben entschieden – so wie wir uns alle zu dem Leben entschieden haben, das wir führen.

Selbstverständlich können Sie ein Doppelleben führen, wie es die meisten Leute tun – Sie können Ihren Job hassen und nur auf Feierabend, Wochenende, Urlaub und Ruhestand hinarbeiten. Sie können aber auch durch einen klaren Fokus auf den Sinn Ihres Handelns Arbeit und Leben unter einen Hut bringen und fortan mit einer Aufgabe glücklich sein, die Sie erfüllt und Ihnen daher ohne jede Überwindung von der Hand geht. Und wenn Ihnen das gelingt, haben Sie keinen Grund mehr zum Widerwillen. Das Leben wird plötzlich unanstrengend und weniger nervig. Sie sind am Abend nicht voller Frust und Ärger, sondern Sie spüren, dass Ihr Handeln einen tieferen Sinn hat, der genau Ihren Neigungen entspricht. Sobald Sie etwas mit Sinn tun, motiviert Sie nicht mehr der Zwang, sondern der Sinn. Die Einheit aus Arbeit und Leben ist ein elementarer Aspekt in der beruflichen Selbstverwirklichung.

Fragen Sie sich also: Was ist die Schnittstelle zwischen Ihrem Brötchenverdienen und Ihrem Leben? Worin besteht der Sinn, und wie lässt er sich verwirklichen? Wenn die Geburt eines Kalbes für den Bauern eine ganz normale Arbeit ist, wie sähe solch eine normale Arbeit bei Ihnen aus? Ist es vielleicht ein Anruf am späten Abend, mit dem Sie jemand um Hilfe bittet? Sobald Sie Leben und Arbeit verbinden, sagen Sie nicht mehr:»Es ist schon nach 18 Uhr.« Sondern Sie sind glücklich, dass Ihre Fähigkeiten gefragt sind. Sie setzen Ihre Erholungsphasen nicht mehr unbedingt nach Zeitplan, sondern dann, wenn Sie sie brauchen. Denken Sie an die Katze: Sie ist auf Zack und kommt sofort, wenn es ans Fressen geht. Sie können sie mit dem Futter sogar an völlig ungewohnte Orte locken, und plötzlich frisst sie nicht in ihrer angestammten Ecke in der Küche, sondern auf Ihrem Schreibtisch oder im Garten. Katzen sind da ebenso flexibel wie sämtliche Bewohner des mittelalterlichen Dorfes.

Eine Aufgabe mit Sinn zu entwickeln ist die Aufgabe jedes Einzelnen. Die üblichen Jobangebote bieten dazu meist keine Möglichkeit. Doch die Leute sind frei, jenseits der ausgetretenen Pfade nach Chancen zu suchen, gerade weil auch das Internet es möglich macht, große Ideen beliebig zu multiplizieren. Ebenso wie sich freie Menschen aus freien Stücken in unbefriedigende Arbeitsverhältnisse begeben und dann mit Zwängen leben, könnten sie sich aus freien Stücken ein Konzept überlegen, mit dem sie auf Dauer beruflich zufrieden sind und sinnerfüllt arbeiten – und dann die positiven Folgen genießen.

Finden Sie eine Tätigkeit, in der Sie nach einem tieferen Sinn handeln und dabei unweigerlich einen finanziellen Rückfluss bekommen! *Tipp 70*

Seien Sie klug statt nur intelligent!

Inwieweit stimmen Sie folgenden Aussagen zu?	1 = trifft in jeder Hinsicht zu; 5 = trifft überhaupt nicht zu				
Die meisten wichtigen Dinge sind einfach.	①	②	③	④	⑤
Ich habe ein gutes Gespür, um in unerwarteten Situationen die richtigen Entscheidungen zu treffen.	①	②	③	④	⑤
Studien sind so manipulierbar, dass es nicht sehr klug ist, sich auf sie zu berufen.	①	②	③	④	⑤
Intelligenz im landläufigen Sinne hilft uns nur wenig, wenn es darum geht, aus einer Situation das Beste zu machen. Bauernschläue ist oft besser.	①	②	③	④	⑤
Intelligenz und Dummheit schließen sich nicht aus und gehen sogar sehr oft miteinander einher.	①	②	③	④	⑤

Ebenso wie uns falsche Denkmuster im Sinne von Vorurteilen und unterstellten Unmöglichkeiten davon abhalten, das Richtige zu tun, können uns auch die falschen Denkstrategien behindern. Es ist nicht nur wichtig, welche Informationen wir anerkennen und zulassen, sondern es geht vor allem auch darum, mit welchen Techniken wir diese Informationen verarbeiten. Nehmen wir alle Informationen gleichberechtigt auf und geben uns für jedes Detail gleich viel Mühe? Oder treffen wir eine Auswahl und lassen unwichtige Dinge weg? Es handelt sich hierbei um die Frage nach unseren Maßstäben der Priorisierung. Sind wir nur konvergent intelligent aufgrund dessen, was wir gelernt oder studiert haben? Oder sind wir divergent intelligent, indem wir quer denken? Entscheidend ist auch, wann wir alle geistige Akrobatik über den Haufen werfen und mit einem nüchternen Blick von außen ohne viele Überlegungen wissen, was zu tun ist. Sind wir also nicht nur intelligent, sondern auch klug? Intelligenz und Dummheit schließen sich nicht aus, was Sie spätestens dann erkennen, wenn Sie intelligente Menschen im Fernsehen dummes Zeug reden hören.

Genauso wie wir Werte, Motive und Vorurteile aus unserer Sozialisation mitnehmen, übernehmen wir auch unsere Präferenz in der

Denkweise. Was wir nicht wissen, können wir nicht denken, und so folgen wir auch im Denken unseren Vorbildern. In der Art, wie wir Informationen verarbeiten, unterscheiden wir uns mitunter enorm, was auch begründet, warum manche Menschen nicht miteinander können. Nach welchen Mustern und Strategien benutzen Sie Ihr Gehirn?

Es gibt viele Möglichkeiten, verschiedene Formen von Intelligenz zu differenzieren. Intelligenz nur auf klassische Weise nach »mathematisch«, »sprachlich«, »musikalisch« und so weiter zu unterscheiden ist für unsere Zwecke nicht ausreichend. Es hilft zwar bei der groben beruflichen Orientierung, wenn Sie wissen, dass Sie in Mathematik besser sind und mehr Spaß haben als im Umgang mit Sprachen – aber vermutlich wissen Sie das auch ohne weitschweifige Analysen. Ob Sie mit Ihrer Intelligenz Informationen auf sinnvolle Weise verarbeiten und insofern klug handeln, wissen Sie mit der Festlegung auf eine der klassischen Intelligenzformen noch nicht. Dabei ist es genau das, worum es geht.

Ganz egal, ob wir Gladwells konvergente oder divergente Intelligenz nehmen: In beiden Fällen bedeutet es, dass wir auf eine bestimmte Weise entscheiden. Das konvergente Denken hilft uns, in unserem Fachgebiet Aufgaben nach Schema F zu lösen. Das divergente Denken hilft uns, jenseits der Schemata originelle und unkonventionelle Lösungen zu finden, etwa wenn die bekannten Strategien versagen. Aber mit welcher Gabe können wir das Ganze von außen betrachten und bewerten? Welche Instanz sagt uns: »Kipp das Projekt! Es ist Schwachsinn!«? Welches Korrektiv hinterfragt das Ziel? Diese Aufgabe hat die Klugheit – sie steht über der Intelligenz. Klugheit ist die Sinn-Kontrolle. Lassen Sie uns also drei Dinge unterscheiden, die für den Erfolg wichtig sind:

- Sie sollten konvergent intelligent sein. Wenn Sie morgen beruflich erfolgreich sein wollen, sollten Sie heute die richtigen Entscheidungen treffen. Aus A folgt B. Sie sind imstande, die Folgen Ihres Handelns abzuschätzen. Sie wissen: Bevor Sie das Haus verlassen, sollten Sie das Bügeleisen ausschalten. Ihre Abläufe, Ihre Prozesse, sind insofern perfekt. Probleme lösen Sie, indem Sie sie mit einigem Energieaufwand Schritt für Schritt überwinden.

- Sie sollten darüber hinaus divergent intelligent sein. Wenn Sie morgen beruflich erfolgreich sein wollen, sollten Sie nicht nur die Entscheidungen für denkbar halten, die aus Ihrem bisherigen Denken und Ihren bisherigen Erfahrungen konvergent folgen. Sie sollten jenseits der gewohnten Bahnen denken können, um völlig neue Möglichkeiten zu erschließen, wenn die bisherigen konvergenten Strategien versagen. Sie sollten mithilfe der divergenten Intelligenz das prozessorientierte Handeln hinterfragen, wenn es nicht zum Ziel führt, und schauen, welche Möglichkeiten Sie haben, um zum Ziel zu gelangen. Die divergente Intelligenz hilft Ihnen, unkonventionelle Wege zu gehen. Probleme lösen Sie, indem Sie einen Weg suchen, die Sache möglichst schnell und einfach zu erledigen.

- Sie sollten darüber hinaus auch klug sein, und Klugheit ist mehr als Intelligenz. Hat Ihr Handeln einen Sinn? Ist Ihr Ziel sinnvoll gewählt? Mithilfe Ihrer Klugheit überprüfen Sie ständig, ob Ihr Handeln im Einklang steht mit dem, was Sie bezüglich Ihrer Sinnorientierung vorhaben – mit Ihrem Motiv hinter dem Motiv, wenn Sie so wollen. Die Klugheit ist das Korrektiv. Sie prüft auch die divergente Intelligenz auf Sinn. Probleme lösen Sie vielleicht gar nicht mehr, sondern umgehen sie oder lassen sie gar nicht erst entstehen.

Die dummen Intelligenten

Sie sehen selbst: Offenbar kann man sogar als hochintelligenter Mensch dumm sein – nämlich dann, wenn die Klugheit als Korrektiv fehlt oder wenn jemand rein konvergent denkt. Lassen Sie es mich anhand eines Beispiels noch einmal aufdröseln:

- Als konvergent intelligenter Denker machen Sie alles richtig beziehungsweise so, wie Sie es gelernt haben. Die Intelligenz besteht darin, dass Sie einen guten Job machen, egal, wie kompliziert eine Aufgabe ist. Sie wissen, wie es geht, und arbeiten so lange daran, bis Sie Ihre Aufgabe erledigt haben. Viele Hühner erledigen ihren Job auf diese Weise. Zum Beispiel sagen Ihnen EDV-Hotliner ganz genau, welche Software Sie wann in welcher Reihenfolge installieren und welche Häkchen Sie bei welcher Konfiguration setzen müssen, damit ein Computer funktioniert. Ergebnis: Sie sitzen mit dem Schrott stundenlang herum und basteln wie ein Techniker, obwohl Sie Wichtigeres zu tun hätten.

- Als divergent intelligenter Denker sind Sie in der Lage, wenn nötig auf die gewohnten Prozesse zu verzichten, um Ihr Ziel einfacher, schneller und preiswerter zu erreichen. Bei EDV-Problemen behalten Sie das Ziel im Auge und verlassen den Weg: Sie drücken Ihren Rechner einem Spezialisten in die Hand, der ihn betriebsbereit machen soll. Ergebnis: Sie haben eine unkonventionelle Lösung dafür, dass Sie in der Zeit die wichtigen Dinge erledigen können.

- Als kluger Denker hinterfragen Sie ständig den Sinn Ihres Tuns. Ist es überhaupt sinnvoll, an einem Rechner herumzuschrauben, der auf einer Plattform arbeitet, die sowieso immer wieder Ärger macht? Hat es Sinn, sich mit von Konvergenzdenkern zusammengeschusterten IT-Produkten herumzuschlagen? Warum soll ich mit einem fehleranfälligen Betriebssystem klarkommen, wenn ich auch einfach auf das viel nutzerfreundlichere Betriebssystem eines anderen Anbieters umsteigen kann? Ergebnis: Das Problem ist weg. Mit diesem externen Blick treffen Sie möglicherweise eine Entscheidung, die alle Basteleien obsolet macht. Und das ist klug.

Bei allen Überlegungen zum Thema Intelligenz steht also die Frage nach der Klugheit im Mittelpunkt. Handeln Sie klug, oder handeln Sie dumm? Erst wenn Sie sämtliches Handeln einschließlich aller Ziele und Prozesse von außen betrachten, stellt sich die Frage nach der Intelligenz und danach, wie Sie eine Aufgabe erledigen. Bevor Sie nicht den Sinn der Aufgabe anerkennen, brauchen Sie sich mit Konvergenz und Divergenz gar nicht zu befassen – Sie werden auf diese Weise beruflich nicht glücklich.

Im Übrigen finden Sie in verschiedenen Jobs durchaus Tendenzen in Bezug auf Konvergenz und Divergenz. Die Frage nach »mathematisch« und »sprachlich« verrät da wie gesagt nicht viel über Ihre Kompetenz. Sinnvoller im Hinblick auf Berufsfragen finde ich folgende Unterscheidung: Neigen Sie zur naturwissenschaftlichen, zur juristisch-ökonomischen, zur psychosozialen, zur philosophisch-philologischen oder zur technischen Intelligenz? Diese fünf Denkmuster sind die momentan am häufigsten anzutreffenden. Die Differenzierung leite ich nicht aus den Fähigkeiten ab, die die Menschen an sich haben, sondern aus den Jobs, in denen sie letztlich landen. Die Wahl des Jobs zeigt schon sehr viel – und solange jemand als Steuerberater versiert ist, dürfte die juristisch-ökonomische Intelligenz auch seiner Neigung entsprechen. Was natürlich nicht heißt, dass er nicht auf anderem Gebiet ebenso gut sein kann.

Jede Intelligenz setzt andere Prioritäten: Was für den einen völlig unwichtig ist, schreibt der andere ganz groß. Der juristisch-ökonomische Denker beispielsweise schert sich nicht so sehr um Tippfehler in seinen Briefen wie der philosophisch-philologische Denker, der wiederum beim Rechnen eher fünfe gerade sein lässt. Entwickelt der Techniker ein konkretes Ergebnis, sind der Naturwissenschaftler und der Philosoph möglicherweise noch in eine akademische Diskussion über die Grundlagen vertieft – für den einen ist der Nutzen wichtig, für die anderen die Fehler des Gegenübers im Diskurs.

Was zählt, wenn Sie beruflich erfolgreich werden wollen? Das Ergebnis. Also lassen Sie uns einmal die verschiedenen Formen von Intelligenz betrachten. Welcher würden Sie sich zuordnen? Und wie wichtig sind für Sie Ergebnisse?

Naturwissenschaftliche Intelligenz

Als Naturwissenschaftler schreibt man Präzision sehr groß. Schließlich müssen Messungen genau sein, damit die Ergebnisse stimmen. Oft ist es sinnvoll, sich an der Präzision so lange aufzuhalten, bis sie perfekt ist – sonst stürzt der Tunnel ein oder bricht die Zahnkrone. Da geringe Fehler häufig zu großen Schäden führen, ist ein Leitmotiv des Naturwissenschaftlers die Korrektheit. Wendet er sein Streben nach korrekter Perfektion in anderen Gebieten an, wird es manchmal absurd: Beim Verteilen der Tischkarten verschwendet er so viel Zeit auf eine exakt geometrische Ausrichtung, dass er es verpasst, den Kaffee zu kochen – unter der unnötigen Präzision im Kleinteiligen leidet das Ergebnis.

In jedem Stadium einer Entwicklung prüft der Naturwissenschaftler, ob alles richtig ist, und erst dann geht es weiter. Insofern ist die naturwissenschaftliche Intelligenz sehr prozesshaft, und in der Effizienz sind die entsprechenden Universitätsinstitute oft mit Behörden vergleichbar. Sobald für eine Studie Geld da ist, wird geforscht. Unaufhaltsam. Streng nach Vorschrift. Auch wenn die Studie komplett sinnlos ist. Für die Arbeit in einer ergebnisorientierten komplexen Struktur wie etwa im Eventmarketing sind solche naturwissenschaftlich orientierten Perfektionisten kaum zu gebrauchen: Weil die Anzahl der zu liefernden Fingerfood-Teile nicht mit der Zahl auf dem Zettel übereinstimmt, macht der Präzisionsfanatiker Ärger – und durch die Reklamationsarie und das Beharren auf Korrektheit ist das Buffet zu spät fertig. Das Ergebnis und der Sinn leiden unter der Denkweise solcher Perfektionisten.

Stellen Sie dem Typus Naturwissenschaftler um 14 Uhr die Frage nach der Uhrzeit, hat er ein Problem. Welcher Maßstab soll gelten? Es kommt darauf an, wo und in welcher Zeitzone man sich genau befindet. Aus Sicht eines Astronomen ist die Uhrzeit vielleicht eine andere als aus Sicht eines Nachrichtentechnikers. Solange der überpräzise Naturwissenschaftler über solche Dinge nachdenkt, geht viel Zeit verloren, und er verbrät eine Menge Hirnschmalz – dabei ist es einfach nur 14 Uhr. Hat er einen Maßstab für seine Antwort gefunden, sagt er entweder übertrieben korrekt: »Es ist exakt 14:00:00 Uhr mitteleuropäischer Sommerzeit« – und dann ist die Antwort schon in dem Moment falsch, in dem er sie ausgesprochen hat. Oder er drückt sich komplizierter aus, als es nötig ist, um der ganzen Welt seine enorme Intelligenz zu beweisen, und sagt: »Es ist Wurzel aus vier Uhr.«

Versuchen Sie mal, von einem wissenschaftlichen Institut eine einfache Antwort auf eine einfache Frage zu bekommen – das geschieht sehr selten, was auch zeigt, weshalb viele Spezialisten sich mit Positionierungen auf Märkten schwertun. Will der Naturwissenschaftler etwas lernen, dann am besten die Fähigkeit, nicht die Details in ihrer Präzision zu vermitteln, sondern die Bedeutung der Sache für andere. Die Klugheit ist bei extremen Vertretern dieser Intelligenz oft sehr gering ausgeprägt.

Sofern Sie sich ertappt fühlen, sollten Sie sich von außen betrachten. Ordnen Sie Ihre Arbeit konsequent den Belangen der Menschen unter. Akzeptieren Sie, dass es sinnlose Studien gibt, machen Sie keine mehr und unterwerfen Sie Ihre Arbeit stattdessen konsequent einem höheren Sinn. Beachten Sie, dass Ihre gelernten Abläufe möglicherweise nur innerhalb Ihres Aufgabengebietes funktionieren, und übertragen

Sie sie nicht auf andere. Versetzen Sie sich dringend in die Lage von Nichtfachleuten und erkennen Sie die wahren Belange der Welt.

Juristisch-ökonomische Intelligenz

Verwandt mit dem Naturwissenschaftler ist der juristische Ökonom. Auch er neigt zum Perfektionismus, und auch ihm geht es um die Korrektheit. Was den definierten Normen, Axiomen und Regeln entspricht, erkennt er als gut an, was ihnen widerspricht, als schlecht. »Richtig« ist in seinem Denken gleichzusetzen mit »gut«.

Typische Vertreter sind Steuerberater: Sorgenvollen Blickes erklärt man Ihnen, welche Prüfungen das Finanzamt sich ausdenken könnte – doch als ehrlichen Steuerzahler interessieren Sie diese Warnungen des Eventualitätendenkers vielleicht gar nicht. Wenn das Finanzamt Ihre Finanzen prüfen will, dann soll es das doch machen – aufhalten lässt es sich sowieso nicht. Wozu also die Aufregung? Die juristische Korrektheit macht hier viel Lärm um nichts. Vom Inhalt her ist alles richtig, aber die Bedeutung ist gleich null.

Ohne Frage gibt es auch unter Juristen und Ökonomen jede Menge guter Leute. Aber Divergenz ist bei juristischen Ökonomen oft nicht gefragt. Stattdessen geht die Korrektheit des juristischen Ökonomen an den Erfordernissen der Wirklichkeit vorbei. Wenn das Finanzamt einmal wegen irgendeiner versäumten Frist 50 Euro Säumnisgebühr erhebt, ist der Ehrgeiz des juristischen Ökonomen geweckt, und er legt sich ins Zeug und schreibt Briefe über Briefe. Dabei erscheint es kaum als sinnvoll, wegen 50 Euro überhaupt eine Briefvorlage zu öffnen, wenn man in der gleichen Zeit 1000 Euro verdienen könnte.

Auch typisch für die juristisch-ökonomische Intelligenz sind Versicherungsleute: Meine Krankenversicherung schickt einen Papierstapel mit mehr als fünfzig Seiten voller Kleingedrucktem und Tabellen mit der völlig ironiefreien Bemerkung: »Bitte lesen Sie sich alles in Ruhe durch und rufen Sie uns an, wenn Sie Fragen haben.« Wie blind für die Situation anderer Menschen kann man denn sein? Solche Absurditäten erlaubt man sich nur, wenn man rein konvergent denkt und den Paragrafendschungel für wichtiger hält als den Sinn des Lebens. Diese Belästigung mit Papierbergen ist ja nicht einmal böse gemeint, sondern das ganz normale Procedere im ablauforientierten juristisch-ökonomischen Setting. Und weil auch in Behörden vor allem Vertreter dieser Intelligenz arbeiten, bekommen selbst die modernsten Staaten ihre Probleme nicht in den Griff und verhandeln stattdessen juristische Details auf unwichtigen Nebenschauplätzen. Dass Juristen miteinander korrespondieren mit Formulierungen wie »Bezug nehmend auf den Schriftsatz vom 3. März 2010 wird zudem vorsorglich nochmals beantragt«, zeigt mir, dass da die Bodenhaftung verloren gegangen ist. Und darum nehme ich nichts von alledem ernst, was am Ende von Entscheidungsprozessen innerhalb dieser Intelligenz herauskommt. Ich bin es leid, dass gedankliche Kopfgeburten uns beim Leben stören.

Und wie antwortet der juristisch korrekte Ökonom auf die Frage nach der Uhrzeit? Er antwortet möglichst umfassend und erschöpfend, um allgemein gültig zu sein. Überhaupt hören sich Antworten solcher Leute oft an wie Gutachten vor Gericht: »Auf die Fragestellung nach der momentanen Uhrzeit ist unmissverständlich zu sagen, dass zum momentanen Zeitpunkt die Antwort 14 Uhr lauten muss. Dies gilt selbstverständlich nur unter Berücksichtigung der Tatsache, dass zur zuverlässigen und sicheren Ermittlung einer Referenzuhrzeit stets ausschließlich die Uhr in der Pförtnerloge heranzuziehen ist.«

Sofern Sie ein Vertreter dieser Intelligenz sind, sollten Sie versuchen, eine Distanz zu Ihrer Expertise aufzubauen, ihren Sinn zu sehen und gemäß diesem Sinn zu handeln – hinter allen Bestimmungen und Regeln steht im Kern das Bestreben, den Menschen das Leben zu erleichtern, statt es zu blockieren. Besinnen Sie sich auf diese Funktion von Regeln und handeln Sie nicht mehr um der Regeln willen.

Psychosoziale Intelligenz

Während bei den Naturwissenschaftlern und den juristischen Ökonomen die Korrektheit im Vordergrund steht, geht es bei den Vertretern der psychosozialen Intelligenz um das Gefühl und die Harmonie in der Gruppe. Sie sind hochintelligent, wenn es um Befindlichkeiten geht. Persönliche Belange stehen stets über der Sache: Man fängt erst an zu arbeiten, wenn man ein gutes Gefühl hat, »mit allen klar« ist und wenn die Gruppendynamik stimmt. Manche extreme Ausprägungen dieser Intelligenz sind zwar hochsensibel für Gefühle, leider aber oft nur für ihre eigenen.

Dass »ein gutes Gefühl« an vielen Arbeitsplätzen nicht die erste Priorität von Chefs ist, versteht sich von selbst – daher sind die Psychosozialen prädestiniert für Einzelkämpferjobs. Sie machen ihre persönliche Praxis auf, sie ziehen als Berater durch die Lande, möglichst ohne Berührung mit Menschen, die auf Effizienz drängen und darauf, ihre persönlichen Belange mal zurückzustecken. Typische Vertreter sind Psychologen, Sozialpädagogen und Therapeuten aller Art. Oft genug ist für solche Leute gerade der Besuch beim Steuerberater der größte Horror: Er ist das einzige Korrektiv, das einen Überblick über die Ergebnisse vermittelt und regelmäßig anmahnt, man möge doch ein wenig ökonomischer arbeiten. Im Büro des Steuerberaters krachen entsprechend Welten aufeinander.

Im Team mit anderen neigt der hundertprozentige Psychosozialtyp gerne zur emotionalen Erpressung: Nur wenn die Atmosphäre stimmt, kann man arbeiten – und für die Atmosphäre ist der böse Chef verantwortlich. Geht der Chef darauf ein, wachsen die Ansprüche der Psychosozialen immer weiter, bis sie schließlich die Produktivität verschlingen. Der Vorteil des psychosozialen Denkers ist: Er sorgt oft für gutes Betriebsklima. Wobei man natürlich stets Gefahr läuft, exkommuniziert zu werden, sobald man der Sache wegen die heile Welt eines solchen psychosozial orientierten Denkers verletzen muss.

Auf die Frage nach der Uhrzeit beginnt der hundertprozentige Psychosoziale zu diskutieren: »Welche Rolle spielt das denn?«, »Warum willst du das wissen?« – und er neigt manchmal auch dazu, in der Frage tiefere Bedeutungen zu vermuten: »Setz mich bitte nicht unter Druck!«

Eine sinnvolle Möglichkeit, mit Menschen zu arbeiten, die ihre emotionalen Belange konsequent über die Belange der anderen und des Unternehmens stellen, gibt es kaum – daher wäre meine Empfehlung an Sie, falls Sie zu dieser Form von Intelligenz neigen, die Dinge nicht persönlich zu nehmen. Fast nichts, was uns auf dieser Welt widerfährt, hat mit uns zu tun. Dafür sind wir einfach zu unwichtig.

Als Vertreter der psychosozialen Intelligenz haben Sie vermutlich eine enorm hohe Affinität zum Sinn. Sie wissen, wie viel es wert ist, wenn es Menschen gut geht und wenn die Kommunikation stimmt – und das sollten Sie zum Gegenstand Ihres Arbeitens machen. Zugleich sollten Sie versuchen, diesen Gegenstand Ihrer Arbeit in irgendeiner Weise festzuklopfen – als greifbare, klare und beschreibbare Leistung, für die Sie ebenso greifbar Geld verlangen können. Zumindest in Ansätzen sollten

Sie verstehen, dass der Steuerberater Sie nicht nerven, sondern Ihnen helfen will – er lebt eben nur auf einem anderen Planeten.

Philologisch-philosophische Intelligenz

Verwandt mit dem Naturwissenschaftler, aber auf anderem Gebiet tätig, ist der Geisteswissenschaftler. Vertreter der philologisch-philosophischen Intelligenz lieben das ästhetisch und diskursiv Perfekte. Was dem Naturwissenschaftler die perfekte Messung oder der abgeschlossene Beweis ist, ist dem Geisteswissenschaftler das kohärente Gedankengebilde und die perfekte Theorie. Man neigt zur Kontemplation, zum vernetzten Denken und damit zum Verzetteln.

Typische Vertreter sind Deutschlehrer, Kunsthistoriker und manche Journalisten: Während der eigentliche Sinn des Journalismus darin besteht, Zusammenhänge zu recherchieren, denken manche, es ginge nur ums Schreiben und sich möglichst kluge Dinge dazu auszudenken. Während beispielsweise der knallharte Lokaljournalismus zu»Fakten, Fakten, Fakten« zwingt, erzählen die Kollegen vom Feuilleton oft ein so verworrenes Zeug, dass man sich fragt, ob sie auch so verworren denken. Hinzu kommt der Lehrauftrag, den Vertreter dieser Intelligenz in Deutschland in der Tradition der Aufklärung zu haben meinen: Sie wollen uns zur Intellektualität erziehen. Es ist kein Wunder, wenn die Kritiker einen Film oder einen Fernsehkrimi wegen seiner gesellschaftspolitischen Botschaft loben – obwohl der Film beim Publikum floppt, weil er schlecht erzählt ist. Der Gedanke der Unterhaltung, also der Sinn des Fernsehkrimis, ist vielen Vertretern der Philologen-Intelligenz fremd – und so geht auch hier die Perfektion oft am Sinn vorbei.

Die Antwort auf die Frage nach der Uhrzeit ist typisch relativierend und sagt dem Fragenden vorwurfsvoll, dass er längst nicht jeden Aspekt bedacht habe:»Das kann man so absolut nicht sagen. Das hängt vom Standpunkt und von der Sichtweise ab.« Und das zeigt, wie vage letztlich Aussagen aus dieser Gedankenwelt sein können.

Während beim Naturwissenschaftler die Gefahr bei der Betrachtung eines Gegenstandes der Tunnelblick ist, ist die Gefahr beim Geisteswissenschaftler die Explosion der Gedanken und ihre Diffusion nach außen, wodurch ein Gegenstand mehr und mehr Bedeutungen erfährt. Die Interpretation ist Wesensmerkmal dieser Intelligenz, was wir schon in der Schule bei Gedichtsinterpretationen merken. Sicher kann man in einem Gedicht Botschaften verpacken, und um sie zu erkennen, bedarf es einer Dechiffrierung. Der Gedanke der Interpretation dagegen führt für meine Begriffe ein wenig zu weit, denn hierdurch unterstellen wir möglicherweise Dinge, die nicht da sind. In Form mancher Psychologen kreuzt sich der Geisteswissenschaftler mit dem psychosozial Intelligenten: Anhand von Zeichnungen und allerlei Interpretiererei suchen und finden sie Bedeutungen, die so vielleicht gar nicht existieren – aber sie halten sie aufgrund einer skurrilen Mischung aus selektiver Wahrnehmung und sich selbst erfüllender Prophezeiung dennoch für wirklich.

Sofern Sie sich der Gruppe der philologisch-philosophisch Intelligenten zuordnen können, lassen Sie mich Ihnen bitte sagen: Ihre Denkweise ist sehr wichtig, weil sie es ermöglicht, abseitige Wege zu finden. Mit einiger Gewissheit denken Sie stark divergent und sind höchst kreativ. Hier ist die Aufgabe, die Gedanken sinnvoll zu kanalisieren. Es geht darum, die Grenzen der Interpretation zu finden und Ihre Gedanken stets mit den Belangen der Realität abzugleichen. Einen Sinn werden Sie vermutlich sehen – aber was möglicherweise nottut, ist die Praktikabilität. Finden Sie einen Weg, Ihre Gedanken zu Taten werden zu lassen und sich rein auf Ergebnisse zu fokussieren!

Technische Intelligenz

Die fünfte Form von Intelligenz schließlich ist die technische Intelligenz. Techniker haben die Aufgabe, für greifbare Dinge konkrete und umsetzbare Lösungen zu entwickeln. Als Ingenieure entwickeln sie Produkte, Techniken, Verfahren – und sie freuen sich, wenn etwas funktioniert. Sei es im Labor oder im Feld: Sobald eine Erfindung, eine Konstruktion oder Maschine sich so verhält wie geplant, ist das für den Techniker das höchste der Gefühle.

Vielen Technikern geht es um brauchbare Ergebnisse, um Machbarkeit und Umsetzung. Sie berücksichtigen meist die Folgen ihres Handelns, weil sie in klaren Ursache-Wirkungs-Schemata denken. Gemacht wird nicht, was nur theoretisch denkbar erscheint, sondern was konkret funktioniert. Der Techniker greift in aller Regel zu dem Werkzeug, das sich am besten eignet: Um Schrauben in die Wand zu drehen, wählt er den Schraubendreher und nicht die Kombizange. Dafür braucht der Techniker keine einzige Studie, in der eine repräsentative Zahl von Schrauben mit der Kombizange in die Wand geschraubt worden wäre – er weiß, was das falsche und was das richtige Werkzeug ist. Aber auch unter Technikern gibt es Ausprägungen, die übers Ziel hinausschießen: Manche Ingenieure entwickeln Produkte, die nicht mehr brauchbar sind. Im Eifer des Programmierens verkünsteln sie sich wie spielende Kinder, und plötzlich habe ich ein Blackberry-Handy, dessen Tastensperre ich mit »Alt-Enter« aktiviere und mit »Stern-grün« deaktiviere – eine unnötig komplizierte Routine. Warum? Weil die Entwickler den Nutzer aus dem Blick verloren haben und vom Kunden fälschlicherweise erwarten, dass er die Denkstrukturen des Unternehmens übernimmt.

Gute Techniker verlieren niemals den Nutzer aus dem Blick. Sobald es um eine Routine für die Hotline geht, fragt der Techniker: Denkt das Unternehmen an die Belange der Kunden? Und als Führungskraft hat er auch die Aufgabe, die Egozentriker unter den Ingenieuren stets an den Sinn ihres Handelns zu erinnern: Sind die Kollegen fähig, aus der Sicht anderer Menschen auf die Sache zu blicken? Bei der Frage nach der Uhrzeit lockt den abgehobenen Ingenieur die Herausforderung: Er erfindet die Uhr und baut dann eine.

Typische Vertreter der technischen Intelligenz sind Handwerker, Chirurgen und Polizeibeamte – Menschen, die direkt im Geschehen sind und die Folgen von Handeln und Unterlassen sofort spüren. Sie fragen: Was ist Sache? Worum geht es? Was ist wichtig? Was wird konkret gemacht? Bis wann? In einem Streit fallen sie nicht als Rechthaber auf, sondern sie lassen sich vom besseren Argument oder einem schlüssigen Beweis überzeugen.

Wenn Sie zu den Technikern gehören, die sich gerne komplexen Gedanken hingeben und dadurch den Blick für den Sinn aus den Augen verlieren, sollten Sie sich dringend eine Kontrollinstanz zulegen. Fragen Sie Ihre Liebsten, ob noch jemand kapiert, was Sie sich gerade ausgedacht haben. Fragen Sie Freunde, ob Ihre Überlegungen zu weitschweifig und verknotet sind oder ob man sie den Menschen draußen zumuten kann. Denn es wäre schade, wenn Ihre genialen Ideen im Gestrüpp aus gedanklichen Umwegen untergingen! Dann zeigt sich, dass die wirklich guten Dinge oft sehr einfach sind, und die Antwort auf die Frage nach der Uhrzeit lautet schlicht: »Es ist 14 Uhr.«

Spezialist? Trotzdem auf dem Boden bleiben!

Sie sehen: Grundsätzlich ist Spezialisierung nichts Schlechtes, weil Sie dadurch zu einem Meister Ihres Fachs werden. Zugleich aber birgt jede Denkrichtung die Gefahr, sich zu verselbstständigen und abzuheben. In der konkreten Wirklichkeit aber Erfolg zu haben bedarf unbedingt der Bodenhaftung, sonst erreichen Sie die Menschen nicht mehr und bringen Ihre Botschaft nicht mehr klar rüber. Über allen Formen von Intelligenz steht also die Klugheit – und die sollte die übergeordnete Instanz beim Denken und Handeln sein. Sie sind dann klug, wenn Sie Ihr Fachgebiet und Ihr Leben von außen betrachten und die Bedeutung herausarbeiten können, die Ihr Wirken für andere hat.

Tipp 71

Erkennen Sie Ihre Intelligenz und seien Sie vor allem klug.

Erkennen Sie an, dass ...
– die falschen Ratgeber Ihnen falsche Tipps geben und die richtigen richtige.
– Sie eher erfolgreich sind, wenn Sie langfristig und zielorientiert denken.
– Sie ein kluger, divergent denkender Geber sein sollten.
– Sie einen höheren Sinn in Ihrem Handeln finden sollten.
– akademisches Wissen nicht gleichbedeutend sein muss mit Professionalität.
– Lösungen zu finden wichtiger ist als Gegebenheiten mit Mustern abzugleichen.
– es darum geht, die Menschen zu erreichen und von sich zu überzeugen.

Sie können weiterhin tun, wofür Sie sich damals entschieden haben, was Ihre Eltern wollten oder wofür sich eine Gelegenheit bot. Sie dürfen aber auch anerkennen, dass sich Ihnen Chancen bieten, Sie dürfen neu denken und sich jederzeit ein neues Leben aufbauen.

Machen Sie Ihr Ding!

Wie viele Menschen kennen Sie, die nach den Prinzipien aus dem vergangenen Kapitel leben? Wer hinterfragt das in unserer Gesellschaft selbstverständlich gewordene Arbeitnehmer-Dogma, das die Menschen in Scharen zum selbst gewählten fremdbestimmten Leben verurteilt? Vermutlich sind Sie in der Minderheit, wenn Sie Ihr Leben künftig nach den Prinzipien dieses Buches strukturieren. Ich finde aber, das macht nichts. Die allermeisten erfolgreichen Menschen, die ich kenne, sind in irgendeiner Weise Ausbrecher. Manche polarisieren sehr stark und spalten sogar. Warum auch nicht? Sie haben keine Angst vor der öffentlichen Meinung. Diese Unbeirrbarkeit meine ich, wenn ich sage: Machen Sie Ihr Ding! Die Masse der Menschen ist träge und schweigsam, und sie akzeptiert viel mehr Veränderungen und Auffälligkeiten, als Sie vielleicht denken. Sobald Sie etwas Ungewohntes tun, wird sich Ihre Umwelt daran gewöhnen.

Ob Menschen ihr Ding machen oder nicht, erkennen Sie auch an deren Verhalten gegenüber anderen, die ihr Ding machen. Welche ungewohnten Gedanken passen ins Weltbild der Leute? Einmal fragte ich die Sekretärin eines befreundeten Geschäftspartners, ob ich kurz das Faxgerät benutzen dürfe. Sie reagierte, als hätte ich sie zu einem Pornodreh eingeladen. Sie kam aus dem Schnaufen gar nicht mehr heraus: Da könne ja jeder kommen, so einfach sei das nicht, da müsse sie erst mit ihrem Chef reden. Ich wollte sie schon fragen, was ich verbrochen hätte und wo das Problem sei – da kam besagter Chef zur Tür herein. Ich fragte ihn, und er sagte natürlich sofort: »Klar.« Das ganze Gedöns der Frau war für die Katz. »Lassen Sie uns kurz den Chef fragen«, hätte als Ansage genügt. Sie hatte völlig sinnlos Theater gemacht, nur weil etwas nicht ihrem Konvergenzprinzip entsprach.

Wer es für unmöglich oder zumindest schwierig hält, dass ein befreundeter Besucher ein Fax verschickt, wird auch andere Dinge für unmöglich oder zumindest schwierig halten – zum Beispiel sich selbst beruflich zu verwirklichen. Zwischen dieser Sekretärin und ihrem Chef sehen Sie himmelweite Unterschiede im Denken: Sie wird ihr Ding kaum machen, weil sie in Unmöglichkeiten gefangen ist. Er ist es dagegen gewohnt und ist Matcher.

Und diesen Unterschied im Denken erlebe ich oft, wenn ich zu Gast in einem Unternehmen bin, weil ich dort beispielsweise ein Seminar gebe. Manchmal begegne ich Leuten, die mich mit meiner Lebensweise für einen Marsmenschen halten. »Wie, Sie sprechen mit dem Vorstandsvorsitzenden genauso normal und locker wie mit uns?« Klar, warum nicht, er ist doch auch ein Mensch, der keine soziale Isolation verdient hat. Oder mein Handy klingelt an einem Dienstagnachmittag, und ich bin gerade mit dem Fahrrad im Wald. Manche meiner Ansprechpartner in Unternehmen verstehen das nicht. Die schauen mich skeptisch an, wenn ich sage, dass ich den ganzen Sonntag über das Seminar vorbereitet habe – wie kann man denn gegen eine solche Konvention verstoßen und am heiligen Sonntag arbeiten? Viele derer, die selbst nicht ihr Ding machen, halten Sie einfach für einen Spinner, wenn Sie Ihr Leben so leben, wie Sie es für richtig halten. Sie werden das selbst erleben.

Andere Menschen in Unternehmen sind frei im Kopf und halten alles für denkbar. Viele sind Führungskräfte und auf einer spannenden Tour durch die Unternehmenswelt, auf der sie von Station zu Station mehr Geld verdienen wollen. Und viele arbeiten in der Tat mit Sinn und sind sehr klug. Beispielsweise viele Einkäufer und Verkäufer. Diese Typen sind fast Jäger. Um von ihrem Leben als Großbauer zum Jägerdasein zu wechseln, fehlt ihnen meist nur noch ein klitzekleiner Schritt. Mit denen fühle ich mich wohl, egal ob im Seminar oder später beim Kaffee. Sie sind das spannende Fachpublikum auf Messen und Kongressen, das ich so schätze. Menschen, die ungeachtet der Grenzen ihres Arbeitsplatzes offen sind und schauen, was sich machen lässt.

Inwieweit stimmen Sie folgenden Aussagen zu?	1 = trifft in jeder Hinsicht zu; 5 = trifft überhaupt nicht zu				
Ich weiß, was ich beruflich gerne tun würde.	①	②	③	④	⑤
Ich weiß, was ich sehr gut kann.	①	②	③	④	⑤
Ich weiß, was andere Menschen von dem brauchen können, was ich gerne tue und gut kann.	①	②	③	④	⑤

Ich weiß, wie ich die Leute finde, die für das, was ich gerne tue und gut kann, bezahlen.	①	②	③	④	⑤
Was ich tue, ist einzigartig. Die Menschen reagieren nicht nur positiv, sondern auch mit vernichtenden Urteilen und Neid. Mich lässt das unbeeindruckt.	①	②	③	④	⑤
Ich habe mit meinen Fähigkeiten die Möglichkeit, ohne viel bürokratischen Aufwand und ohne große Investitionen oder Kredite Geld zu verdienen.	①	②	③	④	⑤
Ich verstehe Internet-Communitys und beherrsche Instrumente des viralen Marketings, um schnell in meiner Zielgruppe bekannt zu werden.	①	②	③	④	⑤
Meine Leistung kann so leicht niemand kopieren.	①	②	③	④	⑤
Was ich kann und gerne tue, brauchen sehr viele Menschen.	①	②	③	④	⑤
Ich bin vernetzt mit guten Leuten und in ständigem Austausch über Entwicklungen und Möglichkeiten.	①	②	③	④	⑤

Wie wollen Sie arbeiten?

Als ich mich selbstständig gemacht habe, erschien es mir zunächst undenkbar, nicht mehr regelmäßig arbeiten zu gehen. Ich war es gewohnt, dass Arbeiten in irgendeinem Unternehmen und Freizeit zu Hause war. Die Regelmäßigkeit, das Haus zu verlassen und nach einigen Stunden zurückzukommen, hielt ich für so normal wie Asiaten das Essen mit Stäbchen. Es war eingepaukt.

In der ersten Zeit hatte ich sogar oft das Gefühl, dass beinahe etwas fehlt. Das Ritual, die Redaktion zu betreten und die Kollegen zu begrüßen, war weg. Und ich war zu Hause, während die Menschen draußen »zur Arbeit fuhren«. Meine marxschen Produktionsmittel: zwei Rechner, ein Drucker, ein Internetanschluss, ein paar Telefone, eine Tasse Kaffee und meine Gedanken. Es war an der Zeit, aus Hirn Geld zu machen – und zwar ohne dass mir jemand sagte, was die Storys waren, für die wir Überschriften brauchten. Eine Arbeitsweise, die ich mir immer gewünscht hatte. Ich war ganz auf mich allein gestellt und auf meine Fähigkeiten.

Nachdem ich festgestellt hatte, dass ich mit meinem neuen Job im Grunde überall arbeiten kann, fiel eine weitere gedankliche Festung – ich war räumlich nicht mehr gebunden. Bisher war es auch bei mir üblich, dass ich zur Arbeit musste. Das ist schließlich auch normal im Arbeitnehmer-Dogma: Sitzt der Arbeitgeber in München, leben wir in München oder Umgebung und zählen zu den vielen Pendlern morgens im Stau. Am Arbeitsplatz dann angekommen, begrüßen sich wildfremde Menschen, um miteinander an irgendeinem gemeinsamen Strang zu ziehen.

Sind Sie dagegen selbst der Unternehmer, können Sie sich frei entscheiden, wo und wie Sie arbeiten wollen. Arbeiten Sie vorwiegend übers Internet, ist es nahezu egal, wo Sie leben. Aufgrund meiner Seminare vor allem zum Thema Kommunikation bin ich an die deutsche Sprache gebunden und sollte daher möglichst nicht nach Australien auswandern. Ich bin selbstverständlich in der Nähe meiner Kunden. Aber wo ich im deutschsprachigen Raum lebe, ist letztlich egal. Wo mein Rechner ist, ist mein Büro.

Vielleicht sieht es bei Ihnen anders aus: Möglicherweise machen Sie ja Ihr Ding, wenn Sie Arbeitsumfeld und private Sphäre wie üblich klassisch voneinander trennen. Vielleicht sehen Sie das anders als ich und beharren auf dieser Trennung, okay. Vielleicht haben Sie auch mit mehr Material zu tun als ich und brauchen Lagerräume oder eine Werkstatt. Oder Sie arbeiten in einem Team, das Büroräume braucht, um in der Gruppe arbeiten zu können. Wie auch immer: Bevor Sie sich für eine Richtung entscheiden, würde ich Ihnen empfehlen, alle diese Koordinaten festzulegen. Wollen Sie denn klassisch täglich »zur Arbeit« gehen oder fahren? Wollen Sie von Platz verschlingender Technik abhängig sein, von Maschinen, Fahrzeugen und Lagern? Wollen Sie sich Gefahrstoffen aussetzen? Mit welchen Leuten wollen Sie zu tun haben? Sind Sie Teamplayer oder eher Solist? All das können Sie entscheiden.

Legen Sie die äußeren Bedingungen fest

Bei diesen Entscheidungen ist es besonders wichtig, dass Sie bisherige Denkverbote und Vorstellungen kippen, die Sie möglicherweise am

Fortkommen hindern. Nicht weil alles, was Sie bisher gedacht haben, schlecht wäre. Sondern weil Sie noch viel mehr Möglichkeiten sehen, wenn Sie sich von Ihrem bisherigen Denken nicht mehr eingrenzen lassen.

Viele antworten auf die Frage nach dem »Wie arbeiten« erst mal mit Widerständen, die mit dem Wörtchen »aber« beginnen: »Aber ich habe doch Familie«, »Aber ich bin doch schon fünfundvierzig«, »Aber es sind doch nur Träume«. Vorsicht: Sie sehen nicht die Möglichkeiten, sondern die Unmöglichkeiten. Träume? Na eben! Es geht darum, sie zu verwirklichen. Seien Sie ein bisschen mehr Matcher, das geht schon!

Wenn Sie als Arbeitnehmer sich mit Aber-Sätzen gegen den Gedanken an etwas Neues in Sachen Eigenständigkeit auflehnen, kann ich Ihnen aus dem Stand fünf Paare nennen, die aufgrund von Unternehmensentscheidungen plötzlich zu Fernbeziehungen gezwungen sind. Die Leute sind »events« ausgeliefert und lassen es sich gefallen. Sie betrachten den nötigen Umzug als »action«, obwohl es nur ein stupides Reagieren auf ein oft sinnloses »event« ist. Ein Freund hat wegen seines neuen Arbeitsplatzes jetzt eine kleine Zweitwohnung in einer Kleinstadt hundert Kilometer von der gemeinsamen Wohnung mit seiner Partnerin entfernt, und dann geht es eben mit Auto oder Bahn alle paar Tage hin und her. Will man so leben? Sicher kann man es sich schönreden, klar. Die Menschen lassen sich diese Eingriffe in ihr Privatleben bieten und ordnen sich somit den Unternehmen unter.

Natürlich bin ich sehr glücklich darüber, wenn mich solche Widrigkeiten nicht betreffen. Zugleich ist mein Leben aber auch das Ergebnis meiner Entscheidungen: Ich lasse mich nicht von den Ereignissen im Sinne der »events« treiben, indem ich beispielsweise einem nach München ziehenden Unternehmen folgen würde – es sei denn, ich wollte sowieso dahin. Sondern ich handele verantwortlich für mich selbst im Sinne der »action«: Ich frage mich erst, was ich will, und dann schlage ich den Weg ein. Diese Reihenfolge muss klar sein, sonst geraten Sie immer wieder auf Abwege. Auf diesen Abwegen machen Sie vielleicht alles richtig und entsprechen den Anforderungen, aber dabei tun Sie genau das Falsche und halten die Dinge, die Ihnen widerfahren, für maßgebliche Realität.

Es geht also um Flexibilität! Es mag beispielsweise sein, dass Ihr Partner sagt, er will da bleiben, wo er ist – wegen seiner Familie oder auch eines Jobs. Die Ansage lautet: »Ein Umzug kommt nicht in Frage!«

In dieser Rigidität ausgesprochen, ist der Wunsch geradezu kontraproduktiv, weil Sie stets nur das Verbot im Sinn haben, statt eventuell auch
gemeinsam neue Möglichkeiten zu suchen. Ihre Gedanken entwickeln
sich so nur regional, und Sie denken vielleicht:»Na, dann kann ich mein
Aufbaustudium knicken, also brauche ich eine andere Idee.«

Denkverbote verbieten

Stopp! Spielen Sie es gedanklich erst einmal durch. Was wäre, wenn?
Werfen Sie die begrenzende Prämisse über Bord und denken Sie frei –
damit ermöglichen Sie sich insgesamt mehr Verzweigungen in Ihren
Gedanken, und Sie kommen vielleicht am Ende auf eine Lösung, die
Ihnen unter der Prämisse Ihres Verbotes vorenthalten geblieben wäre.
Vielleicht findet sich Ihr Aufbaustudium in einem Fernstudiengang. Oder
es erübrigt sich, weil Sie eine Alternative finden, die Ihnen schneller zu
Geld verhilft. Oder Ihr Partner denkt um und findet es plötzlich ganz
spannend, in eine andere Stadt zu ziehen. Alles möglich. Aber nur, wenn
Sie sich keine Denkverbote auferlegen.

Tipp 72 **Fragen Sie sich erst, was Sie wollen, und schlagen Sie dann den
Weg ein. Machen Sie es niemals andersherum.**

Einer meiner Träume war es immer, mitten in der Natur zu leben – insofern waren die fünfzehn Jahre im Szenebezirk Berlin-Mitte in
gewisser Weise ein krasser Verstoß gegen mein Inneres. Auch der feste
Job in einem Berliner Medienhaus sprach dagegen, aufs Land zu ziehen.
Aber an freien Tagen ertappte ich mich immer wieder dabei, wie ich
mein Fahrrad ins Auto warf und weit raus aufs Land donnerte, um dort
in absoluter Stille auf verlassenen Landstraßen vierzig Kilometer mit
dem Fahrrad zu fahren. Meine Intuition, mein unmittelbares Handeln,
hat mir von allein gezeigt, wo meine Vorliebe liegt. Wo ich leben und arbeiten wollte beziehungsweise wo ich es nicht wollte, war sonnenklar –
ich musste nur auf die Impulse hören. Sollte ich also an den Stadtrand
ziehen und den Kompromiss eingehen, den viele Nine-to-five-Arbeiter
mit Jobs in der Stadt eingehen? Nein. Die tägliche Pendelei wäre nichts
für mich gewesen. Und außerdem bedeutet »in der Natur« für mich
nicht »am Stadtrand« oder »Haus mit Terrasse und Rollrasen«, sondern

Wald, wilde Wiesen und Stille. Finsternis in der Nacht, Sternenhimmel und Rehböcke, die sich auf dem Hof keilen.

Also habe ich mir ein komplett anderes Leben eingerichtet, als ich es bislang führte, und in dem die permanente Präsenz in der Stadt nicht mehr nötig ist. Ich arbeite zu Hause und bin ansonsten auf Reisen. Der Austausch ist also da. Weil aber mein Job letztlich darin besteht, Gedanken zu entwickeln und sie in didaktische Konzepte wie beispielsweise Bücher und Seminare zu verwandeln, bin ich ein Mann der Tastatur. Und um zu schreiben und zu denken, schalte ich möglichst alle Störungen von außen ab. Meine Arbeit findet im Kopf statt, und ich bin dann enorm produktiv, wenn man mich in Ruhe lässt. In Berlin klingelten fast jeden zweiten Morgen um halb acht irgendwelche Freaks, die Werbung in die Briefkästen verteilen wollten. Diese Leute verdienen ihr bisschen Geld konsequent damit, die Leute zu nerven. Unten im Haus wurde wöchentlich eingebrochen. Solche Zustände wollte ich nicht mehr. Heute bellt der Hund, wenn am Mittag einer unserer Postler kommt, die wir alle persönlich kennen. Und der Gedanke, regelmäßig »ins Büro zu gehen«, mag für andere etwas Wundervolles sein, für mich ist er nichts. Lieber sitze ich an warmen Sommerabenden mit meinem Laptop am Feuer auf der Wiese oder lade ein Netzwerk zur Besprechung am Grill ein.

Spannend war der Wechsel in meiner Sichtweise: Als ich noch Zeitungsredakteur in der Großstadt war, hielt ich ein Leben, wie ich es heute führe, für völlig undenkbar und einen irrationalen Traum – vielleicht so, wie Sie heute Ihr Wunschleben beurteilen. Ich war viel zu schnell mit meinem Urteil: Ich wusste schon, dass etwas nicht gehen kann, obwohl ich keine Ahnung davon hatte.

Das Umschalten vom prozessorientierten aufs ergebnisorientierte Denken war einer der wichtigsten Wechsel in meinem Denken überhaupt. Zuvor war ich mir selbst gegenüber ein Mismatcher und habe nur die Unmöglichkeiten gesehen: Wie soll das auch gehen, mit Medien zu tun zu haben und im Wald zu leben? Was für ein dummes Klischee – als hätte mich mein Festvertrag zum starren Denken verdammt. Und was, wenn es dort kein Internet gibt? Auch dieser angebliche Einwand erwies sich schnell als absurd: Bis wir hier draußen DSL bekamen, hatte ich eben eine Satellitenverbindung. Alles geht! Die allermeisten Probleme, die sich zunächst abzeichneten, waren letztlich keine. Es waren lediglich gedankliche Nebelbomben.

Mein heutiges Leben ist insofern kein Resultat streng rationalen Denkens unter Berücksichtigung sämtlicher Eventualitäten und Risiken. Ich habe eher Bauchentscheidungen getroffen – und die haben sich für mein Leben als sinnvoller erwiesen als Kopfentscheidungen mit vorurteilsgeprägter und daher trügerischer »Vernunft«. Ich habe mich nicht von Überlegungen aufhalten lassen, die mit den Worten »Was wäre, wenn ...« begonnen hätten. Es wären sowieso zu viele Bedenken gewesen! Ich wollte mich nicht von Pseudogefahren aufhalten lassen, die wahrscheinlich gar nicht eintreten, also bezweifelte ich den Sinn der Bedenken an sich. Rein am Ergebnis orientiert, sage ich heute: Es hat geklappt! Was ich wollte, nämlich vorrangig Autonomie und selbstbestimmtes Arbeiten, habe ich erreicht. Ich werde, wenn alles gut geht, nie mehr etwas Sinnloses oder Dummes tun müssen, nur weil es irgendein Vorgesetzter mit zu wenig Durchblick von mir verlangt. Ich entscheide selbst, was wann richtig ist, und tue es dann. Allein oder im Netzwerk, ganz egal – aber nur, wenn es einen Sinn ergibt.

Auch Sie dürfen entscheiden

Und auch Sie haben die Wahl, selbst zu entscheiden, wie Sie leben wollen. Das ist ja das Schöne an einem freien Land und an einer freien Welt. Sie dürfen leben, wie Sie wollen. Niemand zwingt Sie zu einer beruflichen Laufbahn nach dem Vorbild Ihrer Eltern, Lehrer, Nachbarn oder Freunde. Sie brauchen sich an keine Konventionen zu halten. Wünschen Sie sich ein Leben in einer Kommune mit Ihren besten Freunden wie in den frühen Siebzigern? Na los! Oder wollen Sie im Ausland leben? Nichts und niemand hält Sie davon ab. Ziehen Sie doch einfach auf einen Bauernhof, wenn Sie das schon immer tun wollten – es ist die perfekte Umgebung auch für Kinder. Und selbst dann, wenn Ihre berufliche Perspektive an einen Ort oder an bestimmte Menschen gebunden sein sollte, empfehle ich Ihnen: Denken Sie erst darüber nach, wie Sie unter den perfekten Lebensumständen zu einem regelmäßigen Einkommen gelangen, bevor Sie Zugeständnisse machen und von vornherein sich selbst und Ihre Wünsche beschneiden. Erst das Ziel, dann der Weg.

Was sagt Ihr Bauch also? Wohin geht die Reise? Wenn Sie beispielsweise sagen, Sie wollen in einem Haus am Meer sitzen, klingt das hübsch, ist aber vielleicht zu konkret und enthält möglicherweise wieder ein Denkverbot. Vielleicht wären Sie in einem Haus in den Bergen genauso glücklich, weil es Ihnen im Grunde nur um die Ruhe und die Nähe zur Natur geht? Wenn es wirklich das Meer sein soll – bitte. Ich will nur verhindern, dass Sie sich von Pseudomotiven leiten lassen, hinter denen irgendwo versteckt Ihre wahren Motive liegen.

Flow

Auf die Frage »Wie wollen Sie arbeiten?« können Sie übrigens auch ganz einfach antworten: »Im Flow.« Flow im Sinne von »Fluss« bezeichnet ein fließendes und ruhiges Arbeiten ohne Anstrengung und Stress. Es ist der Idealzustand. Sie sind darin weder überfordert noch unterfordert. Das bedeutet, Ihnen drohen weder Burn-out noch Bore-out: Weder brennen Sie aus, noch langweilen Sie sich zu Tode. Zugleich haben Sie genug Zeit, um Ihre Arbeit zu reflektieren und ständig mit Ihren individuellen Bedürfnissen abzugleichen. Wird Ihr Job Ihren Begabungen noch gerecht? Erreichen Sie, was Sie erreichen wollen? Können Sie sich in Ihrem Job so verändern, wie Sie sich das wünschen, sodass Sie zufrieden und glücklich sind?

Flow ist nicht nur eine Frage Ihres persönlichen Befindens, sondern auch eine Frage der Umstände. Haben Sie die Erlaubnis, im Flow zu arbeiten? Ein Freund erzählte mir von einer Chefin, auf die er einmal als junger Mitarbeiter zuging mit dem Wunsch, sich innerhalb des Unternehmens auf eine bestimmte Weise zu verändern. »Wir spielen doch kein Wunschkonzert«, war ihre Antwort. Sie sah zwar sein Potenzial für die Stelle, das war unbestritten, aber es ging ihr gegen den Strich, dass jemand seine Situation selbst gestalten wollte. Die Frau verhielt sich nicht sehr geschickt, denn der Freund hat das Haus nach dieser bornierten Ansage sehr schnell verlassen, nachdem auch noch die Personalie im Konzernchaos dieses schlecht geführten Unternehmens unterging und er wochenlang keine brauchbare Antwort erhielt. Die Situation bestätigt eine Lehre aus dem Personalmanagement: Nur erstklassige Leute wollen andere erstklassige Leute um sich haben. Zweitklassige Leute umgeben sich lieber mit drittklassigen, weil sie Angst davor haben, dass sie jemand überflügelt. Erstklassige Leute hingegen kommen mit anderen High Potentials meistens sehr gut zurecht – man bildet eher ein gemeinsames Netz aus Gleichgesinnten und arbeitet gut zusammen.

Fragen Sie einmal in Ihrem Bekanntenkreis herum, wer über sich sagen würde, dass er »im Flow« arbeitet. Das Arbeiten geht mühelos von der Hand, macht Spaß, erfüllt und ist sinnvoll – und das am besten noch in Kombination mit der erforderlichen Selbstbestimmung, regelmäßigen Gelegenheiten zur Reflexion der eigenen Lage und realistischen Möglichkeiten zu sinnvollen Updates der Situation und dann noch mit möglichst hoher Sicherheit. Ich weiß nicht, wie viele Menschen in Ihrem Bekanntenkreis sagen würden: »Ja, genau so arbeite ich.« Und wenn, dann kann ich diesen Menschen nur gratulieren und würde Ihnen sagen: Fragen Sie sie, wie sie das geschafft haben – und dann schauen Sie, welche Denkmuster und Handlungsweisen Sie von diesen Vorbildern übernehmen können.

Flow ist bestimmt ein Zustand, den sich die meisten Menschen wünschen. Doch was hält sie davon ab, ihn zu verfolgen? Der Irrglaube, es sei eine unrealistische Spinnerei. »Wunschkonzert« eben. Schon das Wort zeigt die Schranke im Kopf.

Natürlich kann es immer Unwägbarkeiten geben. Sicher ist nichts, und auch in einem selbstbestimmten Leben können wir scheitern. Alles kann passieren, sowohl in positiver als auch in negativer Hinsicht. Doch wenn letzten Endes sowieso alle den Unwägbarkeiten des Lebens ausgesetzt sind – Arbeitnehmer und Selbstständige, Über- und Unterforderte, Menschen im Flow – und wenn ohnehin keine Eventualität hundertprozentig berechenbar ist, dann kann ich das Streben nach Flow auch zur obersten Priorität erklären. Zum Ziel Nummer eins. Was spräche dagegen? Und erst dann, mit meinem Ziel vor Augen, schaue ich nach dem Weg, der mich dorthin führt. Vielleicht ist es ja am Ende eine abhängige Beschäftigung in einem Konzern? In einem richtig guten Unternehmen, das etwas Sinnvolles produziert und mit den Mitarbeitern gut umgeht? Wer weiß? Vielleicht tun sich die guten Kollegen ja auch zusammen und gründen gemeinsam eine Firma, die die Marktlücke füllt, die der bisherige Arbeitgeber konsequent ignoriert hat?

Mir liegt daran, dass Sie offen für die Möglichkeiten sind, die sich Ihnen bieten. Es obliegt allein Ihnen, wie Sie morgen dastehen, und Sie stehen umso besser da, je sinnvoller Sie sich heute vorbereiten und je zielorientierter Sie im Sinne des Wortes »action« handeln. Indem Sie sich erlauben, auch die unkonventionellen Wege zumindest zu durchdenken, schaffen Sie sich möglicherweise bislang unbekannte Perspektiven. Wie fest Sie momentan auch immer in Ihrer Arbeitswelt verhaftet sind – jeder Mensch kann den Zustand erreichen, in dem er gerne das Richtige tut und damit Geld verdient. Die Frage ist nur, was für Sie der richtige Zustand ist. Und zwar ohne alle Denkgrenzen. Deswegen sage ich: Halten Sie alles für möglich. Denken Sie nicht eingeschnürt, sondern frei. Und auch wenn es Ihnen momentan unmöglich oder skurril erscheint: Halten Sie an Ihrem Ziel fest. Vielleicht wird es früher Wirklichkeit, als Sie denken.

Denken Sie frei! *Tipp 73*

Was ist Ihr Produkt und was Ihr Nutzen?

Inwieweit stimmen Sie folgenden Aussagen zu?	1 = trifft in jeder Hinsicht zu; 5 = trifft überhaupt nicht zu				
Ich kann mit etwas dienen, was andere brauchen.	①	②	③	④	⑤
Ich kann mit etwas dienen, woraus andere einen Nutzen ziehen.	①	②	③	④	⑤
Ich kann mit etwas dienen, was andere gerne in Anspruch nehmen.	①	②	③	④	⑤
Ich kann mit etwas dienen, was bei anderen ein gutes Gefühl erzeugt.	①	②	③	④	⑤
Ich kann mit etwas dienen, wofür mir andere gerne etwas geben.	①	②	③	④	⑤

Ob Sie Arbeitnehmer oder selbstständig sind, ist fast gleichgültig: Unterm Strich verkaufen Sie ein Produkt. Sie verkaufen Ihre Arbeitskraft, Ihre Zeit, Ihre Leistung. Und letzten Endes bezahlt Sie irgendjemand dafür, dass er einen Nutzen durch Sie bekommt – ob das ein Stammkunde mit Exklusivvertrag im Sinne einer Anstellung ist oder ob es mehrere Abnehmer sind. Und das ist wesentlich: Menschen bezahlen nicht für Ihre Zeit oder Ihre Energie. Sie bezahlen Sie für einen Nutzen. Auch wenn Sie in einer Behörde angestellt sind, bezahlt der Staat Sie nicht dafür, dass Sie acht Stunden lang herumsitzen. Am Ende bezahlt er Sie dafür, dass Sie Akten bearbeiten oder sonst etwas tun, was zu den Aufgaben dieser Behörde gehört. So prozesshaft das Arbeiten an manchem Arbeitsplatz auch ist – am Ende zählen Ergebnisse. Ein Verfahren soll zu den Akten, ein Druckauftrag in die Druckerei, eine Maschine gebaut werden und laufen. Welche Ergebnisse bringen Sie?

Marktlücke, Besonderheit, Bedeutung, Glaubwürdigkeit

Sobald Sie wissen, wie Sie leben und arbeiten wollen, können Sie schauen, in welcher Form das möglich ist. Aber auch hier ist die Reihenfolge wichtig, in der Sie sich die entsprechenden Fragen stellen. Üblicherweise gehen die Menschen gerne von sich selbst aus. Was kann ich und was mache ich gerne? Worin bestehen meine Leidenschaften? Alles richtige und wichtige Fragen, aber noch wichtiger ist es, zunächst einmal die Perspektive zu wechseln. Statt unsere Bedürfnisse sollten wir die Bedürfnisse unserer Umwelt sehen, und statt unsere individuelle Position zu suchen, sollten wir zunächst den Markt betrachten. Denn letztlich geht es darum, dass wir uns auf einem Markt bewegen und auf diesem Markt möglichst erfolgreich sind. Vier Punkte sind dabei wichtig:

- Welche Marktlücke füllen Sie? Welchen Bedarf können Sie mit Ihrer Leistung decken? Und wie können Sie innerhalb Ihrer Nische möglichst die Nummer eins werden? Der Markt an sich ist groß, und es gibt Unmengen von Anbietern und Nachfragern aller möglichen Güter und Dienstleistungen. Wo ist Ihre Lücke? Sie finden sie nur dann, wenn Sie den Markt betrachten und die Bedürfnisse der Menschen im Auge haben. Wie wäre es mit einem Shuttle-Service für Autos, die in die Werkstatt müssen? Das ist eine Lücke!

- Was ist das Besondere an dem, was Sie leisten? Eröffnen Sie nur den zwanzigsten Coffee-Shop im Viertel, oder finden Sie durch Ihre Produkte, das Ambiente oder Ihre Persönlichkeit einen neuen, besonderen Dreh, der die Leute zu Ihnen treibt? Bieten Sie in Ihrem Café vielleicht nicht nur kostenloses WLAN, sondern auch einen Gratis-EDV-Service an, sodass die Leute bei einer Tasse Kaffee gleich Softwareprobleme mit ihren Laptops lösen können? Bieten Sie eine Geld-zurück-Garantie für den Fall, dass jemand unzufrieden ist? Die Fastfood-Kette »Hooters« zeichnet sich beispielsweise dadurch aus, dass die jungen weiblichen Bedienungen fast nichts anhaben – doch letztlich verkauft auch »Hooters« nur Fastfood. Sie müssen Ihr Personal nicht ausziehen, aber der entscheidende Dreh darf durchaus etwas vom Produkt Losgelöstes sein – das lehrt uns nicht nur »Hooters«. Das Ganze nennt sich dann Marketing: Der Käse mit der lachenden Kuh, das Möbelhaus mit dem riesigen roten Stuhl. Die Presse interessiert sich für das Besondere, und entweder ist Ihr Produkt besonders, oder Sie haben eben einen besonderen Dreh. Am besten beides.

Suchen Sie nach Ihrem besonderen Dreh. *Tipp 74*

- Dann ist Ihre Individualität wichtig. Worin sind Sie einzigartig? Was macht Sie im Wesen aus? Worin sind Sie so gut, dass Ihnen so schnell keiner das Wasser reichen kann? Was grenzt Sie in aller Deutlichkeit von allen anderen ab? Haben Sie eine Ausstrahlung, die andere Menschen in den Schatten stellt? Sehen Sie gut aus? Wirken Sie beeindruckend auf Menschen? Möglicherweise lässt sich sogar Ihre Person als Marke etablieren. Sie müssen kein Pornostar werden, aber »Gina Wild« war die Marke einer Person, und nach ihrer Pornokarriere hatte Michaela Schaffrath ihre liebe Mühe, die Aufmerksamkeit der Öffentlichkeit von dieser hervorragend positionierten Marke wegzubekommen und sich als Schauspielerin mit ihrem echten Namen zu etablieren. So stark können Marken sein! Harald Schmidt – der Humorist, der sich alles erlauben darf. Ulrich Wickert – der Integre. Bei guten Marken bekommen die Menschen in wenigen Worten sofort eine Vorstellung. Welche Marke sind Sie?

- Welche Bedeutung hat das, was Sie leisten? Ist es wichtig? Spielt Ihre Leistung eine Rolle für die Menschen, oder ist sie verzichtbar? Können Sie damit dazu beitragen, dass sich die Welt verbessert oder das Leben leichter und einfacher wird? Produzieren Sie nur nette Hundekalender und -klingeltöne, die die Menschen von Ihrer Webseite herunterladen können, oder holen Sie mit Ihrem Kleinbus morgens alle Hunde der Nachbarschaft zu sich, damit ihre Besitzer ohne schlechtes Gewissen arbeiten gehen können?

- Wie glaubwürdig sind Sie mit Ihrer Tätigkeit? Passt sie zu Ihnen? Ist Ihre Marke konsistent? Wenn Sie Ihre Leistung anbieten, schauen die Menschen danach, ob Sie selbst mit dem Angebot übereinstimmen. Steht Ihnen Ihre Arbeit, wie Ihnen auch eine Jacke stehen kann? Sind Sie der Hundetyp, oder spürt man, dass Ihnen der Umgang mit Tieren eher weniger liegt? Müssen Sie für Ihre Tätigkeit in eine Rolle schlüpfen, die Sie eigentlich gar nicht spielen wollen? Sind Sie eins mit Ihrem Job? Sind Ihr Leben und Ihre Arbeit deckungsgleich, oder merkt man Ihnen eine Schizophrenie an? Und leben Sie selbst die Ideale, die Sie predigen?

Wie gesagt geht es hier noch nicht darum, ob Sie sich selbstständig machen oder abhängig beschäftigt sein wollen. Auf beiden Schienen besteht die Aufgabe darin, eine Leistung zu definieren, die Sie anbieten. Ob Sie diese Leistung einem Exklusivkunden verkaufen, der sich mit einem Arbeitsvertrag an Sie bindet, ist im Grunde nur eine Formalie, und all solche Dinge können Sie auch später entscheiden, wenn Sie herausgefunden haben, was Sie und Ihr Potenzial ausmacht. Zuerst ist der Inhalt wichtig. Das, was Sie im Einzelnen konkret tun. Das, was Sie bringen.

Es mag auch sein, dass Sie etwas mehr Zeit brauchen, um diese Fragen zu beantworten. Sinnvoll ist es in jedem Fall, wenn Sie sich die Zeit nehmen. Übrigens hat es nach meiner Erfahrung wenig Sinn, sich bei solchen Fragen anzustrengen: Oft kommen uns die richtigen Gedanken, wenn wir nicht damit rechnen – nachts im Bett, in der Sauna, im Auto. Wichtig ist daher, dass Sie Ihren Zettel immer bei sich haben. Denken Sie permanent darüber nach, was Sie können, und notieren Sie alles. Führen Sie diese Listen also nebenher.

Diese Marktlücke/n könnte ich füllen:

_____

_____

_____

_____

_____

Das könnte der besondere Dreh sein:

_____

_____

_____

_____

_____

Darin bin ich einzigartig:

_____

_____

_____

_____

_____

Diese Bedeutung hat meine Leistung für die Menschen:

_____

_____

_____

_____

_____

Mit diesen Dingen und auf diesen Gebieten bin ich extrem glaubwürdig:

_____

_____

_____

_____

_____

Eine andere Möglichkeit, sich Ihrer künftigen Leistung anzunähern, sind drei Fragen, die sich in der Coachingszene immer wieder finden, unter anderem bei Anthony Robbins.

Auch hier dürfen Sie sich gerne Zeit lassen mit den Antworten. Zum Teil überschneiden sich diese Fragen mit den vier Kriterien von eben, das macht aber nichts. Vielleicht tragen Sie Dinge doppelt ein –

egal. Sie müssen auch hier nicht sofort alles finden, viele Dinge fallen Ihnen vielleicht erst mit der Zeit ein. Versuchen Sie, diese Fragen völlig losgelöst von Ihren bisherigen Tätigkeiten zu beantworten, sodass Ihre Antworten möglichst umfangreich werden.

Was können Sie?

Die erste Frage lautet: Was können Sie? Die Frage klingt sehr einfach, wie viele gute Fragen im Leben. Und dennoch bitte ich Sie, sie nicht mal schnell oder kurz nebenher zu beantworten. Denn Sie können wesentlich mehr als nur das, was Sie gerade in Ihrem aktuellen oder vergangenen Job zu tun hatten oder was Sie bisher glaubten zu können.

Dabei gilt selbstverständlich auch: keine Denkverbote. Lehnen Sie Gedanken nicht ab, nur weil sie Ihnen beim ersten Überlegen nicht sinnvoll erscheinen. Vielleicht erschließt sich der Sinn später? Wenn Sie die vergangenen 500 000 Autokilometer unfallfrei gefahren sind, dann ist Ihnen das vielleicht bislang nicht aufgefallen, aber Sie dürfen trotzdem notieren, dass Sie ein sehr guter Autofahrer sind. Auch wenn es Ihnen jetzt möglicherweise merkwürdig vorkommt. Schreiben Sie es hin, wenn Sie ein guter Skifahrer sind, schwimmen können, Feuer machen, Kleinflugzeuge steuern oder wenn Ihre Pflanzen wie von Zauberhand überleben. Notieren Sie es, wenn Sie auf Tiere angenehm wirken. Sie haben ein Gespür für Filmschnitt? Für Musik? Spielen Sie Klavier? Sind Sie witzig? Schreiben Sie alles auf, was Sie können.

Ebenso notieren Sie Dinge, die Sie bislang nicht wahrhaben wollten, die man Ihnen aber immer wieder anträgt: Sie haben eine gute Sprecherstimme, Sie sind ein perfekter Streitschlichter, Sie können gut mit Kindern umgehen, Sie lassen sich auch in Stresssituationen niemals provozieren, Sie können hervorragend verhandeln. Alle diese Fähigkeiten gehören auf die Liste. Fragen Sie Ihre Freunde: Was kann ich? Und alles, was die Freunde sagen, landet erst einmal auf der Liste. Darüber nachdenken und diese Gedanken bewerten oder streichen können Sie immer noch.

Sie können später auch schauen, welche dieser Fähigkeiten Hard Skills und welche Soft Skills sind, klar. Aber wichtig ist das im Grunde nicht. Denn diese Unterscheidung bringt viele Menschen dazu, Soft Skills als Nebensächlichkeiten zu betrachten, als Nice-to-have, obwohl sie oft viel wichtiger sind als Hard Skills. Sicher sollte ein Polizist ein paar Paragrafen kennen, aber gewiss wichtiger ist die Fähigkeit, mit Menschen umzugehen. Und auch im Business zählt nicht nur die reine Geschäftsidee, sondern vor allem die Frage, ob Menschen miteinander können.

Und wenn Sie möglichst viele Fähigkeiten notiert haben, bringen Sie sie einmal in Verbindung miteinander. Als Streitschlichter, der sich nicht provozieren lässt, verfügen Sie über eine Qualifikation, die den meisten Menschen abgeht. Wer Musik macht und ein Gespür für Filmschnitt hat, könnte sich einmal in die Welt der Trailer wagen. So absurd manche Gedanken auch scheinen mögen: Lassen Sie erst einmal alles gelten. Verwerfen können Sie sie schließlich immer noch.

Was können Sie also?

Ich kann:

_____

_____

_____

_____

_____

Was tun Sie gerne?

Dann fragen Sie sich: Was tue ich gerne? Auch hier können Sie die vorbereitete Liste nutzen. Zieht es Sie immer wieder in die Natur wie mich? Dann schreiben Sie das auf. Gibt es innere Antriebe? Was tun Sie immer wieder von allein, ohne dass man Sie dazu bewegen muss? Sind Sie ohne bewusste Entscheidung plötzlich zu einem Kenner geworden – von klassischer Musik, Autos, Wein, Architektur oder Spitzengastronomie? Bearbeiten Sie in Ihrer Freizeit Fotos oder Filme bis zur Perfektion? Züchten Sie Karpfen? Kochen Sie gern? Ertappen Sie sich immer wieder dabei, wie Sie Bergtouren machen? Oder tun Sie bereits ehrenamtlich etwas, wohinter Sie mit Ihrer Überzeugung stehen, indem Sie beispielsweise verwahrloste Tiere aus dem Ausland holen und hier auf gute Familien verteilen? Die meisten Menschen tun, sobald sie auf sich gestellt sind, etwas mit Sinn. Wir handeln fast automatisch so.

Haben Sie Träume? Wovon sagen Sie: »Eigentlich sollte/wollte ich mal ...« oder »Wenn ich ausgesorgt hätte, dann ...«? Das sind Ihre Ziele! Wenn Sie schon seit Jahren mit dem Gedanken spielen, in den bayerischen Alpen eine kleine Pension aufzumachen, warum sitzen Sie dann noch an Ihrem Konzernschreibtisch? Die Wünsche der Menschen sind oft so sonnenklar – sie müssen sie nur formulieren.

Und auch hier ist wichtig: Lassen Sie Ihre Wünsche zu! Erlauben Sie es niemandem, Ihnen einen Gedanken gleich auszureden mit Mismatcher-Sprüchen wie: »Eine Pension in Bayern? Und wie willst du die finanzieren?« Schreiben Sie Ihre Wünsche und Träume erst einmal hin – auf Machbarkeit prüfen können Sie sie immer noch. Streichen sollten Sie sie wirklich erst dann, wenn sie auch nach langem Überlegen keinen Sinn ergeben und wenn Sie auch nach intensiver Recherche und mithilfe einiger Matcher in Ihrem Umfeld keine Möglichkeiten zur Umsetzung gefunden haben. Wer weiß, vielleicht finden Sie eine Pension in den Bergen, die einen Nachfolger sucht? Und Ihr Partner zieht von dort oben seinen Internetshop auf? In diesem Leben geschehen die wildesten Dinge. Was wollen Sie also?

Ich tue gerne:

_____

_____

_____

_____

_____

Was davon brauchen andere?

Und wenn Sie einige Dinge auf Ihren Listen gesammelt haben, gleichen Sie beide Listen miteinander ab. Gibt es Dinge, die auf beiden Listen stehen? Was können Sie gut und tun Sie zugleich gerne? Hier liegt der Schlüssel.

Manche Menschen zum Beispiel kochen nicht nur gerne, sondern können das auch richtig gut. Andere schreiben nicht nur gerne, sondern können das auch. Wenn Ihnen jemand sagt, Ihre Stimme ziehe die Leute in den Bann, und wenn Sie darüber hinaus der Menschheit gerne einige

Tipps zum Weiterkommen geben wollen, dann ist es vielleicht an der Zeit, diese Inhalte festzuklopfen, zu professionalisieren und übers Internet auf eine Weise zu broadcasten, dass die Leute letztlich Ihre CDs kaufen. Und zack, sind Sie auch in der Coachingwelt. Was glauben Sie, wie viele Trainer mit unzulänglichen Inhalten und langweiligen Botschaften auf dem Markt sind? Wenn Sie wirklich etwas Besonderes zu sagen haben, her damit! Die Menschheit will es hören.

Sobald Ihr Abgleich fertig ist, stellen Sie sich die dritte Frage: Was von dem, was Sie können und gerne tun, brauchen andere? Mit dieser Frage checken Sie den Markt ab. Ist das, was Sie können und gerne tun, auch gefragt? Gibt es zu Ihrem Angebot eine Nachfrage? Machen Sie dabei nicht den Fehler, nur zu fragen, was andere gerne hätten – sondern fragen Sie konkret, wofür Menschen bereit sind, Geld auszugeben. Sicher fände ich es schön, wenn Sie mit Ihrer sonoren Stimme Podcasts mit Gutenachtgeschichten produzieren, die ich kostenlos runterladen kann. Aber kaufe ich deswegen auch Ihr Hörbuch? Das ist die Frage. Womit bringen Sie die Menschen dazu, Geld auszugeben?

Ich kann leisten, wofür andere bereit sind, mir etwas zu geben:

_____

_____

_____

_____

_____

Fragen Sie sich: Was können Sie, was brauchen Sie, und was brauchen davon andere? *Tipp 75*

Welche Geschäftsidee ist die richtige?

Wie lässt sich herausfinden, was die Leute brauchen? Die meisten Ideen liegen vor der Haustür – Sie brauchen weder Studien noch aufwendige Analysen, um einen Bedarf zu finden. Der Mittelständler, der sein Geschäft aufzieht, macht das hemdsärmlig: Er sieht einen Bedarf, erkennt ihn als Marktlücke, und plötzlich verkauft er konsequent Schrauben und wächst wie die Firma Würth zu einem weltweiten Imperium von handwerklichem und technischem Zubehör heran. Oder hat Bill Gates eine Meinungsumfrage gemacht und die Amerikaner gefragt, ob sie einen Personal Computer nutzen würden, wenn sie wüssten, was das ist? Sicher nicht. Er hat eben nicht konvergent gehandelt wie die meisten Vertreter der naturwissenschaftlichen Intelligenz, sondern er hat praktisch gehandelt und sich auf seine realistische Vision verlassen. Haben die Erfinder der Textverarbeitungsprogramme unter Schreibmaschinennutzern herumgefragt, ob sie sich diese Neuerung wünschen? Auch nicht! Die Vorstellungskraft der meisten Menschen ist zu gering, um sich in Hypothesen hineinzudenken, die Zukunftsmusik sind – deswegen versagt ja die Konvergenz so oft bei der Entwicklung innovativer Produkte. Dazu sind keine Studien nötig, sondern eine Idee, eine Überzeugung und konsequentes, kontinuierliches Arbeiten am Erfolg – und Divergenz und Klugheit.

Fragen Sie sich doch einmal selbst, was Sie brauchen. Sicher fallen Ihnen einige Dinge ein, wenn Sie sich mit offenen Augen durch die Welt bewegen. Mir geht es jedenfalls so. Ich sehe überall Defizite und damit Marktlücken:

- Ich wünsche mir fürs Auto eine Standklimaanlage. Eine Standheizung habe ich schon, dadurch muss ich im Winter kein Eis kratzen. Der Hund kann so auch mal im Winter zwei Stunden im Auto bleiben. Aber im Sommer? Das Auto, in der Sonne geparkt, heizt sich innerhalb einer Viertelstunde auf sechzig Grad Celsius auf. Eine Standklimaanlage wäre die Lösung – dann kann der Hund auch im Sommer zwei Stunden im Auto bleiben.

- Ich wünsche mir Gepäckträger an Bahnhöfen und Flughäfen. Sehr gerne würde ich öfter mit Bahn und Flugzeug reisen, aber leider zwingen mich diese Verkehrsmittel zu einem Minimum an Gepäck, für das zwei Hände genügen müssen. Schwierig bei umfangreichem Seminar-Equipment.

- »Call a chauffeur« ist eine Marktlücke. Oft sind Geschäftsreisen so absurd verwinkelt, dass es keinen Sinn hat, entsprechende Flüge zu buchen: von der Brandenburger Wallachei nach Rheine bei Münster, von dort nach Düsseldorf, von dort nach Salzburg, dann

Linz, dann Erding und dann wieder in die Wallachei. Die Eisenbahn fällt aus, da bei Verbindungen in Kleinstädte viel Umsteigen nötig ist und damit die Gefahr zu hoch, durch Verspätungen Anschlüsse zu verpassen. Außerdem bleibt bei solchen logistisch intensiven Reisen der Anzug nur im Auto knitterfrei. Wo kann ich also für solche Touren einen Chauffeur buchen?

- Die Idee mit dem gebuchten Chauffeur für den eigenen Wagen ist auch innerhalb einer Stadt denkbar: Manche Leute trinken abends zu viel und sollten das Auto stehen lassen. Wer fährt sie in ihrem Auto nach Hause? Per Klappmofa oder Taxi geht's dann zum nächsten Einsatz. Ein Produkt, das es in einigen Städten schon gibt – aber auf dem Markt ist noch genug Platz für Wettbewerber.

- Sehr viele Arbeitnehmer hassen ihr Kantinenessen, und jeden Tag stellt sich die gleiche Frage: Gehen wir zum Imbiss oder bestellen wir was? Zugleich nagt das schlechte Gewissen, weil man durch den Fastfood-Fraß immer fetter wird. Warum liefert niemand gesundes Essen zum Abnehmen an den Arbeitsplatz? Das Produkt ist dabei nicht das Essen, sondern der Luxus, nicht mehr über gesundes Essen nachdenken zu müssen. Man isst, was auf den Tisch kommt – nachdem man per SMS oder E-Mail aus drei Angeboten eines ausgewählt hat. Voraussetzungen: Ein paar Mofas oder Autos und ein Deal mit einem Restaurant, dessen Küche in der Mittagszeit noch Kapazitäten hat.

- Auch geliefertes Essen für Privatleute lässt sich besser machen – das Unternehmen »Bloomsbury's« macht es vor. Statt nur einen Flyer mit Pizza und Steaks aus einem Restaurant vor sich zu haben, wählt der Kunde aus einem Katalog von zehn oder mehr Speisekarten verschiedener Restaurants aus. In der Zentrale geht die Bestellung ein, die Zentrale gibt die Bestellung an das jeweilige Restaurant weiter – und das Essen wird in der Zeit zubereitet, in der ein »Bloomsbury's«-Fahrer zu dem Restaurant fährt. Von dort bringt er das Essen zum Kunden – und für den dauert das Ganze damit genauso lange wie ein herkömmlicher Pizzaservice. Ideal für Kleinstädte und ebenfalls ein Segen für Restaurants, deren Küchen nicht ausgelastet sind.

- Angesichts immer schlimmerer Fehlkonstruktionen und Qualitätsmängel vor allem in der IT-Branche brauchen wir dringend Produktlotsen. Welcher Rechner funktioniert wirklich? Oder hat die Kiste wieder irgendeinen Haken? Welches Handy ist wirklich gut und überrascht einen nicht mit Programmierfehlern, idiotischen Menüführungen und einer wesentlich kürzeren Akkudauer als angegeben? Immer mehr Menschen haben immer weniger Zeit, um ständig die richtigen Produkte zu suchen, und die Industrie sorgt dafür, dass ihre Produkte möglichst schnell unbrauchbar werden. Insofern könnten sich Produktlotsen mit dem entsprechenden Wissen um die Anschaffung kümmern: Ich sage, welche Ansprüche mein neuer Fernseher haben muss, und der Produktlotse sucht das beste Angebot. Für die Zeitersparnis bezahle ich gern.

- Auch eine Marktlücke infolge der zunehmenden Schlamperei vor allem bei IT- und TK-Produkten: eine Task Force gegen Unternehmensterror. An wen darf ich die vielen Reklamationen fehlerhafter Produkte auslagern? Wer sorgt dafür, bei den oft ignoranten und arroganten Unternehmen eine konkrete Lösung zu finden, ohne sich von Hotlinern abwimmeln zu lassen, hinter denen sich das Management versteckt? Wer recherchiert die Entscheider bei Unternehmen und holt sie ans Telefon? Wenn Inkassobüros meine Außenstände eintreiben, welcher Dienstleister treibt unterschlagene Funktionalitäten von Produkten ein?

- Perfekt für Autoschrauber: eine Autovermietung für Schrottkisten. Üblicherweise sind Mietwagen nagelneu und piekfein. Doch nicht jeder braucht einen piekfeinen Wagen, um von A nach B zu kommen. Hauptsache, das Auto fährt – und es ist schön, wenn eine kleine Schramme keinen allzu großen Ärger mit der Mietwagenfirma nach sich zieht. Die Idee habe ich aus Amerika von der Kette »Rent a wreck«, bei der es inzwischen natürlich auch Hochglanzmietwagen gibt.

- Für Programmierer gibt es jede Menge Aufgaben: Für mein Handy hätte ich gerne ein Tool, mit dem ich Handynummern auf den Spamfilter setzen oder die SMS-Funktion deaktivieren kann. Und lässt sich nicht eine Software entwickeln, mit der man Absender von Spam-E-Mails ausfindig machen kann? Die würde sich sicher hervorragend verkaufen. Allein das Geschäft mit Apps fürs iPhone und andere Geräte bietet Möglichkeiten ohne Ende.

- Reisemanagement für Einzelkämpfer und kleine und mittlere Unternehmen, die nicht in teuren Hotels und großen Hotelketten absteigen wollen – vor allem, weil es auf dem Land oft nur kleinere Hotels gibt. Zwar gibt es Hotel-Plattformen im Internet, aber dort erfahre ich meist bestimmte wichtige Details nicht. Gibt es Obst zum Frühstück? Ist im Zimmer wirklich Stille? Hat das Hotel ein normales WLAN, zu dessen Nutzung ich nicht Kunde eines Providers werden muss? Ist der Parkplatz wirklich vor der Tür? Wie ist das Essen? Wer die Hotel- und Restaurantszene kennt, dürfte problemlos Empfehlungen aussprechen können und mit einem Netz aus Hotels Geld verdienen können. Der Kunde zahlt durch den Buchungsservice ein wenig mehr – und das akzeptiert er, weil er sich das Reisemanagement spart und sichergehen kann, nicht in einer üblen Absteige zu landen. Der Anbieter des Reisemanagements bekommt bei den Hotels außerdem noch Rabatt – und so hat er doppelten Profit.

Fragen Sie sich: Was brauchen die Leute? | *Tipp 76*

Selbstständig oder angestellt?

Inwieweit stimmen Sie folgenden Aussagen zu?	1 = trifft in jeder Hinsicht zu; 5 = trifft überhaupt nicht zu				
Als Selbstständiger hätte ich eine Geschäftsidee, mit der ich vermutlich erfolgreich werden könnte.	①	②	③	④	⑤
Als Selbstständiger hätte ich genug Eigenmotivation und langen Atem, um mein Produkt erfolgreich auf dem Markt zu etablieren.	①	②	③	④	⑤
Als Arbeitnehmer nehme ich nur einen Job bei einem Unternehmen an, dessen Produkt sinnvoll ist, gefragt ist, einen Nutzen erfüllt und für das die Menschen langfristig bereit sind zu bezahlen.	①	②	③	④	⑤

Als Arbeitnehmer nehme ich nur einen Job in einem Unternehmen an, das von klugen Menschen mit Weitsicht sinnvoll geführt wird.	①	②	③	④	⑤
Sowohl als Selbstständiger als auch als Arbeitnehmer habe ich stets den Markt im Blick und arbeite gedanklich ständig an weiteren Möglichkeiten, ein Einkommen zu entwickeln, um auf unvorhergesehene Ereignisse möglichst schnell und zielgerichtet reagieren zu können.	①	②	③	④	⑤

Eine beliebte Frage beim Gedanken an eine Existenzgründung lautet: Bin ich dafür überhaupt der Typ? Ich verstehe ja, dass man sich alle möglichen Fragen stellt, und in der Tat braucht man einige Voraussetzungen, bevor man sich selbstständig macht. Aber im Grunde halte ich die Frage für seltsam – denn sowohl in der Selbstständigkeit als auch in einem Angestelltenjob brauche ich eine ganze Menge Voraussetzungen, um erfolgreich und auf Dauer einigermaßen sicher zu sein. Entscheidend erscheint mir nicht die Frage, ob selbstständig oder nicht, sondern vielmehr die Frage, ob ich zielorientiert denken und handeln kann und die vielen anderen Fähigkeiten habe, um die es in diesem Buch geht. Nur dann kann ich überhaupt erfolgreich sein, und zwar egal, auf welcher formaljuristischen Schiene.

Wenn Sie sich im Internet herumtreiben zum Thema Existenzgründung und Selbstständigkeit, finden Sie eine ganze Menge Checklisten, mit denen Sie angeblich herausfinden, ob Sie der Typ für eine Existenzgründung sind oder nicht. Aber ehrlich gesagt frage ich mich bei diesen Listen, ob man mir die Existenzgründung madig machen will. Lassen Sie mich anhand einiger dieser Fragen demonstrieren, was ich meine:

- **»Werden Sie es schaffen, mit der großen Verantwortung umzugehen?«** Als forderten Arbeitgeber keine Verantwortung, wirkt die Frage als Motivationskiller und legt uns das »Nein« schon auf die Zunge. Wer will schon schwer an Verantwortung tragen? Wer will schon etwas »schaffen« müssen? Das klingt nach »Bewältigung« und daher ziemlich anstrengend. Selbstverständlich tragen wir als Unternehmer Verantwortung – aber das tun wir sowieso. Eine andere Formulierung würde dem Gedanken der »Verantwortung« die Schwere nehmen: »Haben Sie die Regie inne? Sind Sie zuständig? Machen Sie die Dinge zu Ihren ureigenen

Angelegenheiten?« Und plötzlich wird aus der Last so etwas wie Proaktivität. Das schwere Wort verwandelt sich in ein natürliches Verständnis für Engagement.

- **»Verfolgen Sie gerne eigene Ziele?«** Aber sicher tun Sie das – und zwar automatisch, wenn Sie Ihr Ding machen. Dann brauchen Sie sich weder zu zwingen noch anzustrengen. So gestellt, demotiviert die Frage alle Menschen, die bisher die Denkweisen des Arbeitnehmer-Dogmas für die einzige Möglichkeit gehalten haben. Insofern ist die Frage falsch herum gestellt: Es geht nicht darum, die Motivation der Leute für das Verfolgen ihrer Ziele abzufragen, sondern darum, dass die Menschen eine Aufgabe finden, für die sie gerne zielstrebig handeln.

- **»Geben Sie schnell auf?«** Sicher: Die Fähigkeit, etwas konsequent zu tun, ist eine Schlüsselqualifikation für nahezu alles auf der Welt – und zwar auch in Angestelltenjobs. Doch zugleich schwingt in der Frage ein moralischer Vorwurf mit, samt der Unterstellung, aufgeben sei schlecht. Achtung: Manchmal sollten wir aufgeben! Bevor wir uns ein Bein ausreißen, um einen kleinen Auftrag zu bekommen, ist es schlicht ökonomischer, mit weniger Aufwand einen großen zu akquirieren. Außerdem unterstellt die Formulierung »aufgeben«, dass uns die Hölle erwartet – und das muss nicht sein, wenn Sie Ihre Existenzgründung gut planen. Eine Frage, die Menschen Angst einflößt, die bislang nur innerhalb des Arbeitnehmer-Dogmas gedacht haben.

- **»Schrecken Sie vor schwierigen Aufgaben zurück?«** Natürlich sollten Sie das nicht tun. Nicht als Gründer und auch nicht als Arbeitnehmer und in überhaupt keiner sozialen Rolle. Auch hier demotiviert uns wieder die Rhetorik – als hätten nur Selbstständige »schwierige Aufgaben« und als seien »schwierige Aufgaben« nicht einfach Herausforderungen. Auch im Angestelltenverhältnis wird man Sie irgendwann feuern, wenn Sie regelmäßig vor Ihren Aufgaben zurückschrecken.

Die suggestive Rhetorik der Fragen solcher Listen spricht in meinen Augen für sich. Die Macher der Listen unterstellen so große Hürden, dass man sich am Ende fragt: Bin ich eigentlich wahnsinnig? Eine Existenzgründung erscheint ebenso irre wie ein Kamikaze-Auftrag. Ich weiß nicht, warum die herkömmlichen Checklisten so demotivierend sind. Mir scheint es fast, als wolle ein Kartell das Arbeitnehmer-Dogma verteidigen und die Menschen mit allen Mitteln davon abhalten, selbstbestimmt zu arbeiten.

Letztlich sollte Ihnen klar sein: Auch in einem anspruchsvollen Arbeitnehmerleben brauchen Sie die meisten der Fähigkeiten, die in einer Selbstständigkeit gefragt sind – Proaktivität, Initiative, Verantwortungsgefühl. Viele Arbeitgeber wünschen sich ja gerade Mitarbeiter, denen das unternehmerische Denken vertraut ist.

Tipp 77 — Vergessen Sie die herkömmlichen Existenzgründungstests!

Um herauszufinden, was für Sie das Richtige ist, empfehle ich Ihnen, die gewohnte Herangehensweise umzudrehen. Handeln Sie einfach sinnvoll und normal: Erst definieren Sie das Ziel und dann den Weg dorthin. Alles andere würde Ihnen die Regie entreißen, und Sie würden den Verlauf Ihres Lebens wieder den angeblichen Zufällen überlassen und ständig den »events« hinterherlaufen.

Also fragen Sie nicht zuerst: »Will ich mich selbstständig machen?« Und dann: »Wovon will ich leben?« Sondern fragen Sie es andersherum! Also zuerst: »Wovon will ich leben?« Und dann: »In welcher Arbeitsform wird mir das am besten gelingen?«

Dass Sie von Ihrem Know-how und Talent leben – von Ihrer Begabung, Streithähne zu Kompromissen zu bewegen, Kuchen zu backen oder Webseiten zu programmieren – das ist die inhaltliche Seite. Dann erst stellt sich die formale Frage: Als freiberuflicher Mediator? Als angestellter Bäcker? Als selbstständiger Bäcker? Als angestellter Webdesigner? Zu Hause im Bademantel am Rechner?

Sie müssen nicht alles können

Andere gängige Ansprüche an Existenzgründer sind Wissen in Betriebswirtschaft und Juristerei. »Du musst das Steuerrecht kennen und Buchhaltung!«, heißt es ja von den Mismatchern. Sicher, ein paar Grundkenntnisse wären nicht schlecht – doch leider versäumt es die Schule, jungen Menschen diese Fähigkeiten zu vermitteln, weil Lehrer und Schulfunktionäre eben aufgrund ihrer eigenen Prägung im Arbeitnehmer-Dogma ignorieren, dass es auch Selbstständige und Unternehmer gibt. Wie auch immer: Ein Spezialist auf diesen Gebieten müssen Sie nicht sein.

Stellen Sie sich mal vor, Unternehmer wären ausschließlich Betriebswirtschaftler oder Juristen, also allesamt Vertreter der juristisch-ökonomischen Intelligenz – wie viele kreative Produkte gäbe es da auf unserer Welt? In der Realität suchen sich viele Kreative Partner, die etwas von Betriebswirtschaft verstehen. Schlimm stünde es auch um die Welt, wenn nur Juristen Unternehmen gründen würden, da juristisches Denken vorwiegend konvergent ist – und tatsächlich ziehen Unternehmer bei Bedarf externe Juristen zu Rat oder stellen Juristen an. Außerdem sind auch Kreative und Künstler oft selbstständig, deren Finger sich auf dem Nummernblock fremd fühlen. Sie hätten keine Chance, erfolgreich zu werden, müssten sie auch noch perfekte Finanzbuchhalter sein.

Selbstverständlich brauchen Sie fachlich nicht nur qualifizierten Rat, sondern auch guten Rat. Ich hatte einmal einen Rechtsanwalt, der sich als Steuerberater versucht hat und mir mit seinen zahlreichen Fehlern eine ganze Menge Probleme eingebrockt hat. Sicher können die Fehler anderer Sie an den Rand des Ruins bringen – aber das ist im Leben nüchtern betrachtet immer so. Ein schlechter Zahnarzt kann Ihr Gebiss versauen, ein schlechter Psychologie Ihre Psyche, und es wäre auch nicht das erste Mal, wenn jemand seinen Job verliert, weil irgendwelche Manager Mist bauen. Fehlerpotenziale sind kein Argument gegen die Selbstständigkeit. Sie sind höchstens ein Argument dafür, darauf zu achten, dass Sie wirklich mit guten Partnern zusammenarbeiten.

Sie müssen nicht der perfekte Manager sein

Angeblich brauchen Sie auch eine ganze Menge Management-Skills, wenn Sie sich selbstständig machen. Auch das klingt abschreckend für alle, die bisher im Arbeitnehmer-Dogma gefangen waren. Management? Das klingt weit weg, wenn Sie nie Manager waren. Es klingt dann eher nach denen, die irgendwo da oben absurde Entscheidungen treffen, die

die kleinen Mitarbeiter nicht mehr verstehen. Management klingt nach weltfremden Bestimmungen und »Stiller Post« in Konzernen.

In meinen Augen sollten Sie sich von Vokabeln wie »Management« nicht abschrecken lassen. Ihnen fehlt kein Studium. Sicher ist es sinnvoll, wenn Sie ein guter Manager oder eine gute Managerin sind, aber wenn Sie am Anfang stehen, dann haben Sie die entsprechenden Fähigkeiten nun einmal noch nicht. Na und? Als Sie zum ersten Mal vor einem Computer saßen, haben Sie auch noch nicht alle Programme und Funktionen beherrscht – das haben Sie Schritt für Schritt gelernt, und zwar immer erst dann, wenn es nötig war. Auch das Management lernen Sie am besten, indem Sie es einfach praktizieren. Am Anfang geht es zum Beispiel noch nicht um jährliche Personalgespräche oder Jahresabschlüsse. Am Anfang geht es darum, dass Sie Ihr Unternehmen aufstellen. Die weiteren Managementaufgaben werden auf Sie zukommen, und Sie werden sich die Fähigkeiten dazu der Reihe nach aneignen.

Viele angeblich nötige Befähigungen halten uns davon ab, uns mit dem Gedanken an eine Selbstständigkeit zu befassen. Es schadet auch in einem festen Job nicht, etwas von Management zu verstehen, zumal dann nicht, wenn Sie in leitender Position sind. Sie brauchen Kommunikationsqualitäten? Ja sicher, aber die brauchen Sie immer im Leben – auch wenn Sie in einem Unternehmen nur eine Gruppe von drei Leuten leiten. Führungsqualitäten sind sowieso gefragt! Sie müssen verkaufen können? Ideal wäre das schon, denn Sie selbst sind der beste Verkäufer Ihres Produktes. Falls Ihnen der Verkauf nicht liegt, arbeiten Sie mit Vertriebspartnern zusammen, denen der Verkauf leichter von der Hand geht, während Sie an der Entwicklung Ihrer Produkte sitzen.

Dann heißt es gern: Zu einer Existenzgründung sei Kapital nötig – wie es auch die Blogleserin als Totschlagargument verwendet hat. Die Gehirnwäsche des Arbeitnehmer-Dogmas leistet ganze Arbeit: Ist kein Geld da, fällt logischerweise die Existenzgründung aus. Die Finanzlage ist schuld! Vorsicht, das ist eine Mismatcher-Ausrede nach dem Motto »Wer nicht will, sucht Gründe«: Wenn Sie kein Kapital haben, sollten Sie nach Möglichkeiten einer Existenzgründung schauen, für die Sie kein Geld brauchen – oder nicht? Wenn Ihnen beim Kochen eine Zutat fehlt, improvisieren Sie doch auch und werfen nicht alles hin. Und gerade heutzutage haben wir alle die Produktionsmittel, um zumindest in Sachen Internet, Inhalte, Musik, Medien, Werbung, PR und Kunst sofort loszulegen. Ach, das gedankliche Hindernis besteht in den 25 000 Euro, die Sie zur Gründung einer GmbH brauchen? Achtung, Mismatcher-Argument: Gründen Sie erst eine GbR oder eine UG, erwirtschaften Sie 25 000 Euro, und dann firmieren Sie um. Es geht darum, Wege zu finden!

Geduld, Ausdauer und Motivation

Was Sie für eine Existenzgründung brauchen, sind Geduld, Ausdauer und Motivation. Manche Geschäftsidee zeigt ihre Erfolge erst nach Jahren. Allerdings ist das als Angestellter oft nicht anders – bis Sie in der ganzen Branche einen guten Ruf haben und nicht nur am derzeitigen Arbeitsplatz, kann schon einige Zeit vergehen. Und es ist in abhängigen Beschäftigungen wohl eher üblich, jahrelang ohne ein großes Coming-out zu schuften. Und das nenne ich Durchhaltevermögen: Wer es vor sich selbst rechtfertigen kann, ohne große finanzielle Gewinne jahrelang frustriert einem verhassten Job nachzugehen, der hat auch den langen Atem, um in eigener Sache an einem realistischen, bald wirklich spürbaren Erfolg zu arbeiten.

Denken Sie nicht, Sie müssten alles auf einmal können. Erwerben Sie Ihr nötiges Wissen Stück für Stück, indem Sie einfach handeln!

Tipp 78

Positionieren Sie sich spitz!

Inwieweit stimmen Sie folgenden Aussagen zu?	1 = trifft in jeder Hinsicht zu; 5 = trifft überhaupt nicht zu				
Was ich anbiete, ist eindeutig und klar. Wer erfährt, was ich tue, versteht es sofort.	①	②	③	④	⑤
Ich biete etwas an, was selten und speziell ist und was zugleich eine Menge Abnehmer brauchen können.	①	②	③	④	⑤
Es ist relativ schwer, mein Produkt zu kopieren und mir damit Konkurrenz zu machen.	①	②	③	④	⑤
Mein Produkt ist auf eine Weise multiplizierbar, dass es sich auch ohne meine Person verkauft.	①	②	③	④	⑤
Aus meinem Produkt lassen sich weitere Produkte entwickeln, von denen ich profitieren kann.	①	②	③	④	⑤

Im Grunde ist es gleichgültig, was Sie beruflich machen und ob Sie es selbstständig oder angestellt tun: Sie sind dann erfolgreich, wenn Sie sich mit einer gefragten Leistung hervorheben und spitz positionieren. Als Existenzgründer vermarkten Sie selbst ein Produkt, also ein Gut oder eine Dienstleistung. Als Arbeitnehmer sind Sie einzigartig mit Ihrer Fähigkeit, und die Unternehmen reißen sich um Sie. In welcher Form auch immer: Spitz positioniert, sind Sie einzigartig auf dem Markt, weil es kaum jemanden oder niemanden gibt, der kann, was Sie tun – und weil zugleich eine Menge Leute den Bedarf nach Ihrer Leistung haben. Wenn Sie der Einzige weit und breit sind, der die besten Verbindungen zu potenziellen Projektpartnern, Sponsoren oder anderen Geldquellen hat, dürften Sie als unverzichtbar gelten. Höchste Zeit, Ihren Nutzen für die Firma auszurechnen und einmal zu überlegen, ob Sie nicht mehr verdienen, als Sie bislang bekommen!

Eine spitze Positionierung können Sie sich daher wie ein Dreieck vorstellen, dessen obere Spitze Ihre Einzigartigkeit darstellt und dessen breiter Boden die Menge Ihrer potenziellen Abnehmer widerspiegelt:

einzigartiges Angebot

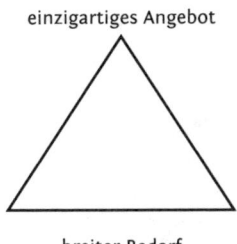

breiter Bedarf

Sobald Sie das Dreieck umdrehen, wird es zu einem Trichter: Möglichst viele Nachfrager fallen oben rein und landen dank Ihrer klaren Positionierung möglichst nur bei Ihnen. Einen solchen Trichter sollten Sie aufbauen, und zwar ganz egal, was Sie genau tun und in welcher rechtlichen Form Sie tätig sind. Die komplexen Gedanken unserer heutigen Wirtschaftswelt mit sozialversicherungspflichtigen Jobs und Gründungszuschuss und so weiter spielen beim Aufbau Ihres Trichters keine Rolle, und sie sollten Sie auch nicht davon abhalten, Ihren Trichter zu bauen.

Beispiele für spitze Positionierungen gibt es viele:

- Jemand gilt als der genialste Schlagzeilenschmied bei der Zeitung;
- ein überragender Verhandlungsprofi bringt sein Gegenüber dazu, zu erkennen, wie sehr es sein eigenes Glück ist, zu tun, was die Gegenseite will;
- ein gerissener Anwalt zieht zur richtigen Zeit die richtigen Argumente;
- ein Fotograf hat ein hervorragendes Gespür für die passende Situation;
- ein Dolmetscher ist zugleich perfekter Kenner der chinesischen, indischen, russischen Seele und damit der beste Partner in Geschäftsverhandlungen;
- ein Rettungshubschrauberpilot ist der beste Flieger bei Sturm;
- eine Designerin macht die coolsten und stylishsten Handtaschen;
- ein EDV-Experte denkt nicht aus der Sicht eines Ingenieurs, sondern aus der eines Nutzers;
- ein Vortragsredner bringt jeden Kongress zum Lachen;
- ein Coach hat den besten Riecher für Geschäftsideen;
- ein Gärtner ist so kreativ, dass man ihn einfach machen lassen kann.

Positionieren Sie sich spitz! 245

Bei Positionierungen geht es um Fähigkeiten, die in den üblichen Jobs vielleicht gar nicht gefragt sind, die wir aus Gewohnheit so machen. Erinnern Sie sich an den Azubi Marc, der lieber gegenüber seiner Fußballmannschaft loyal ist als gegenüber seinem Arbeitgeber? Ich bin sicher, dass er irgendwo eine spitze Positionierung für sich findet, wenn er nur das Arbeitnehmer-Dogma durchbricht und etwas weitergehend denkt. Wer wie er für seinen Fußballverein brennt, sollte bei einer Positionierung keine Schwierigkeiten haben.

Und auch innerhalb einer Firma können Sie eine Marke aufbauen: die Kollegin, die die meisten Medienkontakte anschleppt – die Medienmacherin. Der Chef, der für alle ein nettes Wort und ein offenes Ohr hat – der Menschenflüsterer. Was auch immer: So funktionieren markante Positionierungen.

Wichtig bei allem ist, dass Sie Ihre spitze Positionierung kommunizieren – dass Sie also nicht nur still vor sich hin arbeiten, sondern Ihre Mitmenschen auch eindeutig mitbekommen, dass Sie ein Verhandlungsprofi mit super Ergebnissen sind, eine gute Führungskraft oder eine hervorragende Akquisiteurin. Den Leuten muss klar werden: Sie sind eben nicht der hundertste freundliche Chef im mittelalterlichen Dorf, der tausendste EDV-Experte oder Feinkostladenbesitzer, sondern genau dieser eine mit der besonderen Leistung. Wie so oft im Leben hängt es auch bei einer Positionierung von Ihren Soft Skills ab, ob Sie damit erfolgreich sind oder nicht.

Ideal für Ihre spitze Positionierung in einem Unternehmen ist es, wenn Sie sich Fähigkeiten zulegen, die den meisten anderen Arbeitnehmern abgehen: Verstehen Sie, wie Ihr Arbeitgeber tickt, arbeiten Sie im Sinne des Unternehmens, liefern Sie Ihrem Arbeitgeber konkrete Aufträge, erhöhen Sie durch Ihre Arbeit automatisch die Qualität, seien Sie ehrlich und loyal. Und überschreiten Sie immer wieder einmal im besten Sinne Ihre Kompetenz, indem Sie proaktiv die richtige Entscheidung fürs Unternehmen treffen – etwa indem Sie einem unzufriedenen Kunden eine Lösung anbieten, die ihn zufriedenstellt, auch wenn der zuständige Abteilungsleiter momentan nicht erreichbar ist.

Tipp 79 — **Machen Sie etwas, was sonst keiner kann, und machen Sie es bekannt!**

Genießen Sie Ihren Erfolg!

Inwieweit stimmen Sie folgenden Aussagen zu?	1 = trifft in jeder Hinsicht zu; 5 = trifft überhaupt nicht zu				
Wenn ich erfolgreich bin, darf ich stolz auf mich sein.	①	②	③	④	⑤
Wenn ich meine Ziele erreiche, bin ich ein gutes Vorbild für andere.	①	②	③	④	⑤
Das Wissen, das mir zum Erfolg verhilft, kann auch anderen Menschen zum Erfolg verhelfen.	①	②	③	④	⑤
Ich möchte, dass möglichst viele Leute an diesem Wissen teilhaben, das ihnen zu beruflichem Glück und zu beruflicher Ausgeglichenheit verhelfen kann.	①	②	③	④	⑤
Ich bin bereit, die Konzepte des beruflichen Erfolgs mit anderen Menschen zu teilen.	①	②	③	④	⑤

Wenn Sie Ihr Ding machen, haben Sie den Erfolg, von dem viele Menschen nur träumen. Und Sie können sich dafür entscheiden, andere an Ihrem Erfolg teilhaben zu lassen oder nicht.

Menschen funktionieren in allererster Linie durch die Nachahmung ihrer Vorbilder. Wir übernehmen Denkmuster unserer Familie, unserer Eltern, unserer Kultur. Wir kopieren sie und erachten sie als normal. Wir essen in Europa mit Messer und Gabel und halten auch das für normal, obwohl etwa ein Drittel der Menschen weltweit mit Stäbchen isst. Wenn wir fatale Denkmuster übernehmen, die uns ins Unglück führen, halten wir diese Denkmuster für ebenso normal, wie wenn wir Denkmuster übernehmen, die uns zum Erfolg führen. Und wenn wir uns von Denkmustern lösen und uns neue Denkmuster aneignen, handeln wir mit der Zeit nach den neuen Denkmustern und nicht mehr nach den alten. Es sind Konzepte im Kopf. Und den Menschen, die nach wie vor im Arbeitnehmer-Dogma denken, geht es vermutlich genauso wie Ihnen zu Beginn dieses Buches.

Denken ist ansteckend

Vielleicht fragen Sie sich jetzt, ob Sie sich von sämtlichen Freunden trennen müssen, die nach den alten Mustern leben. Natürlich müssen Sie das nicht. Aber Sie sollten eben wissen, dass Denkmuster ansteckend sind – und zwar in Ihrer neuen Situation auf zweierlei Weise: Sie können sich auch als beruflich erfolgreicher Mensch runterziehen lassen, wenn Sie sich der missmutigen Rhetorik eines Mismatchers aussetzen. Oder Sie stecken Ihre bisherige Umgebung eben mit Ihrem neuen Denken an! Wenn Sie mich fragen, müssen Sie sich nicht entscheiden. Sie müssen weder Ihre alten Bekannten in den Wind schießen noch missionarisch auf sie einwirken. Nur sollten Sie eben unbeirrbar sein und sich nicht demotivieren lassen. Wenn Sie Ihr Ding machen, sollten Sie wissen, was das Richtige für Sie ist. Und dass Sie Ihr Ding machen können, bestätigen Sie dann besonders gut, wenn Sie sich mit möglichst vielen Menschen umgeben, die ebenfalls ihr Ding machen. Und Sie haben sich jetzt dafür entschieden, die Gedanken zu verstärken, die Sie auf die Erfolgsspur bringen – also sollte das doch auch gelingen.

Wenn Ihnen allerdings immer wieder Menschen predigen: »Lass das, das kannst du nicht!«, »Das geht nicht!«, »Studien haben ergeben, dass das nicht funktionieren kann«, dann sollten Sie schon überlegen, ob Sie sich dieser Demotivation auf Dauer aussetzen. Ziehen Ihre Mitmenschen Sie runter, oder bauen sie Sie auf? Letzten Endes haben Sie wie immer bei der Entscheidung für »action« drei Möglichkeiten, sich gegenüber Störfaktoren zu verhalten: »Love it!« – Sie akzeptieren den negativen Einfluss und finden sich damit ab. »Change it!« – Sie bringen die entsprechenden Menschen dazu, Sie nicht mehr zu demotivieren. Und schließlich »Leave it!« – Sie trennen sich von denen, die Ihnen Energie rauben. Und wenn »Change it!« nicht funktioniert, dann bleiben Ihnen nur noch »Love it!« oder »Leave it!«.

Meine Erfahrung ist: Wenn ich mich dazu entscheide, fortan nach den Prinzipien des Erfolgs statt nach den Prinzipien des Versagens zu leben, ziehe ich automatisch Menschen an, die ebenso danach leben. Ich merke das, wenn ich Webinare im Internet gebe – hinterher kommen Anfragen nach Kontakten über Community-Plattformen. Ich merke das auf Treffen von Coachs und Seminaranbietern. Das Denken in Möglichkeiten und Lösungen ist so wundervoll, dass der Anteil der Mismatcher in Ihrem Bekanntenkreis ganz von allein sinkt, ohne dass Sie sich im

Einzelnen von ihnen trennen. Der Bekanntenkreis wächst insgesamt und nimmt vor allem an Matchern und Möglichkeitsdenkern zu. Und innerhalb eines solchen Netzwerks bekommen Sie auch in schwierigen Situationen stets sinnvolle Antworten und Lösungen – so wie auch Sie als Matcher und Möglichkeitsdenker anderen Menschen die richtigen Tipps geben und nicht die falschen.

In jedem Fall sind Sie mit den neuen Denkmustern auf der Erfolgsschiene – egal, für welche Konzepte sich Ihre Mitmenschen entscheiden. Und wenn Sie sie konsequent anwenden, dürften Sie bald von allein Ihr Ding machen. Sie haben allen Grund, stolz zu sein!

Umgeben Sie sich mit Menschen, deren Denkmuster Sie motivieren. *Tipp 80*

Erkennen Sie an, dass ...
– Sie letztlich eine Marke sind, über die Sie Ihr Produkt verkaufen.
– Erfolg planbar ist und am Ende eines Weges steht, den Sie bewusst gehen.
– Erfolg nicht die Folge von Perfektion und überkorrekter Genauigkeit ist, sondern das Ergebnis aus Möglichkeiten und richtigem Handeln.
– Sie entscheiden, was Sie denken und tun und welchen Einflüssen Sie sich aussetzen.
– Sie allen Grund haben, stolz auf sich zu sein.

Sie können weiterhin die Konzepte derjenigen anwenden, die auf der Stelle treten. Sie dürfen aber auch den Erfolgreichen auf die Finger schauen und deren Konzepte kopieren!

Nachwort

Sein Ding zu machen ist ein tolles Projekt. Es hat mit Denken zu tun, mit Haltung, mit Strategie. Selbstbestimmung ist gefragt und die Bereitschaft, sich für die Selbstbestimmung zu entscheiden. Jeder Mensch in einem freien Land hat relativ gute Chancen, etwas zu bewegen, seiner Arbeit Sinn zu verleihen und davon auch noch zu leben. Im Grunde ist das die Bedeutung von Marktwirtschaft.

Aber leider sind wir im Laufe der Jahrzehnte zu einem Volk verkommen, das an das Arbeitnehmer-Dogma glaubt wie an eine Religion. Die Menschen wollen alles richtig machen und verlieren dabei das Richtige und den Sinn ihres Handelns oft aus den Augen. Es gilt wie in Beton gegossen, sich bewerben zu müssen, um beruflich erfolgreich zu sein. Und Staat und Gesellschaft bestätigen uns darin und fordern uns geradezu dazu auf, weiter auf der Stelle zu treten.

Dabei brauchen wir dringend Innovationen, die das Denken in diesem Land auf eine andere Spur bringen. Wir haben zu wenig Initiative, zu wenig eigenverantwortliches Handeln, zu wenig Selbstbewusstsein. Denn die meisten von uns sind so erzogen, dass sie »wir da unten« sind, die auf »die da oben« angewiesen sind. Wer aus einer Angestelltenfamilie stammt, hält die Selbstständigkeit geradezu für halsbrecherisch, obwohl das Angestelltendasein selbst immer riskanter wird.

Mit diesem Buch will ich Sie ermutigen, in sich die Potenziale zu finden, die Sie wirklich weiterbringen und mit denen Sie auch unserer Gesellschaft und der Menschheit weiterhelfen können. Ich sehe nur die Initiative des Einzelnen als Möglichkeit, die festgefahrenen Strukturen in Staat und Gesellschaft auf friedfertige, sinnvolle und Beschäftigungen schaffende Weise aufzubrechen. Und das gelingt, wenn wir allen Menschen die Coachingkonzepte an die Hand geben, die bisher praktisch nur Selbstständigen und Führungskräften vorbehalten waren.

Wenn Sie die Gedanken dieses Buches wertvoll finden, dann habe ich eine Bitte an Sie: Tragen Sie dazu bei, dass die Konzepte des erfolgreichen Handelns und des unternehmerischen Denkens in den Schulen und Hochschulen landen. Tragen Sie mit dazu bei, dass gesellschaftliche

Positionen nicht mehr von einer Schar von Konvergenzdenkern ge-stürmt werden, denen die Schule mit ihren Frustrationsautomatismen die Kreativität ausgetrieben hat, sondern von Menschen, die mit ihrem Potenzial für abseitige Lösungen sorgen und mit ihrem Weitblick das Richtige tun. Bisher verhindert eine Mauer aus Schulbürokraten, denen das unternehmerische und eigenverantwortliche Denken fremd ist, dass Kinder die richtigen Dinge lernen. Sobald Sie dieses Buch gelesen haben, schenken Sie es einem Lehrer oder jemandem, der in einer Schulbehörde arbeitet.

Falls Sie die Gedanken dieses Buches mit meiner persönlichen Hilfe weiterverbreiten wollen, schreiben Sie mir einfach – Sie erreichen mich am besten über meine Homepage *www.thilo-baum.de*. Gerne präsen-tiere ich die Inhalte dieses Buches in unterhaltsamer und kurzweiliger Form vor Publikum. Sie können damit Mitarbeiter zu eigenständigem Denken motivieren und vielleicht sogar hartnäckige Vertreter des Ar-beitnehmer-Dogmas zur Selbstbestimmung verhelfen.

Ich bin sicher, in dieser Hinsicht wartet eine ganze Menge Arbeit auf uns. Und ich würde mich freuen, wenn Sie dabei helfen. Das Um-denken ist nötig. Vielen Dank für Ihre Zeit – und machen Sie Ihr Ding!

Literatur

Adams, Scott: Das Dilbert-Prinzip. Die endgültige Wahrheit über Chefs, Konferenzen, Manager und andere Martyrien. Redline Wirtschaft, München 2005

Albers, Markus: Meconomy – wie wir in Zukunft leben und arbeiten werden – und warum wir uns jetzt neu erfinden müssen. Eigenverlag (E-Book), Berlin 2009

Alexander, Scott: Advanced Rhinocerology. The Rhino's Press, Laguna Hills, Kalifornien 1981

Anderson, Chris: The Long Tail. Nischenprodukte statt Massenmarkt – das Geschäft der Zukunft. Hanser, München 2007

Baum, Thilo: Komm zum Punkt! Das Rhetorik-Buch mit der Anti-Laber-Formel. Eichborn, Frankfurt am Main 2009

Brafman, Ori und Rom: Kopflos. Wie unser Bauchgefühl uns in die Irre führt – und was wir dagegen tun können. Campus, Frankfurt/New York 2008

Canfield, Jack und Janet Switzer: Kompass für die Seele. So bringen Sie Erfolg in Ihr Leben. Mosaik bei Goldmann, München 2005

Canfield, Jack und Mark Victor Hansen: Hühnersuppe für die Seele. Geschichten, die das Herz erwärmen. Arkana, München 1996

Covey, Stephen R.: Die 7 Wege zur Effektivität. Prinzipien für persönlichen und beruflichen Erfolg. Gabal, Offenbach 2005

Drubin, Daniel T.: Raus aus der Bananenfalle! Welche Gewohnheiten und Gedanken Ihren Erfolg verhindern – und wie Sie sich davon befreien. Books4success/Börsenmedien, Kulmbach 2007

Erhardt, Wolf und Hubert Buschmann: Verkaufen mit Psychologie. Verhalten trainieren, Ergebnisse verbessern. Wiley-VCH, Weinheim 2006

Faltin, Günter: Kopf schlägt Kapital. Die ganz andere Art, ein Unternehmen zu gründen. Von der Lust, ein Entrepreneur zu sein. Hanser, München 2008

Ferrazzi, Keith und Tahl Raz: Geh nie alleine essen! Und andere Geheimnisse rund um Networking und Erfolg. Books4success/Börsenmedien, Kulmbach 2007

Förster, Anja und Peter Kreuz: Spuren statt Staub. Wie Wirtschaft Sinn macht. Econ/Ullstein, Berlin 2008

Frädrich, Stefan: Das Domino-Prinzip. DroemerKnaur, München 2009

Frädrich, Stefan: Günter, der innere Schweinehund, hat Erfolg. Ein tierisches Coaching-Buch. Gabal, Offenbach 2007

Frädrich, Stefan: Günter, der innere Schweinehund, wird Chef. Ein tierisches Führungsbuch. Gabal, Offenbach 2009

Friebe, Holm und Sascha Lobo: Wir nennen es Arbeit. Die digitale Bohème oder Intelligentes Leben jenseits der Festanstellung. Heyne, München 2006

Friedrichs, Julia: Gestatten: Elite. Auf den Spuren der Mächtigen von morgen. Hoffmann und Campe, Hamburg 2008

Gitomer, Jeffrey: Little Black Book of Connections. 6.5 Assets for Networking Your Way to Rich Relationships. Bard Press, Austin 2006

Gitomer, Jeffrey: Little Green Book of Getting Your Way. How to Speak, Write, Present, Persuade, Influence, and Sell Your Point of View to Others. Financial Times Press, New Jersey 2007

Gladwell, Malcolm: Überflieger. Warum manche Menschen erfolgreich sind – und andere nicht. Campus, Frankfurt/New York 2009

Grove, Andrew S.: Nur die Paranoiden überleben. Strategische Wendepunkte vorzeitig erkennen. Heyne, München 1997

Hagmaier, Ardeschyr: Ente oder Adler. Vom Problemsucher zum Lösungsfinder. Gabal, Offenbach 2008

Hagmaier, Ardeschyr: Quakst du noch oder fliegst du schon? Die 33 Adler-Prinzipien. Gabal, Offenbach 2009

Harford, Tim: Ökonomics. Warum die Reichen reich sind und die Armen arm und Sie nie einen günstigen Gebrauchtwagen bekommen. Riemann, München 2006

Hesse, Jürgen und Hans Christian Schrader: Die zehn Gebote der Jobsicherung. Machen Sie sich unkündbar! Heyne, München 2008

Hicks, Esther und Jerry: The Law of Attraction. Das Gesetz der Anziehung – das kosmische Gesetz hinter »The Secret«. Aus dem Amerikanischen von Michael Nagula. Allegria, Ullstein Buchverlage, Berlin 2008

Hill, Napoleon: Denke nach und werde reich. Die 13 Gesetze des Erfolgs. Ariston/Heinrich Hugendubel Verlag, Kreuzlingen/München 2000

Hodgkinson, Tom: Die Kunst, frei zu sein. Handbuch für ein schönes Leben. Rogner & Bernhard, Berlin 2007

Horx, Matthias: Anleitung zum Zukunftsoptimismus. Warum die Welt nicht schlechter wird – ein Pamphlet gegen Untergangs-Ideologen, Panik-Publizisten, Apokalypse-Spießer und andere Angst-Gewinnler. Campus, Frankfurt/New York 2007

Kars, Theo: Philosophie für Nonkonformisten. Kleine Anleitung zur Lebenskunst. Beck, München 2004

Kiyosaki, Robert T. und Sharon L. Lechter: Rich Dad, Poor Dad. Was die Reichen ihren Kindern über Geld beibringen. Goldmann, München 2006

Malik, Fredmund: Führen, leisten, leben. Wirksames Management für eine neue Zeit. Campus, Frankfurt am Main 2006

Meyer, Jens-Uwe: Fest im Sattel. Insider-Strategien zur Jobsicherung. Campus, Frankfurt am Main 2007

Miedaner, Talane: Coach dich selbst, sonst coacht dich keiner. 101 Tipps zur Verwirklichung Ihrer beruflichen und privaten Ziele. mvg Verlag/Redline, Heidelberg 2002

Müller, Albrecht: Machtwahn. Wie eine mittelmäßige Führungselite uns zugrunde richtet. Knaur, München 2006

Nemeczek, Ralf G.: Abenteuer Berufung. In: Scherer, Hermann (Hrsg.): Von den Besten profitieren. Band III. Gabal, Offenbach 2007

Niermann, Ingo: Minusvisionen. Unternehmer ohne Geld. Edition Suhrkamp, Frankfurt am Main 2003

Opoczynski, Michael: Die oder ich. Wie wir uns gegen die Übergriffe von Staat und Wirtschaft wehren können. Droemer, München 2009

Peter, Laurence J., Raymond Hull und Michael Jungblut: Das Peter-Prinzip – oder die Hierarchie der Unfähigen. 9. Auflage, Rowohlt, Reinbek 2001

Reinker, Susanne: Unkündbar! Wie Sie sich für Ihren Chef unentbehrlich machen. Ullstein, Berlin 2006

Robbins, Anthony: Unlimited Power. The new science of personal achievement. Simon & Schuster, New York 1986

Roth, Jürgen: Der Deutschland-Clan. Das skrupellose Netzwerk aus Politikern, Top-Managern und Justiz. Heyne, München 2006

Ryschka, Jurij: Veränderungen in der Firma – und was wird aus mir? Ein Arbeitsbuch zum Selbstcoaching. Wiley, Weinheim 2007

Schäfer, Bodo: Der Weg zur finanziellen Freiheit. In sieben Jahren die erste Million. Campus, Frankfurt/New York 1999

Schäfer, Bodo: Praxis-Handbuch Positionierung. Die Experten-Checkliste für Ihren Positionierungserfolg. 3. Auflage. Rsi.Bookshop, Bergisch Gladbach 2008

Schüller, Anne M.: Kundennähe in der Chefetage. Wie Sie Mitarbeiter kundenfokussiert führen. Orell Füssli, Zürich 2008

Schulze, Gerhard: Die Erlebnisgesellschaft. Kultursoziologie der Gegenwart. Campus, Frankfurt/New York 1992

Seiwert, Lothar J.: Das neue 1x1 des Zeitmanagement: Zeit im Griff, Ziele in Balance. Kompaktes Know-how für die Praxis. Gräfe und Unzer Verlag, München 2007

Steingart, Gabor: Deutschland. Der Abstieg eines Superstars. Piper, München 2004

Sutton, Robert I.: Der Arschlochfaktor. Vom geschickten Umgang mit Aufschneidern, Intriganten und Despoten im Unternehmen. Heyne, München 2007

Venkatesh, Sudhir: Underground Economy. Was Gangs und Unternehmen gemeinsam haben. Econ/Ullstein, Berlin 2008

Watzlawick, Paul: Die erfundene Wirklichkeit. Wie wissen wir, was wir zu wissen glauben? Piper, München 1983

Winget, Larry: Halt den Mund, hör auf zu heulen und lebe endlich! Der Tritt in den Hintern für alle, die mehr wollen. Books4success/ Börsenmedien, Kulmbach 2006

Winget, Larry: Mach deinen Job! Das einfache Geheimnis für Erfolg im (Berufs-)Leben. Books4success/Börsenmedien, Kulmbach 2007